U0170768

传统木结构抗震性能与分析

谢启芳 王 龙 著

科 学 出 版 社

北 京

内 容 简 介

本书介绍作者近年来在传统木结构主要节点抗震性能与整体结构耗能减震机理等方面的研究成果。全书共10章,主要内容包括传统木结构的结构特点与震害特征、直榫节点抗震性能、燕尾榫节点抗震性能、榫卯节点力学模型、殿堂式斗栱节点力学性能、叉柱造式斗栱节点抗震性能、榫卯连接木构架抗震性能、带填充墙木构架的抗震性能、传统木结构振动台试验和传统木结构有限元动力分析模型。

本书可供中国传统木结构建筑领域的科研人员及工程技术人员参考,也可作为高等院校土木、建筑等相关专业高年级本科生和研究生学习传统木结构抗震基础知识的参考用书。

图书在版编目(CIP)数据

传统木结构抗震性能与分析 / 谢启芳,王龙著. —北京:科学出版社,
2021.10
  ISBN 978-7-03-070219-7

Ⅰ.①传… Ⅱ.①谢…②王… Ⅲ.①木结构—古建筑—抗震性能—研究—中国 Ⅳ.①TU366.2②TU352.1

中国版本图书馆 CIP 数据核字(2021)第 215309 号

责任编辑:祝 洁 罗 瑶 / 责任校对:任苗苗
责任印制:张 伟 / 封面设计:陈 敬

科 学 出 版 社 出版
北京东黄城根北街16号
邮政编码:100717
http://www.sciencep.com

北京中石油彩色印刷有限责任公司 印刷

科学出版社发行 各地新华书店经销

*

2021年10月第 一 版 开本:720×1000 1/16
2021年10月第一次印刷 印张:18
字数:360 000

定价:160.00 元
(如有印装质量问题,我社负责调换)

前　言

中国传统建筑是中华民族在历史长河中生存智慧、建造技艺和科学技术的结晶，蕴含着中华文明的基因，也是世界文明的重要见证，具有极高的历史、艺术和科学价值。传统木结构建筑是中国传统建筑中最主要的形式，沿构木成架的木结构体系发展，在艺术造型、结构构造及受力体系等方面都有独特风格，在世界建筑中形成独树一帜的建筑结构体系，影响了日本、韩国等国家的建筑结构。

我国传统木结构在营造方法、受力体系、抗震机理等方面与现代木结构、混凝土结构、钢结构等均有显著区别。例如，传统木结构的构件均为榫卯连接，是最早的装配式结构;传统木结构的抗震机理是以柔克刚，是一个集滑移隔震(柱底浮搁于柱础之上)、耗能减震(半刚性榫卯连接、斗栱层)为一体的半刚性结构体系。

研究我国传统木结构的抗震性能和抗震分析方法，不仅对我国大量现存传统木结构的保护、传承具有重要社会意义，也对新建传统风格木结构建筑有重要的工程应用价值，还对民族智慧结晶——抗震思想的古为今用有重要参考价值。

因此，作者及所在课题组对传统木结构的榫卯节点、斗栱节点、木质填充墙、砌体填充墙等关键部件，榫卯连接木构架，以及整体结构的抗震性能进行了拟静力、振动台试验研究和相关理论分析，得到了关键部件与整体结构的抗震性能和抗震分析方法。这项工作历经十余年，得到了国家自然科学基金项目(51108373、51278399)和陕西省自然科学基础研究计划重大基础研究项目(2016ZDJC-23)等的大力支持。

本书由谢启芳、王龙共同撰写，谢启芳统稿。书中凝聚了课题组全体成员的研究成果。感谢张利朋、郑培君、杜彬、向伟、童颜泱、吴帆帆和杨正维等为本书出版做的许多工作，还要感谢关心传统木结构研究的西安建筑科技大学赵鸿铁教授、扬州大学袁建力教授和太原理工大学李铁英教授等，他们对本书相关的研究工作给予了大力支持与帮助。此外，本书撰写过程中参考了大量文献，在此向相关文献的作者一并表示感谢。

本书是作者团队研究工作的总结，殷切希望本书的出版在引起读者对传统木结构更多关注的同时，能够为今后传统木结构的研究提供必要的基础信息，为传统木结构的研究和保护工作添砖加瓦。

限于作者水平，书中难免会有不足之处，希望读者批评指正，不胜感激。

谢启芳

西安建筑科技大学

2021 年 6 月

目　　录

第1章　传统木结构的结构特点与震害特征

1.1　传统木结构建筑分类

建筑是人类基本实践活动的产物之一，是人类文化的重要组成部分。我国古代劳动人民因地制宜、因材致用，创造了各种风格的建筑。由于黄河中游一带土地肥沃，易于耕种，在新石器时代后期，人们在这里定居下来，发展农业，成为中国古代文化的摇篮。当时这一区域的气候比现在温暖、湿润，树木种类丰富，木材逐渐成为中国建筑的主要材料。经历了漫长的历史阶段，以木结构为主体的建筑体系形成了不同类型的传统木结构建筑。

我国传统木结构建筑的核心在于承担竖向荷载和水平荷载的木构架。木构架限定了结构的空间形式、尺度大小及建筑形态等，是我国古建筑最本质的本体部分。根据木构架形式不同，我国传统木结构建筑大致可以分为三类：抬梁式建筑、穿斗式建筑及井干式建筑。

1. 抬梁式建筑

抬梁式建筑木构架是在建筑的台基上立柱，在房屋前后檐相对的柱间架设横向大梁，大梁上又重叠几道依次缩短的小梁，梁下立矮柱(瓜柱或驼峰)，把小梁顶至所需高度，构成一榀木构架。在相邻两榀木构架之间，用位于立柱上方的枋和各层梁头及脊瓜柱上横向的檩条相联系[1]。檩条上又架纵向的椽，上面再铺望板、苫背和瓦，从而形成房屋。整个屋顶的重量就是通过这些椽、檩条、梁和枋，经立柱传到地面。抬梁式木结构建筑的主要结构如图 1.1 所示。

抬梁式木结构是中国传统木结构中最为普遍的结构形式之一，其结构复杂、加工要求细致、结实牢固、经久耐用，内部有较大的使用空间，同时还具有宏伟的气势，又可呈现美观的造型。因此，宫殿(图 1.2)、坛庙(图 1.3)、寺院(图 1.4)等大型建筑物常采用这种木结构。

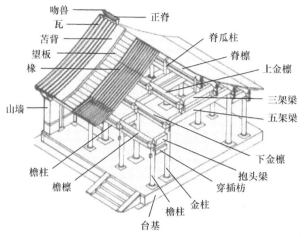

图 1.1 抬梁式木结构建筑的主要结构示意图

图 1.2 北京故宫

图 1.3 北京天坛

图 1.4 山西南禅寺大殿

2. 穿斗式建筑

穿斗式建筑木构架是在房屋的进深方向立柱,直通向上,柱上不用梁,将檩条直接放在柱头上,柱与柱之间用穿枋横穿柱而贯通相连,形成一组组的构架,穿斗式建筑如图 1.5 所示，穿枋出檐变为挑枋[2]。在各排构架之间除有檩条外还有纤子和斗枋作横向联系。这种结构屋顶的重量通过椽、檩条直接传到柱而达地面，每一檩条下都有一柱，因此柱数多，柱距小。穿斗式建筑主要特点是具有较小的柱与穿枋，木构架侧向刚度较大。

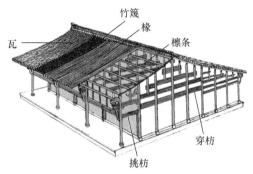

图 1.5　穿斗式建筑示意图

穿斗式木结构可以用较小的材料建造较大的房屋，而且其网状构造很牢固，但是柱、枋较多，室内不能形成连通大空间，因此多用于民居。穿斗式建筑民居如图 1.6 所示。

3. 井干式建筑

井干式建筑木构架是一种不用立柱和大梁的房屋结构，以圆形、矩形或六角形木料平行向上层层叠垒，木料端部在转角处交叉咬合，形成壁架，形如古代井上的木围栏，再于两端壁架上立短柱承脊檩构成房屋[1]。井干式木结构民居如图 1.7 所示。这种结构较为简单，容易建造，但是耗费木材，仅在广西、云南及东北等森林覆盖率较高地区有所应用。

图 1.6　穿斗式建筑民居

图 1.7　井干式木结构民居

1.2　传统木结构的结构特点

传统木结构按照其结构功能大致可以分为殿堂、厅堂、余屋、亭榭等，其中殿堂式结构不仅级别、形制最高，结构也最为复杂[3]。我国现存传统木结构建筑以殿堂式结构为主，殿堂式结构最能体现传统木结构的特色，其主体竖向从下而上依次可划分为台基层、柱架层、铺作层(斗栱层)和屋盖层四个部分。殿堂式传统木结构竖向分层如图1.8所示。

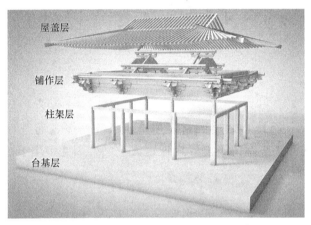

图1.8　殿堂式传统木结构竖向分层示意图

1. 台基层

台基层相当于现代房屋的基础，是将上部传来的荷载均布传递至地基的持力层，一般会高出地坪，这样做有以下几方面的原因：①从结构角度保证人工地基有足够厚度，形成一个均匀性、承载力较好的厚土层，减小原始地基缺陷的影响；②避免地面雨水侵入室内，从而保证建筑室内有一个较为干燥的环境，既满足人们的居住和使用，也保护了台基上的木构架，使其不会因水的侵蚀而腐烂；③使古建筑外观更加威严、高大雄伟，有无台基层、台基层高矮也是房屋主人身份地位的象征；④台基还具有积极的美学意义，可以避免古建筑木结构因大屋顶在视觉上产生头重脚轻的失衡感。

台基座于地基之上，上承柱架。在台基之内，按柱的位置用砖石砌磉墩，磉墩上放石柱础，石柱础上立柱。各磉墩之间砌成与其同高的栏土墙作条形基础，栏土墙将台基内分为若干方格，提高了柱基的水平抗力；填土中掺入碎砖瓦、石灰、烧土碎块等，分层夯实；四周用阶条石、片石或砖层砌成台帮，可为台基提供良好的侧限约束，保证了台基的整体性[4]。台基层构造如图1.9所示。

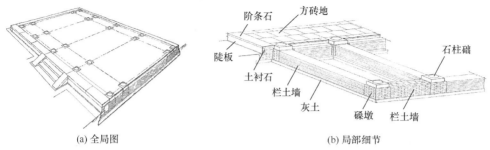

(a) 全局图   (b) 局部细节

图 1.9 台基层构造

台基层构造如图 1.10 所示。木结构古建筑的木柱通常浮搁于石柱础(又称"古镜")上[图 1.10(a)],即木柱与石柱础没有固定成一个整体,柱底可自由滑动、转动。木柱浮搁于石柱础上是我国古建筑木结构区别于其他结构的显著特点,最早实现了滑移隔震,是典型的摩擦隔震。这种浮搁措施使得柱底不承担弯矩,柱底最大水平剪力不超过两者间的最大摩擦力。较小地震或一般大风的情况下,石柱础起到固定铰支座的作用,保证了木构架的稳定;当经历较大地震或者较大的风时,隔振作用得到充分发挥,构架将发生些许平移,不会将更大的水平力传递至上部结构,保证了建筑上部结构的安全、稳定,而不致建筑倾覆,保障古建筑木结构良好的抗震性能。

有些情况下,也可将柱底制成管脚榫[图 1.10(b)]或套顶榫[图 1.10(c)],置于石柱础中的海眼或透眼中,但也没有固定成一个整体[5]。榫头会限制柱底滑移,但由于木材受挤压变形,仍能发生一定的水平变形和转动。

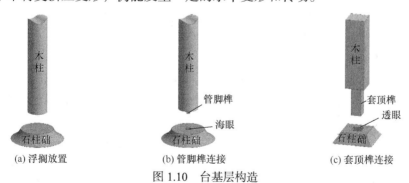

(a) 浮搁放置   (b) 管脚榫连接   (c) 套顶榫连接

图 1.10 台基层构造

2. 柱架层

柱顶设阑额、顺栿串(又称"搭头木")等纵横联系梁,通过榫卯连接构成稳固的柱架体系,支承上部荷重,形成使用空间。柱架内外木柱高度基本相同,角柱生起使各檐柱的高度略有参差,三开间木构架角柱生起尺寸如图 1.11 所示[6]。各檐柱之间仅靠一圈阑额和地栿联系,檐柱与内柱之间则靠少数内额联系。

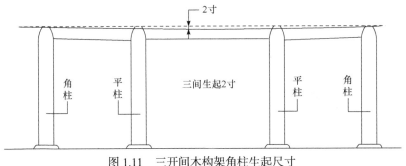

图 1.11　三开间木构架角柱生起尺寸

1 寸=3.333cm

木构架间采用榫卯连接，无须一铁一钉，是我国古建筑木结构的主要特点之一。卯是指在木构件上挖出的洞眼，榫则是在木构件上预留的准备插入卯的端头，这种连接方式使得各节点刚柔相济，具有一定的抗转动能力及良好的耗能能力[7]。

榫卯节点的抗转动能力是通过榫和卯之间的挤压变形实现的。荷载不大时，挤压变形在弹性范围内，卸载之后可以恢复，不会降低榫卯节点的抗弯能力；否则挤压变形将使榫头高度变小，卯口高度变大，从而降低榫卯节点的抗转动能力，甚至出现局部拔榫、节点松脱现象。抗转动能力降低直接导致木构架在水平荷载作用下整体结构稳定性降低且侧移加大，加剧古建筑的破坏。

中国古建筑木结构中采用的榫卯形式历经几千年发展和更新，有数十种甚至上百种。这些种类和形状的形成，不仅与榫卯的功能有直接关系，而且与其使用位置、连接方式、安装组合形式等有直接关系。根据榫卯的功能和连接方式不同，木构架之间主要采用直榫、燕尾榫和搭扣榫。

1) 直榫

直榫的榫头是直的长方形，可以直接插到柱内。直榫结构如图 1.12 所示，直榫根据榫头尺寸差别，又可分为单向直榫[图 1.12(a)]、透榫[图 1.12(b)]和半透榫[图 1.12(c)]。榫有长短之分，长榫要伸出柱外，也称透榫。透榫多用于大型木构架，又称大进小出榫，大进是直榫的穿入部分，高按梁或枋本身高度设计，穿出部分则按穿入部分减半，可以减小榫对柱身强度的削弱。当榫头较短不穿透柱时，称半透榫。直榫抗拉性能较差，仅依靠榫头与卯口表面之间的摩擦力来抵抗拉力，易出现拔榫现象导致木结构松散。

2) 燕尾榫

燕尾榫又称大头榫、银锭榫，其结构如图 1.13 所示。榫头的形状是端部宽，根部窄、上部大、下部小，呈大头状。燕尾榫用于水平构件与垂直构件的连接，如檐枋、额枋、随梁枋、金枋、脊枋等水平构件与柱头相交的部位。燕尾榫可以

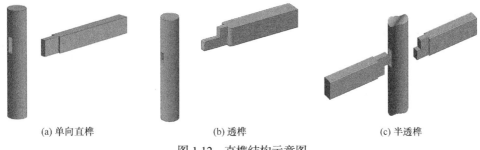

(a) 单向直榫   (b) 透榫   (c) 半透榫

图 1.12 直榫结构示意图

有效防止拔榫现象，保证各方向构件的稳固结合，因此燕尾榫也是应用最广泛的榫卯类型之一。虽然燕尾榫有较好的抗拉性能，但其根部断面小，抗剪性能相比直榫较差。工程中有带袖肩的工艺，可以适当增大榫根部的受剪面，增强榫卯的结构功能。

图 1.13 燕尾榫结构示意图

在所有榫卯结构中，燕尾榫承受拉应力时的接合强度最大。燕尾榫能在很大程度上限制榫宽及榫深方向的自由度，只允许长轴方向(榫厚)的自由移动，使得燕尾榫结构具有较好的接合能力。

3) 搭扣榫

搭扣榫也称扣榫。箍头榫[图 1.14(a)]、十字卡腰榫[图 1.14(b)]、十字刻半透榫[图 1.14(c)]等用于纵横向水平构件搭接处的榫卯都属于搭扣榫。箍头榫是枋与柱在尽端或转角部结合时采取的一种特殊结构。十字卡腰榫主要用于圆形或带有线条的构件十字相交，如平板枋、挑檐桁、正心桁、上下金桁等构件转角处的搭接。十字刻半透榫主要用于方形构件的十字搭交，常见于平板的十字相交，斗栱中翘昂与栱交叉处刻半透榫。搭扣榫使得纵横构件搭接，互相制约，木构件不会产生变形或位移现象。另外，有种带椀的鼻子榫用于多水平构件的搭接，可以有效防止构件错动。

(a) 箍头榫 (b) 十字卡腰榫 (c) 十字刻半透榫

图 1.14 搭扣榫结构示意图

3. 铺作层

铺作又称斗栱，上承梁架，下端置于柱头上，斗栱与柱头以平摆浮搁相连。斗栱构造复杂，形式多样，是木结构中最复杂的部分，由纵横交叉、互相咬合、层层铺叠的斗、栱、昂、枋等构件组成，具有结构和装饰的双重功能[8]。根据斗栱位置的不同，一般可将其分为柱头斗栱[图 1.15(a)]、柱间斗栱[图 1.15(b)]和转角斗栱[图 1.15(c)]三种。根据斗栱构造的不同又可将其分为殿堂式斗栱[图 1.16(a)]和叉柱造式斗栱[图 1.16(b)]，其中殿堂式斗栱居多，叉柱造式斗栱节点主要在多层塔式建筑中使用，如独乐寺观音阁(图 1.17)。

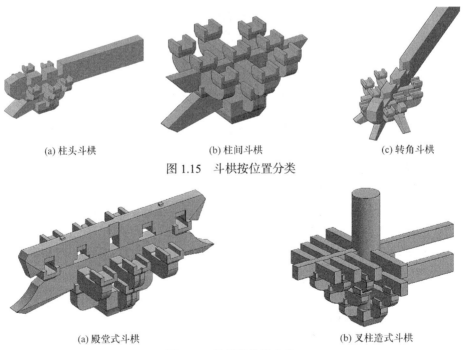

(a) 柱头斗栱 (b) 柱间斗栱 (c) 转角斗栱

图 1.15 斗栱按位置分类

(a) 殿堂式斗栱 (b) 叉柱造式斗栱

图 1.16 斗栱按构造分类

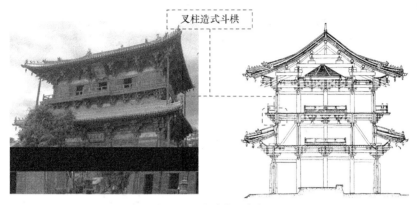

图 1.17　独乐寺观音阁

各组斗栱间顺脊方向通过挑檐枋、素枋、正心枋及栱眼壁(风栱板)支承固实，明栿扣搭联系，从而形成刚度较大的斗栱层(图 1.18)。水平方向允许层间滑移、竖向可发生较大的弹塑性变形，起到隔震、减震的作用。

图 1.18　斗栱层

4. 屋盖层

大屋盖是传统木结构的一大特色，屋盖在整个立面占据很大的比例，主要有硬山、悬山、歇山、庑殿、攒尖及卷棚 6 种类型[9]，如图 1.19 所示。其中，攒尖、歇山及庑殿类屋盖又有单檐与重檐之分，如图 1.20 所示。

传统木结构的屋盖是由屋面结构(望板、苫背、瓦当、走兽)及屋架(梁架、檩条、椽等)组成的，质量非常大。屋盖的纵横向梁架具有很强的刚度、整体性和稳定性。表面上看，柱架层与屋盖层之间的刚度和质量相差悬殊，易产生刚度及质量的突变，对抗震不利。其实不然，一方面，屋盖的大质量为梁架各构件间的榫

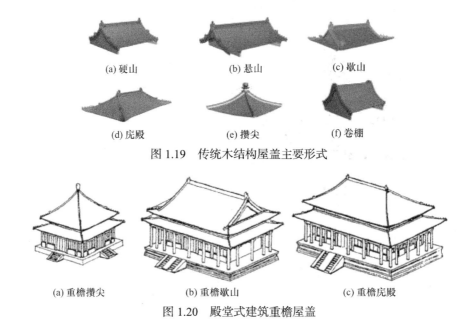

图 1.19　传统木结构屋盖主要形式

(a) 硬山　　　　(b) 悬山　　　　(c) 歇山

(d) 庑殿　　　　(e) 攒尖　　　　(f) 卷棚

(a) 重檐攒尖　　　　(b) 重檐歇山　　　　(c) 重檐庑殿

图 1.20　殿堂式建筑重檐屋盖

卯连接方式提供了较大的压力，势必会增强构件间的摩擦力及阻尼；另一方面，纵横向较大的刚度为柱架的顶部提供了约束，增强了柱架的稳定性和整体性。同时，殿堂结构中的斗栱层在一定程度上起到了隔震的作用，减小了屋盖的惯性力。

1.3　古建筑木结构的震害特征

传统木结构因其独特的结构特点，通常被认为是一个集柱底滑移隔震、榫卯节点耗能减震、斗栱节点耗能减震于一体的多重隔震、减震结构，具有良好的抗震性能[10]。古建筑木结构这种良好的抗震性能更确切地说应该是在较大地震作用下具有良好的抗倒塌性能，而其在中级地震作用下出现震害是常见现象，即古建筑木结构在中、低级地震作用下属于易损坏结构。

1. 柱脚震害

大量的震害资料显示，木柱的柱脚滑移(图 1.21)是传统木结构特有的破坏形式[11]。古建筑木结构的柱脚浮搁于石柱础上，通常为平摆浮搁，即柱直接放置在石柱础上，没有任何连接，使得上部结构与基础自然断开，柱与柱础的摩擦滑移模型如图 1.22 所示。在一般水平荷载或小震作用下，结构水平地震剪力不会超过各柱柱底所受摩擦力之和，结构依然能够保持稳定，不会产生过大位移造成使用不便。当上部结构的水平地震剪力超过柱脚与石柱础间的最大摩擦力时，上部结构将发生滑动，从而减小地震能量的输入，类似于现代结构基础的滑移隔震。

图 1.21　柱脚滑移

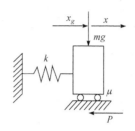

图 1.22　柱与石柱础摩擦滑移模型[3]

x_g-石柱础位移；x-柱相对于石柱础的位移；m-上部质量；μ-滑动摩擦系数；k-刚度系数；P-摩擦力

2. 榫卯节点震害

传统木结构中普遍采用的榫卯节点，仅燕尾榫和搭扣榫节点有一定程度的抗拉性能。直榫只有一定的抗弯、抗剪性能，而地震的水平力传递到木结构上时，整个结构的整体水平位移会使节点处承受很大的水平力。如果没有足够的抗拉性能，榫卯节点将会逐渐脱离，当拔榫量达到一定程度，节点不能继续传递荷载，导致结构成为机构而失效。传统木结构榫卯节点处没有外加可靠的连接来增强其抗拔能力，因此在地震作用时榫卯节点经常出现拔榫破坏，如图 1.23 所示。

图 1.23　榫卯节点拔榫破坏

3. 墙体震害

传统木结构中，主要以木构架承重，土墙或者砖墙仅作为围护结构。由于木柱材性较柔，较土墙或者砖墙差异性太大，木构架侧向刚度小，地震时可以允许一定程度的变形，但是墙体自身侧向刚度较大，允许的侧向位移较小。地震作用时，墙体与木构架的变形不一致，木构架的水平位移会对墙体产生附加的力，造成墙体开裂[图 1.24(a)]、倾斜[图 1.24(b)]，甚至倒塌[12][图 1.24(c)~(d)]。

(a) 墙体开裂   (b) 墙体倾斜

(c) 墙体局部倒塌   (d) 墙体整体倒塌

图 1.24 墙体各类破坏形式

4. 屋盖震害

屋顶溜瓦[图 1.25(a)]和饰物掉落[图 1.25(b)]是地震作用下传统木结构屋盖发生最多的破坏形式，瓦和饰物与建筑的连接性较差，在地震的剧烈晃动下，很容易发生震坏、跌落，不过这种破坏经过简单的修缮即可恢复原状，不影响结构的安全性[13]。屋脊一般不会发生破坏，当屋脊年久失修，在地震前已经部分糟朽时，地震会加剧破坏，导致屋脊受损[14][图 1.25(c)]。此外，多根檩条折断，极易造成整个屋盖梁架严重损毁[图 1.25(d)]。

5. 整体震害

一般的地震作用中，传统木结构的受力体系相对合理，通常仅发生以上几种破坏形式，但在强烈地震作用下，传统木结构会发生严重的构架倾斜[图 1.26(a)]，甚至出现整体垮塌[图 1.26(b)]。出现整体震害的原因有以下几个方面：

(1) 年久失修。

(2) 修缮加固不合理，改变了原有的结构特性，不仅没有对传统木结构起到保护作用，反而降低了其抗震能力。

(a) 屋顶溜瓦

(b) 饰物掉落

(c) 屋脊受损

(d) 梁架损毁

图 1.25　屋盖破坏的主要形式

(a) 构架倾斜

(b) 整体垮塌

图 1.26　传统木结构整体震害

(3) 场地不合理，结构所在场地对地震有放大作用而加重结构震害。地震引起的山体滑坡间接导致建筑物破坏。

第 2 章　直榫节点抗震性能

2.1　直榫节点拟静力试验

传统木结构建筑的主要特点之一就是各个构件之间采用榫卯连接。榫卯节点是木结构中的关键部位，在地震作用下，榫卯之间的反复相对运动，使得梁柱的榫卯连接产生松动，木构架产生节点拔榫，甚至节点脱落的现象，造成结构整体或局部构架歪闪、倾斜。因此，非常有必要对我国传统木结构榫卯节点的抗震性能进行研究，直榫节点是榫卯节点最常见的形式之一。

为了研究不同形式直榫节点的抗震性能，同时考虑不同榫头形式、不同模型比例及不同榫头伸出长度对直榫节点抗震性能的影响，制作了 8 个 T 形直榫节点模型。通过直榫节点的低周反复加载试验，得到了不同形式直榫节点的破坏特征、弯矩-转角滞回曲线、骨架曲线、刚度退化规律和耗能等。

2.1.1　试件设计与制作

《营造法式》[15]中没有给出直榫节点的详细构造尺度，仅对榫头宽度作出了"入柱卯减厚之半"的规定，即榫头宽度为枋宽度的一半。枋的尺寸规定为"凡梁之大小，各随其广分为三分，以二分为厚"。马炳坚[7]在现存古建筑的基础上，总结了榫卯节点的构造方法和尺寸，包括 3 种榫头形式的直榫节点(单向直榫、透榫、半透榫)，榫卯节点模型尺寸如图 2.1 所示。本小节参照《营造法式》，给出了殿堂三等材直榫节点的原型尺寸，详见表 2.1。

表 2.1　试件原型尺寸　　　　　　　　(单位：份)

构件名称	尺寸类型	单向直榫	透榫	半透榫
柱	直径	42	42	42
枋	截面高	36	36	36
	截面宽	24	24	24
榫头	榫大头截面高	36	36	36
	榫小头截面高		18	18
	榫头宽	12	12	12
	榫大头长	42	21	14
	榫小头长		42	14

注：三等材的 1 份=16mm。

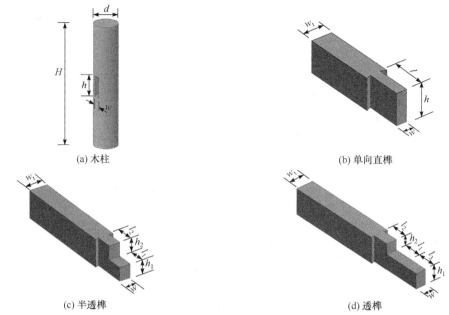

(a) 木柱 (b) 单向直榫

(c) 半透榫 (d) 透榫

图 2.1　榫卯节点模型尺寸示意图

本次试验共制作了 8 个直榫节点，其中 6 个单向直榫节点[图 2.1(b)]、1 个透榫节点[图 2.1(d)]和 1 个半透榫节点[图 2.1(c)]。为研究不同模型比例对单向直榫节点抗震性能的影响，制作了 4 个模型比例分别是 1∶1.6、1∶2.4、1∶3.2、1∶4.8 的单向直榫节点。为研究不同榫头长度对单向直榫节点抗震性能的影响，制作了榫头长度分别是柱径 1.0 倍、1.5 倍、0.5 倍的 3 种单向直榫节点。各试件参数和模型尺寸详见图 2.1 和表 2.2。试件由古建筑木工手工制作，制作完成的部分试件见图 2.2。试验用材料为东北落叶松，属自然干燥半年原木，其力学性能见表 2.3。

表 2.2　试件模型尺寸　　　　　　　　　　　　　　　　　（单位：mm）

试件编号	榫头形式	模型比例	柱		枋			榫头				
			柱长 H	柱径 d	总长 l'	高 h	宽 w_t	小头长 l_1+l_3	大头长 l_2	小头高 h_1	大头高 h_2	宽 w
S-J1		1∶1.6	900	420	1000	360	240	420		360		120
S-J2		1∶2.4	900	280	1000	240	160	280		240		80
S-J3	单向直榫	1∶3.2	800	210	750	180	120	210		180		60
S-J4		1∶4.8	800	140	700	120	80	140		120		40
S-J5		1∶4.8	800	140	750	120	80	210		120		40
S-J6		1∶4.8	800	140	700	120	80	70		120		40

续表

试件编号	榫头形式	模型比例	柱		枋			榫头				
			柱长 H	柱径 d	总长 l'	高 h	宽 w_t	小头长 l_1+l_3	大头长 l_2	小头高 h_1	大头高 h_2	宽 w
S-J7	透榫	1:4.8	800	140	750	120	80	140	70	60	120	40
S-J8	半透榫	1:4.8	800	140	700	120	80	47	47	60	120	40

注：① 柱长和枋长的确定，仅为加载方便，并未按法式尺寸比例选取。
　　② 为加载方便，卯口开在木柱中间位置。

图 2.2　制作完成的部分试件

表 2.3　木材力学性能　　　　　　　　　（单位：MPa）

木材种类	顺纹抗拉强度	顺纹抗压强度	弹性模量
落叶松	75	50	3727

2.1.2　加载方案与测量方案

为了防止加载过程中竖向荷载引起的 P-Δ 效应(重力二阶效应)，试验将柱平置，两端固定不动，枋竖向放置后通过柱底千斤顶向柱施加轴向力，之后通过作动器施加水平荷载。

(1) 水平荷载采用液压伺服加载系统，作动器固定在反力墙上，通过前端球铰连接件与枋端连接，试验加载装置如图 2.3 所示。

(2) 低周反复加载试验采用位移控制加载程序，如图 2.4 所示。加载曲线的控制位移为 50mm，先采用峰值位移为控制位移的 1.25%、2.5%、5%和 10%三角形波依次进行一次循环，再采用峰值位移为控制位移的 20%、40%、60%、80%、100%和 120%三角形波依次进行三次循环后终止试验[16]。

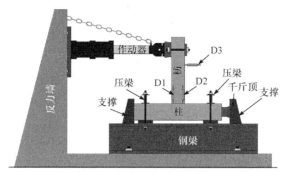

图 2.3　试验加载装置示意图

Di-位移计(i=1,2,3)

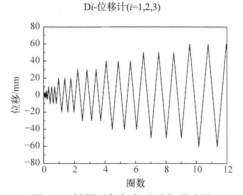

图 2.4　低周反复加载试验加载步骤

采用位移计和应变片分别测量变形和应变，所有数据采用自动数据采集仪采集。具体方案如下：

(1) 节点处枋高度方向左右两侧各布置 1 个位移计(D1 和 D2)，拔榫量测量如图 2.3 所示。

(2) 枋上端离柱上边缘 400mm 处布置 1 个位移计(D3)，测量枋的侧移以计算节点转角，如图 2.3 所示。

(3) 柱卯口的四个交点布置应变片，测量卯口受榫头挤压后的应变变化，如图 2.5 所示。

(4) 榫头端部和榫头颈部布置若干应变片，用于测量榫头端部和榫头颈部挤压后应变变化，如图 2.5 所示。

2.1.3　试验过程及现象

试验时先将柱固定在支座上，之后通过千斤顶对柱底施加竖向荷载(模型比例为 1∶1.6、1∶2.4、1∶3.2、1∶4.8 的试件竖向荷载分别是 54kN、24kN、13.5kN、6kN)，保持竖向荷载不变，然后按照加载程序施加单调或反复水平荷载，加载过程中观测节点及试件的变形和破坏状态。主要的试验现象如下：

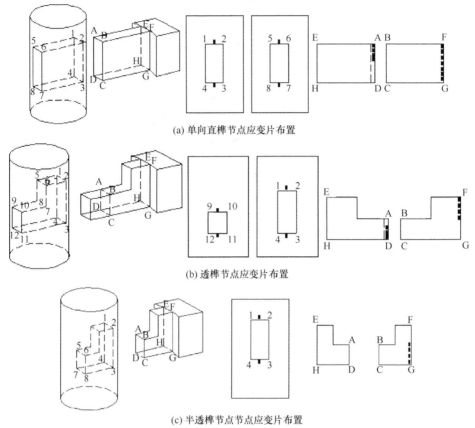

(a) 单向直榫节点应变片布置

(b) 透榫节点应变片布置

(c) 半透榫节点节点应变片布置

图 2.5　应变片布置示意图

　　试件刚开始加载时，由于作动器位移较小，节点转角不明显，节点区域无明显变化。随着位移的增大和循环的进行，节点转角增大，榫头和卯口开始紧密接触并出现少许挤压变形，伴有轻微吱吱声，榫头呈现出左拔出右缩进或者右拔出左缩进的现象，回到平衡位置时，榫头整体会有一定程度的拔出。当位移增大到一定程度时，榫头挤压变形越来越大且不能恢复，节点吱吱声变得清晰而响亮，节点越来越松动，拔榫量越来越大。整个加载过程中，破坏主要发生在节点处，柱和枋基本完好。

　　在同一级荷载作用下，单向直榫榫头颈部和端部的挤压变形更为明显，透榫次之，且透榫榫头颈部挤压变形大于榫头端部的挤压变形，半透榫榫头端部和榫头颈部的挤压变形都较小。半透榫的拔榫量最大，单向直榫榫头和透榫的拔榫量相差不大。拔榫量随模型比例增大而增大，即大比例试件的拔榫量比较大，小比例试件的拔榫量较小，部分试件破坏如图 2.6 所示。不同模型比例的试件在加载过程中的破坏程度有所不同，模型比例为 1∶1.6 的试件 S-J1 榫头和卯口处的挤压变形比较明显，榫颈部压痕肉眼清晰可见，如图 2.6(d) 所示。小比例试件的挤压变形较小，用手触摸能感受到其变形(如模型比例为 1∶4.8 的试件 S-J4)。

(a) S-J1平衡位置榫头拔榫量

(b) S-J1榫头左侧拔榫量

(c) S-J4榫头左侧拔榫量

(d) S-J1榫头挤压变形

图 2.6　部分试件破坏示意图

2.1.4　试验结果及分析

1. 滞回曲线

滞回曲线能够反映结构在反复受力过程中的变形特征、刚度退化及能量消耗，图 2.7 为直榫节点弯矩-转角滞回曲线，可以看出：

(1) 总体上，滞回曲线出现捏缩效应，滞回环形状呈反 S 形，说明榫卯节点出现了较大摩擦滑移。

(2) 加载过程中，同一峰值位移时，第一次循环的承载力较大，后两次循环基本一致且明显低于第一次循环。当位移幅值增加一级时，其滞回曲线第一次循环的上升段将沿着前一级位移幅值后两次循环的滞回曲线发展，直至该级控制位移。第一次循环之后，不可恢复的挤压变形已经发生，因此后两次循环的强度和刚度会有明显地下降。增加一级控制位移，第一次循环没有超过前一级控制位移时，其挤压变形与前一级控制位移一致，故滞回曲线也一致。一旦控制位移超过前一级，将会有新的挤压变形发生，故直榫节点又能承担更大的荷载。试件卸载时荷载显著下降，卸载曲线斜率基本为 0，节点产生了较大的挤压塑性变形，使其处于松动状态，故卸载时节点承载力较低。

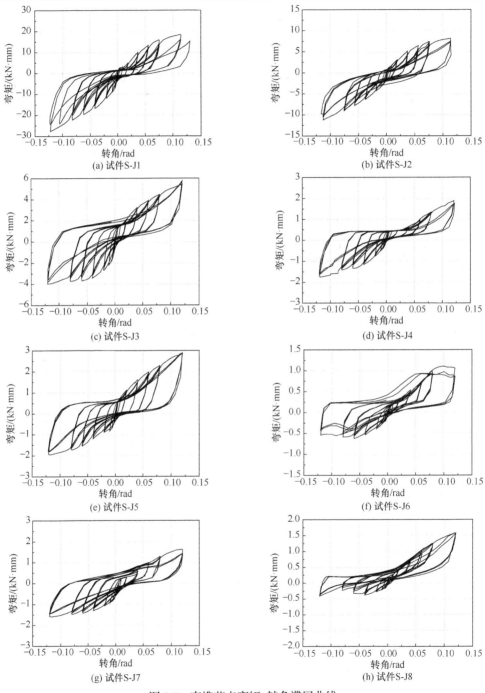

(a) 试件S-J1

(b) 试件S-J2

(c) 试件S-J3

(d) 试件S-J4

(e) 试件S-J5

(f) 试件S-J6

(g) 试件S-J7

(h) 试件S-J8

图 2.7　直榫节点弯矩-转角滞回曲线

(3) 单向直榫节点 S-J4 的滞回环具有规则性且饱满度好,与 S-J4 相比,透榫节点 S-J7、半透榫节点 S-J8 的正向加载曲线和反向加载曲线呈现不对称性，半透榫节点 S-J8 尤为明显，这与其节点形式的不对称性相符。

(4) 大比例试件的滞回环面积较大且更为饱满，说明在反复荷载作用下，大比例试件消耗的能量比较多。这是因为大比例构件尺寸较大，节点的转动刚度较大，发生相同转角时产生的反力更大，由弯矩和转角包围的面积就比较大。

(5) 从不同榫头长度试件的滞回曲线可以看出，S-J5 滞回曲线的形状更为规则，曲线饱满度更好，这主要是因为 S-J5 的榫头长度是柱径的 1.5 倍，伸出柱径的榫头部分，节点出现转角时，榫头和卯口挤压产生斜角效应，能有效地卡住柱径内的榫头，防止榫头拔出，节点滑移比较小。

2. 骨架曲线

骨架曲线是每次循环加载达到最大峰值时的轨迹，反映了试件不同受力阶段的变形及特性(强度、刚度等)，也是确定恢复力模型特征点的重要依据。各个直榫节点试件的弯矩-转角骨架曲线如图 2.8 所示。

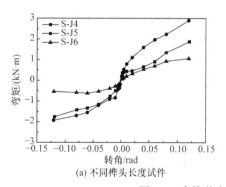
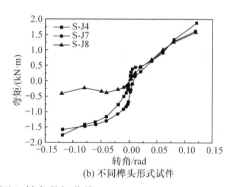

(a) 不同榫头长度试件　　　　　　　　　　　(b) 不同榫头形式试件

图 2.8　直榫节点试件的弯矩-转角骨架曲线

(1) 节点受力过程可分为三个阶段，榫卯节点滑移阶段、榫卯节点接触挤压阶段、榫卯节点的再滑移阶段。加载初期，骨架曲线斜率较小，节点处于滑移阶段，随着转角的增大，榫卯之间开始紧密接触，产生挤压力和摩擦力，节点转动刚度逐渐增大，承载力明显提高。经过若干循环之后，节点的挤压变形逐渐由弹性变形变为塑性变形，变形不可恢复，榫卯之间出现间隙，节点越发松动，骨架曲线斜率开始逐渐减小，即试件转动刚度逐渐变小。

(2) 如图 2.8(a)所示，同一级控制位移下，随着榫头长度增加，节点的弯矩提高，提高的幅度随着转角的增大而减小，S-J5 与 S-J4 和 S-J6 相比，加载前期弯矩增长较快，加载后期骨架曲线斜率也没有下降趋势。加载结束时，S-J5 承受的弯矩为 2.89kN·m，S-J4 和 S-J6 承受的弯矩分别为 S-J5 的 65%和 37%。究其原因，直榫节点主要靠卯口上下挤压力及其产生的摩擦力来抵抗外力，榫头长度越长，挤压面长度和摩擦接触距离就越长，能承受较大的弯矩。

(3) 从图 2.8(b)可以看出，不同榫头形式对试件弯矩和刚度有一定影响，在整个加载过程中单向直榫节点 S-J4 和透榫节点 S-J7 弯矩较大，半透榫节点 S-J8 较小，S-J8 最大正向和最大反向弯矩的平均值仅为 S-J4 的 54%。

3. 刚度退化曲线

刚度随控制位移和循环周数增大而减小的现象叫刚度退化，试件在反复荷载下，第 i 次刚度用割线刚度 K_i 表示，按式(2.1)计算。

$$K_i = \frac{|+P_i| + |-P_i|}{|+\Delta_i| + |-\Delta_i|} \tag{2.1}$$

式中，P_i 为第 i 次峰值荷载；Δ_i 为第 i 次峰值位移；+、–分别表示正、反向加载过程。

按式(2.1)计算的直榫节点各试件刚度退化曲线如图 2.9 所示。可以看出，试验加载初期，节点转动刚度退化较快，节点屈服后，刚度下降至较低水平且逐渐趋于稳定。榫头长度越长，节点转动刚度越大，S-J5 的最大转动刚度分别是 S-J4 和 S-J6 的 1.1 倍和 2.4 倍，可以看出榫头与柱径长度之比大于 1.0 以后，增加榫头长度对节点转动刚度影响较小。单向直榫 S-J4 的转动刚度和透榫 S-J7 转动刚度的变化趋势基本一样，且数值相差不多，半透榫 S-J8 的转动刚度较小。

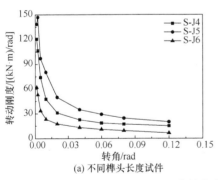
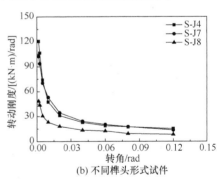

(a) 不同榫头长度试件　　　　　　　　　　　(b) 不同榫头形式试件

图 2.9　直榫节点各试件转动刚度退化曲线

4. 耗能能力

耗能能力用等效黏滞阻尼系数(h_e)来表示(图 2.10)，h_e 越大表示耗能能力越好，h_e 按式(2.2)计算。

$$h_e = \frac{1}{2\pi} \frac{S_{(ABF+ABE)}}{S_{(CEO+DFO)}} \tag{2.2}$$

式中，$S_{(ABF+ABE)}$ 是滞回环的面积(图 2.10)；$S_{(CEO+DFO)}$ 是 $\triangle CEO$ 和 $\triangle DFO$ 的面积之和。

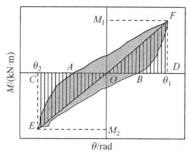

图 2.10　计算等效黏滞阻尼系数的图形

M-弯矩；θ-转角

按式(2.2)计算的直榫节点 h_e 随转角的变化规律见图 2.11，可以看出，随着转角的增大，h_e 逐渐变小，但是减小的幅度不大。榫头长度为柱径 1.5 倍的直榫节点 S-J5 耗能能力较差，S-J4 和 S-J6 的耗能能力相差不多，即当榫头长度超过柱径时，增加榫头长度，对节点耗能能力影响较小。透榫节点 S-J7 的耗能能力优于单向直榫节点 S-J4 和半透榫节点 S-J8。

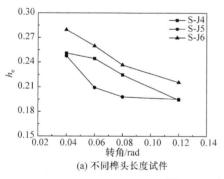

(a) 不同榫头长度试件

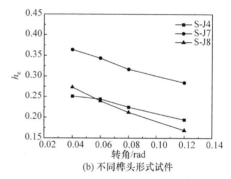

(b) 不同榫头形式试件

图 2.11　直榫节点 h_e 变化规律

5. 榫卯应变

试件加载过程中，榫头应变和卯口应变随着循环的进行发生改变。图 2.12 为部分典型节点在转角达到 1/50rad 时的榫头应变规律曲线。榫卯节点受力过程中，榫头端部和榫头颈部的应变都为压应变。应变离榫头和卯口的接触挤压点越远，应变越小，距接触挤压点为 1/2 榫头高度(60mm)时，应变基本为 0。

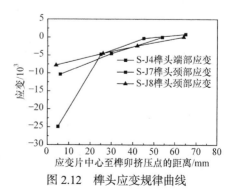

图 2.12　榫头应变规律曲线

2.1.5 直榫节点尺寸效应与分析

1. 拔榫量的尺寸效应

试件加载过程中，榫头会有部分拔出，且拔榫量随着荷载步(位移)的增大逐渐增大，如图 2.13 所示。拔榫量随着模型比例增大而增大。例如，大比例试件 S-J1 榫头左侧最大拔榫量为 23.5mm，小比例试件榫头左侧最大拔出量为 4～5mm。榫头长度越短其拔榫量越多，榫头长度是柱径 0.5 倍的试件 S-J6 榫头左侧最大拔榫量为 11.9mm。半透榫节点 S-J8 与单向直榫节点 S-J4 和透榫节点 S-J7 相比拔榫量较大，在转角为 0.12rad 时，其榫头左侧最大拔榫量为 6.8mm。

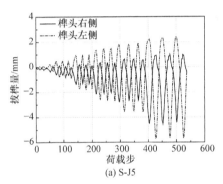
(a) S-J5

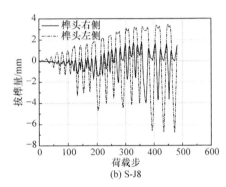
(b) S-J8

图 2.13 榫头拔榫规律

2. 尺寸对燕尾榫节点弯矩的影响

从图 2.14 所示不同模型比例节点的弯矩-转角骨架曲线可看出，随着节点模型比例增大，节点弯矩明显增大，加载结束时，S-J1 承受的正向弯矩为 18.4kN·m，是 S-J4 承受正向弯矩的 9.8 倍。图 2.15 为在不同转角作用下，节点的弯矩与榫头截面面积的关系，可以看出转角较小时，节点弯矩与榫头截面面积没有明显的比

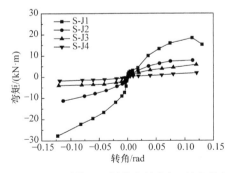

图 2.14 不同模型比例节点的弯矩-转角骨架曲线

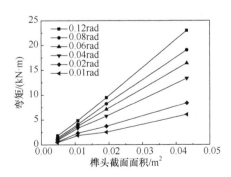

图 2.15 节点弯矩与榫头截面面积的关系

例关系，当转角增大到一定程度时，节点弯矩与榫头截面面积呈正比例关系，即与模型比例的平方成正比。这可能是因为转角较小时，节点处存在滑移，节点受力比较复杂，模型比例只是节点弯矩变化的因素之一，其他因素也有较大影响。

3. 尺寸大小对燕尾榫节点刚度的影响

从图 2.16 所示不同模型比例节点的转动刚度退化曲线可以看出，随着节点模型比例增大，节点转动刚度增大，S-J1 的最大转动刚度是 S-J4 的 10.3 倍。

4. 尺寸大小对燕尾榫节点耗能的影响

从图 2.17 所示不同模型比例节点的耗能曲线可以看出，在同一级控制位移，即同一转角下，耗能能力大多随着试件模型比例的增加而减小。

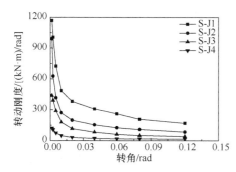

图 2.16　不同模型比例节点的转动刚度退化曲线　　图 2.17　不同模型比例节点的耗能曲线

2.2　单向直榫节点弯矩-转角关系

虽然国内外的专家学者做了大量关于榫卯节点的力学模型研究，但是这些力学模型大多是由试验数据拟合得到的，只是给出了定性的刚度变化规律，没有定量描述节点刚度的变化，缺乏刚度理论计算方法，使其应用范围受到一定限制。因此，本节选择传统木结构中的单向直榫节点为研究对象，通过对该节点受力机理的分析，建立考虑节点松动影响的弯矩-转角力学模型，以期为传统木结构的抗震性能及加固研究提供理论基础。

2.2.1　受力机理分析

由于传统木结构的单向直榫节点没有采用其他任何连接构件，其力的传递完全依靠榫头与卯口接触。一方面，榫头与卯口接触挤压产生挤压力；另一方面，榫卯间的滑移在粗糙接触面间会引起摩擦力。在其接触的 5 个面(榫头的上下面、两侧面以及端面)中，端面、侧面的摩擦力和挤压力对节点的性能影响最小，可以忽略。

当直榫节点转角为 θ 时，枋端受到剪力 V 和弯矩 M 的共同作用，榫头发生一定的拔出 $\varDelta$。榫头上侧端部和榫颈下侧与卯口接触，发生挤压，产生挤压力 F_A、F_B，直榫节点受力如图 2.18 所示。由于接触面间相互滑动，还存在摩擦力 f_A，其方向与榫头滑动方向相反(榫颈下边缘 O 点起到支点作用，榫头和卯口相对滑动距离较小，因此忽略此处的摩擦力)。由于榫头几乎不发生弯曲变形，节点的相对转动主要是上下接触面的挤压变形引起的。随着转角增加，接触区的面积和挤压应力均增加，相应的节点弯矩也增加。此后随着转角

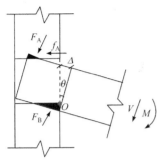

图 2.18　直榫节点受力示意图

的继续增加，虽然榫头逐渐拔出使承弯力臂逐渐减小，但是此时木材挤压进入塑性强化段，挤压应力持续增长，节点弯矩依然缓慢上升，直至到达峰值。当榫头端部彻底拔出时，节点发生脱榫破坏，弯矩下降至 0。

2.2.2　弯矩-转角关系推导

1. 基本假定

由受力机理分析可知，节点的受力范围主要在榫卯接触区，通过榫卯挤压变形和摩擦滑移来抵抗外力，且节点在正反两个方向的受力相同。为了简化计算，采取以下假定。

(1) 试件破坏仅发生在节点区域，枋和柱只起传力作用，不考虑枋和柱的弯曲效应[16]。

(2) 节点转动时，榫头颈部仅绕着卯口边缘转动，没有相对位移，而榫头端部则产生相对卯口的位移。

(3) 在受压荷载作用下，榫头实际上处于多点不均匀的受力状态，自身变形相对较小，根据小变形假定，忽略其弯曲变形。

(4) 节点受弯矩作用时，卯口顺纹受压，榫头横纹受压，木材顺纹受压弹性模量一般为横纹受压弹性模量的 10 倍以上，因此忽略卯口的挤压变形，仅考虑榫头受压变形[17]。

(5) 木材横纹受压在塑性阶段时，其弹性模量相对较小，可以忽略应力的增加，即假设木材进入塑性阶段后，应变增加而应力不变[18]，因此木材横纹应力-应变关系采用理想弹塑性模型，如图 2.19 所示。

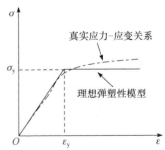

图 2.19　横纹应力-应变关系
σ 应力；σ_y-屈服应力；ε-应变；ε_y-屈服应变

2. 弯矩-转角关系力学模型推导

1) 几何条件

直榫节点的尺寸如图 2.20 和图 2.1(b)所示，其中榫长为 l，榫高为 h，榫宽为 w，榫头上侧与卯口之间由于加工误差或者节点松动存在初始缝隙 h'，柱直径为 d，当榫头端部与卯口边缘不存在间隙时，$d=l$。直榫节点关于枋的中心轴对称，在其顺时针、逆时针转动的情况下表现出相同的力学性能，因此仅以节点顺时针转动的情况为例进行分析。

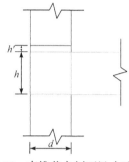

图 2.20　直榫节点剖面尺寸示意图

节点发生转动后，由于榫头与卯口间存在间隙，初始转动阶段榫头上表面与卯口不接触，直至转角增大到一定程度，榫头上表面开始与卯口接触，将此时梁、枋的相对转角定义为初始转角 θ_0，即

$$\theta_0 = h' / l \tag{2.3}$$

节点转过初始转角 θ_0 后，榫头和卯口开始接触，其挤压变形状态如图 2.21 所示，定义挤压变形角度为 θ'，则总转角 θ 可按式(2.4)计算。

$$\theta = \theta' + \theta_0 \tag{2.4}$$

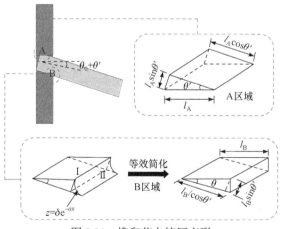

图 2.21　榫卯节点挤压变形

δ 嵌入深度；a-榫头高度相关变量

榫头上、下表面的挤压变形均为三棱柱(下表面变形实际上由两部分组成，一是荷载直接作用引起的体积变形，呈三棱柱；二是荷载间接作用引起的体积变形，边界形状一般用指数函数[19]描述，为了简化计算，其体积变形也用三棱柱来代替[20-21])。由于直榫节点榫头端部和榫颈与卯口接触部位的变形形状不同，接触长

度也不相等,设榫头端部、榫颈的接触长度分别为 l_A 和 l_B,则对应的嵌入深度 δ_A 和 δ_B 分别为

$$\delta_A = l_A \sin \theta' \tag{2.5}$$

$$\delta_B = l_B \sin \theta' \tag{2.6}$$

由基本假定和几何关系(图 2.22)可得

$$h + h' + l_A \sin \theta' \cos \theta' + l_B \tan \theta' = L \sin(\theta' + \varphi) \tag{2.7}$$

式中, $L = \sqrt{h^2 + l^2}$, $\varphi = \arctan \dfrac{h}{l}$ 。

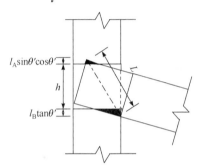

图 2.22　单向直榫节点变形

2) 物理条件

弹性阶段受压区的最大挤压应力 σ 为

$$\sigma = \frac{E_\perp \delta}{h/2} \tag{2.8}$$

式中, $E_\perp$ 为木材横纹抗压弹性模量; δ 为嵌入深度。

塑性阶段受压区的最大挤压应力 σ 为

$$\sigma = \sigma_y \tag{2.9}$$

3) 平衡条件

直榫节点的受力状态如图 2.18 所示,枋绕榫颈与卯口接触的边缘点 O 转动, F_A、F_B 分别表示榫头上侧端部和榫颈下侧的挤压力, f_A 表示相应的摩擦力。根据图 2.18 的受力分析及平衡条件,可得出榫头在水平方向的平衡方程:

$$\mu F_A \cos \theta' + F_A \sin \theta' = F_B \sin \theta' \tag{2.10}$$

式中, μ 为摩擦系数。

(1) 弹性段推导。枋开始转动后,在榫头(A 区域)和榫颈(B 区域)表面发生了横纹受压,其应力呈三角形分布,如图 2.23 所示,作用点位于应力分布图

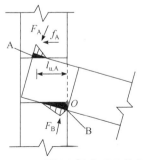

图 2.23　弹性段节点受力状态

的形心，其挤压力分别为 F_A、F_B，即

$$F_A = \frac{E_\perp}{2h} l_A^2 w \sin\theta' \cos\theta' \qquad (2.11)$$

$$F_B = \frac{E_\perp}{2h} l_B^2 w \tan\theta' \qquad (2.12)$$

由式(2.5)、式(2.8)～式(2.10)可得 A 区域接触面长度 l_A 为

$$l_A = \frac{L\sin(\theta'+\varphi) - h - h'}{\sin\theta\left(\cos\theta' + \sqrt{\mu\cot\theta' + 1}\right)} \qquad (2.13)$$

由几何关系可得 A 区域的挤压力臂 $l_{u,A}$ 为

$$l_{u,A} = L\cos(\theta'+\varphi) + l_A\left(\sin^2\theta' - \frac{1}{3}\right) \qquad (2.14)$$

对转动点 O 取矩，其中 F_B 与转动点 O 的水平距离非常小，合成的力矩可以忽略不计，根据节点的弯矩平衡条件可得

$$M = F_A\left[l_{u,A}\cos\theta' + (h+h')\sin\theta'\right] + \mu F_A(h+h')\cos\theta' \qquad (2.15)$$

(2) 屈服转角确定。根据节点的挤压变形可知，木材在挤压力的作用下，当挤压深度达到某一定值时，木材横纹受压屈服，可以据此定义榫卯节点进入塑性阶段的临界点。根据胡克定律，可求得挤压区木材的屈服位移 δ_y 为

$$\delta_y = \frac{\sigma_y}{E_\perp} h \qquad (2.16)$$

当榫头挤压区的挤压深度达到屈服位移时，对应的转角定义为 θ'_y，即

$$\theta'_y = \arcsin\frac{\delta_y}{l_A} \qquad (2.17)$$

将式(2.13)代入式(2.17)，由于 θ' 较小，可取 $\sin\theta' \approx \theta'$，$\tan\theta' \approx \theta'$，$\cos\theta' \approx 1 - \theta'^2/2$，并忽略对结果影响不明显的 θ 的高阶微量，则式(2.17)可化简为式(2.18)

$$\theta'_y = \left(\frac{\delta_y\sqrt{\mu}}{L\cos\varphi}\right)^{\frac{2}{3}} + \frac{2\delta_y}{3L\cos\varphi} \qquad (2.18)$$

则屈服转角 θ_y 为

$$\theta_y = \theta'_y + \theta_0 \qquad (2.19)$$

(3) 塑性段推导。进入塑性阶段后，各挤压处应力分布根据假设将由三角形转变为梯形，如图 2.24 所示。为了避免复杂的计算，榫头处的受压长度 l_A 仍然按

照弹性阶段推导的式(2.11)计算，则榫头处的挤压力由 $F_{AⅠ}$ (正方形)和 $F_{AⅡ}$ (三角形)两部分组成，即

$$F_A = F_{AⅠ} + F_{AⅡ} \tag{2.20}$$

$$F_{AⅠ} = \frac{E_\perp}{h} w\delta_y\left(\delta_A - \delta_y\right)\cot\theta' \tag{2.21}$$

$$F_{AⅡ} = \frac{E_\perp}{2h} w\delta_y^2 \cot\theta' \tag{2.22}$$

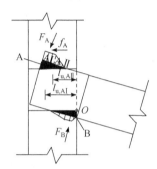

图 2.24　塑性段节点受力状态

则榫头处的挤压力臂

$$l_{u,AⅠ} = L\cos(\theta' + \varphi) + l_A \sin^2\theta' - \frac{\left(\delta_A - \delta_y\right)}{2\sin\theta'} \tag{2.23}$$

$$l_{u,AⅡ} = L\cos(\theta' + \varphi) + l_A\left(\sin^2\theta' - 1\right) - \frac{2\delta_y}{3\sin\theta'} \tag{2.24}$$

同样对转动点 O 取矩，可得

$$M = \left(F_{AⅠ}l_{u,AⅠ} + F_{AⅡ}l_{u,AⅡ}\right)\cos\theta' + F_A\left(h+h'\right)\left(\sin\theta' + \mu\cos\theta'\right) \tag{2.25}$$

2.2.3　力学模型验证

为了验证力学模型的正确性，将 2.1 节中 6 个单向直榫节点(S-J1、S-J2、S-J3、S-J4、S-J5、S-J6)的试验结果与本节公式的理论计算结果进行对比。将上述试件的参数代入式(2.11)～式(2.25)可得力学模型理论计算值与试验值的对比，如图 2.25 所示。从图中可看出，理论曲线与试验曲线趋势基本相同，在初始阶段理论计算值与试验值吻合较好，存在缝隙的节点初始转角与试验值误差较小，屈服后理论计算值略高于试验值，主要的原因可能是理论模型不考虑材料的离散性及试验构件制作过程中出现的缺陷。由此可见，本节建立的单向直榫节点弯矩-转角关系模型具有一定的合理性。

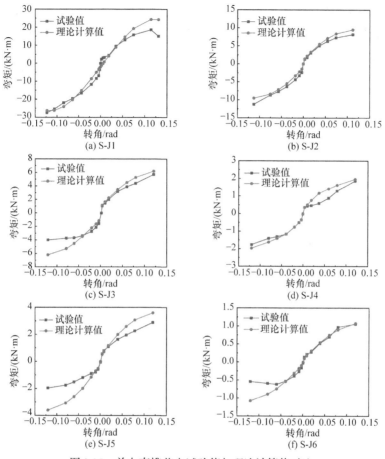

图 2.25　单向直榫节点试验值与理论计算值对比

2.3　半透榫节点弯矩-转角关系

2.3.1　受力机理分析

半透榫节点一般用于榫卯节点两侧都有梁相连的情况。虽然从半透榫节点构造形式可以看出明显的非对称性，但其受力机理与直榫节点类似。由于榫头转动拔出，其上下侧与卯口发生挤压，绕榫颈与卯口的接触点 O 转动。逆时针转动时，榫头的大头榫除了与卯口发生挤压接触(如图 2.26 所示的 B 区域)，还与接触的小榫头发生挤压(如图 2.26 所示的 C 区域)。由于拔榫量不断增大，挤压区 C 发挥作用的阶段相对短暂，且变形量有限，挤压区所承担的弯矩很少，最大仅为挤压区 A 的 10% 左右，大头榫端部对节点转动弯矩的贡献较小，绝大部分弯矩主要由小头榫上下表面的挤压来承担,在受力分析时忽略大头榫端部的挤压变形[22-23],半透榫节点受力如图 2.27 所示。当小头榫拔出时,节点很难继续承担荷载,此时结构破坏。

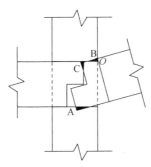

图 2.26 逆时针加载时半透榫节点变形示意图

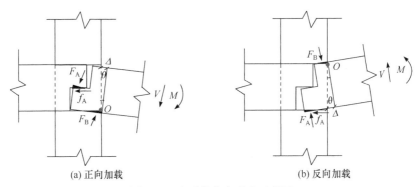

(a) 正向加载   (b) 反向加载

图 2.27 半透榫节点受力示意图

2.3.2 弯矩-转角关系力学模型推导

因为半透榫节点具有明显的非对称性,在不同的转动方向,其受力略有区别,所以计算模型的建立过程中,分正、反两个方向推导,规定节点顺时针转动为正,逆时针转动为反。建立半透榫节点弯矩-转角关系时,其分析思路和基本假定与单向直榫节点相同,先分析挤压区域的挤压应力分布与转角之间的关系,计算出挤压力,然后根据节点受力关系,建立转动弯矩与榫头尺寸和材料参数之间的关系。

1. 几何条件

半透榫节点的尺寸如图 2.28 和图 2.1(c)所示,小榫头上侧及大榫头上侧的初始缝隙为 h_1' 和 h_2',

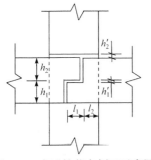

图 2.28 半透榫节点剖面示意图

虽然榫头端部可能存在缝隙，但是其对节点的受力影响不大，一般不加以考虑。

节点发生转动后，由于缝隙使初始转动阶段各节点之间不接触，直至转角增大到一定程度表面才开始接触，将正、反向初始转角定义为 θ_1 和 θ_2，即

$$\theta_1 = \frac{h_1'}{l_1 + l_2} \tag{2.26}$$

$$\theta_2 = \frac{h_2'}{l_1 + l_2} \tag{2.27}$$

从半透榫节点的变形图(图 2.26)可以看出，其变形状态与直榫节点类似，榫头上、下表面变形与直榫节点类似，均为三棱柱。其榫头端部、榫颈的嵌入深度 δ_A 和 δ_B 依然采用式(2.5)和式(2.6)表示。

1) 正向加载

由基本假定和几何关系[图 2.29(a)]可得

$$h_1 + h_1' + l_A \sin\theta' \cos\theta' + l_B \tan\theta' = L_1 \sin(\theta' + \varphi_1) \tag{2.28}$$

式中，$L_1 = \sqrt{h_1^2 + l^2}$，$l = l_1 + l_2$；$\varphi_1 = \arctan\dfrac{h_1}{l}$。

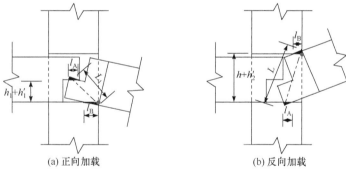

(a) 正向加载　　　　　　　　　　(b) 反向加载

图 2.29　半透榫节点受力变形

2) 反向加载

由基本假定和几何关系[图 2.29(b)]可得

$$h + h_2' + l_A \sin\theta' \cos\theta' + l_B \tan\theta' = L \sin(\theta' + \varphi_2) \tag{2.29}$$

式中，$L = \sqrt{h^2 + l^2}$，$l = l_1 + l_2$；$\varphi_2 = \arctan\dfrac{h}{l}$。

2. 物理条件

弹性阶段 A、B 处的最大挤压应力为

$$\sigma_A = \frac{E_\perp \delta_A}{h_1/2} \tag{2.30}$$

$$\sigma_B = \frac{E_\perp \delta_B}{h/2} \tag{2.31}$$

塑性阶段挤压处的最大挤压应力为

$$\sigma = \sigma_y \tag{2.32}$$

3. 平衡条件

半透榫节点的受力状态如图2.27所示,转动点O是榫颈与卯口的边缘接触点,F_A、F_B分别表示 A 和 B 两处的挤压力,f_A表示相应的摩擦力。同直榫节点类似,根据图2.27的受力分析及平衡条件,可得出榫头在水平方向的平衡方程。

$$\mu F_A \cos\theta' + F_A \sin\theta' = F_B \sin\theta' \tag{2.33}$$

1) 弹性段推导

A、B 处应力分布呈三角形,如图 2.30 所示,其挤压力的推导同直榫节点,将半透榫相关参数代入式(2.11)和式(2.12),可得半透榫节点小头榫 A 处的挤压力 F_A 和榫头根部挤压力 F_B,即

$$F_A = \frac{E}{2h_1} l_A^2 w \sin\theta' \cos\theta' \tag{2.34}$$

$$F_B = \frac{E_\perp}{2h} l_B^2 w \tan\theta' \tag{2.35}$$

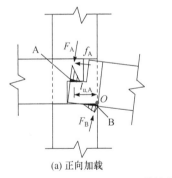
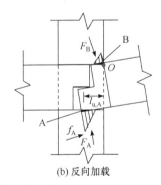

（a）正向加载　　　　　　　　　　　（b）反向加载

图 2.30　弹性段半透榫节点受力状态

由式(2.28)、式(2.33)~式(2.35)可得正向加载 A 处接触面长度 l_A:

$$l_A = \frac{L_1 \sin(\theta' + \varphi_1) - h_1 - h_1'}{\sin\theta \left[\cos\theta' + \sqrt{\dfrac{(\mu\cot\theta' + 1)}{h_1} h} \right]} \tag{2.36}$$

同理,由式(2.29)、式(2.33)~式(2.35)可得反向加载 A 处接触面长度 l_A 为

$$l_A = \frac{L\sin(\theta' + \varphi_2) - h - h_2'}{\sin\theta'\left[\cos\theta' + \sqrt{\dfrac{(\mu\cot\theta' + 1)}{h_1}h}\right]}\qquad(2.37)$$

由几何关系可得，正向加载挤压部的力臂为

$$l_{u,A} = L_1\cos(\theta' + \varphi_1) + l_A\left(\sin^2\theta' - \frac{1}{3}\right)\qquad(2.38)$$

同理，反向加载挤压部的力臂为

$$l_{u,A} = L\cos(\theta' + \varphi_2) + l_A\left(\sin^2\theta - \frac{1}{3}\right)\qquad(2.39)$$

对转动点 O 取矩，根据节点的弯矩平衡条件可得正向加载时的转动弯矩为

$$M = F_A\left[l_{u,A}\cos\theta' + (h_1 + h_1')\sin\theta'\right] + \mu F_A(h_1 + h_1')\cos\theta'\qquad(2.40)$$

同理，反向加载时的转动弯矩为

$$M = F_A\left[l_{u,A}\cos\theta' + (h + h_2')\sin\theta'\right] + \mu F_A(h + h_2')\cos\theta'\qquad(2.41)$$

2) 屈服转角的确定

正向加载、反向加载时榫头挤压区木材的屈服位移 δ_y，即

$$\delta_y = \frac{\sigma_y}{E_\perp}h_1\qquad(2.42)$$

将相关参数代入式(2.18)中，得到正向加载时榫头挤压深度达到屈服位移时对应的转角 θ_y'，即

$$\theta_y' = \left(\frac{\delta_y\sqrt{\mu}}{L_1\cos\varphi_1}\right)^{\frac{2}{3}} + \frac{2\delta_y}{3L_1\cos\varphi_1}\qquad(2.43)$$

则正向加载时对应的屈服转角为

$$\theta_y = \theta_y' + \theta_1\qquad(2.44)$$

反向加载时 θ_y' 和 θ_y 分别为

$$\theta_y' = \left(\frac{\delta_y\sqrt{\mu}}{L\cos\varphi}\right)^{\frac{2}{3}} + \frac{2\delta_y}{3L\cos\varphi}\qquad(2.45)$$

$$\theta_y = \theta_y' + \theta_2\qquad(2.46)$$

3) 塑性段推导

同直榫节点类似，进入塑性段后，各挤压区应力分布由三角形变为梯形 (图 2.31)，为简化计算，采用与直榫相同的假设，并将半透榫相关参数代入式(2.21) 和式(2.22)，可得此时的挤压力为

$$F_{A\,I} = \frac{E_\perp}{h_1\delta_A}w\delta_y l_A\left(\delta_A - \delta_y\right)\cos\theta' \tag{2.47}$$

$$F_{A\,II} = \frac{E_\perp}{2h_1\delta_A}w\delta_y l_A\left(\delta_A - \delta_A\cos\theta + \delta_y\cos\theta'\right) \tag{2.48}$$

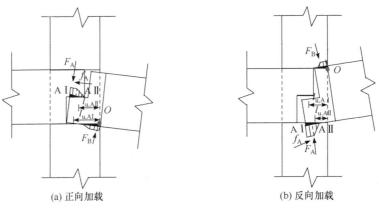

(a) 正向加载　　　　　　　　(b) 反向加载

图 2.31　塑性段半透榫节点受力状态

因为半透榫节点正反向转动受力不对称，所以塑性段挤压力臂也不同。正向转动时，当榫头 A 挤压区域进入塑性段时，相应的挤压力臂为

$$l_{u,A\,I} = L_1\cos(\theta' + \varphi) + l_A\sin^2\theta' - \frac{\left(\delta_A - \delta_y\right)}{2\sin\theta'} \tag{2.49}$$

$$l_{u,A\,II} = L_1\cos(\theta' + \varphi) + l_A\left(\sin^2\theta' - \frac{1}{3}\right) - \frac{2\left(\delta_A - \delta_y\right)}{3\sin\theta'} \tag{2.50}$$

反向转动时，当榫头 A 挤压区域进入塑性段时，相应的挤压力臂为

$$l_{u,A\,I} = L\cos(\theta' + \varphi) + l_A\sin^2\theta' - \frac{\left(\delta_A - \delta_y\right)}{2\sin\theta'} \tag{2.51}$$

$$l_{u,A\,II} = L\cos(\theta' + \varphi) + l_A\left(\sin^2\theta' - \frac{1}{3}\right) - \frac{2\left(\delta_A - \delta_y\right)}{3\sin\theta'} \tag{2.52}$$

则进入塑性段后(即 $\theta > \theta_y$)，正、反向的弯矩-转角关系式可分别表示为

$$M_{正} = \left(F_{A\,I}l_{u,A\,I} + F_{A\,II}l_{u,A\,II}\right)\cos\theta' + F_A\left(h_1 + h_1'\right)\left(\sin\theta' + \mu\cos\theta'\right) \tag{2.53}$$

$$M_{\text{反}} = \left(F_{\text{A I}} l_{\text{u,A I}} + F_{\text{A II}} l_{\text{u,A II}} \right) \cos\theta' + F_{\text{A}} \left(h + h_2' \right) \left(\sin\theta' + \mu\cos\theta' \right) \tag{2.54}$$

2.3.3　力学模型验证

为了验证计算模型正确性，将 2.1 节中半透榫节点(S-J8)的相关参数代入式(2.34)～式(2.54)，并与试验结果对比，如图 2.32 所示。

为进一步验证模型的有效性，借助相关研究者的试验进行验证，半透榫节点相关参数如表 2.4 所示。将上述参数同样代入式(2.34)～式(2.54)，可得理论计算值与相关研究试验值的对比，如图 2.33 所示。可以看出，根据模型计算的结果与试验结果能很好地吻合，说明力学模型具有一定的适用性。

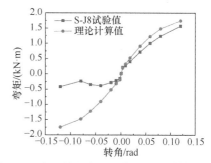

图 2.32　半透榫节点试验值与理论计算值对比

表 2.4　半透榫节点相关参数

文献	横纹弹性模量/MPa	横纹抗压强度/MPa	小头榫/mm		大头榫/mm		榫宽/mm
			榫长	榫高	榫长	榫高	
淳庆等[24]	512	3.0	56.7	75	56.7	150	40
陈春超[25]	580	3.4	56.7	75	56.7	150	40

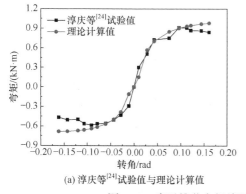

(a) 淳庆等[24]试验值与理论计算值

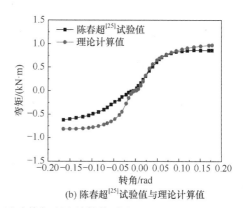

(b) 陈春超[25]试验值与理论计算值

图 2.33　半透榫节点相关研究试验值与理论计算值对比

2.4　透榫节点弯矩-转角关系

透榫节点构造形式与半透榫类似，具有明显的非对称性，在不同的转动方向，其受力同样存在区别。因此，在推导过程中，依然分为正、反两个方向进行推导，规定透榫榫卯节点顺时针转动为正，逆时针转动为反，同时借鉴单向直榫的推导方法及基本假设。

2.4.1　受力机理分析

透榫节点同样为不对称榫卯节点，形状与半透榫类似，因此其受力机理参见2.3.1 小节半透榫节点的受力机理。透榫节点受力如图 2.34 所示。与半透榫不同的是，透榫小头榫的榫长相对较长，一般很难发生脱榫破坏，但是其小头榫部分却存在较大的弯曲变形，容易造成小头和大头交界面处发生横纹拉裂破坏和小头榫下侧的受弯破坏。

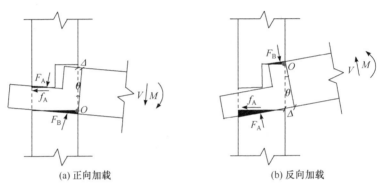

(a) 正向加载　　　　　　　　　　　(b) 反向加载

图 2.34　透榫节点受力示意图

2.4.2　弯矩-转角关系力学模型推导

1. 几何条件

透榫节点的尺寸如图 2.35 和图 2.1(d)所示，小出榫头上侧及大进榫头上侧存

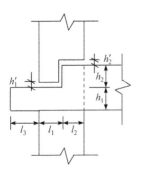

图 2.35　透榫节点剖面示意图

在初始缝隙 h_1' 和 h_2'，同样忽略变截面处端部缝隙。节点发生转动后，由于缝隙的存在，初始转动阶段榫头与卯口之间不接触，需要克服初始转角 θ_1 和 θ_2，见式(2.26)和式(2.27)。

从透榫节点的挤压变形分析图(图 2.36)可以看出，其变形状态与直榫节点类似，假设榫头上、下表面变形依然为三棱柱，且榫头与榫颈的三棱柱具有相似性。其榫头端部、榫颈的嵌入深度 δ_A 和 δ_B 依然可以采用式(2.5)和式(2.6)表示。

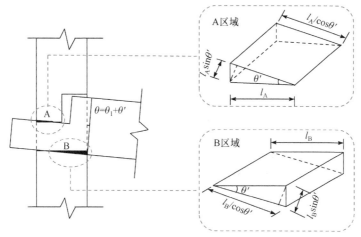

图 2.36　透榫节点挤压变形分析图

1) 正向加载

由基本假定和几何关系[图 2.37(a)]可得

$$h_1 + h_1' + l_A \sin\theta' \cos\theta' + l_B \sin\theta' \cos\theta' = L_1 \sin(\theta' + \varphi_1) \tag{2.55}$$

式中，$L_1 = \sqrt{h_1^2 + l^2}$，$l = l_1 + l_2$；$\varphi_1 = \arctan\dfrac{h_1}{l}$。

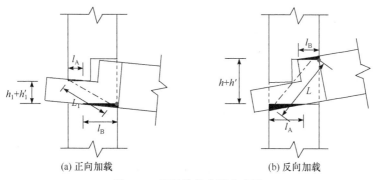

(a) 正向加载　　　　　　　　　　　　　(b) 反向加载

图 2.37　半透榫节点受力变形

2) 反向加载

由基本假定和几何关系[图 2.37(b)]可得

$$h + h_2' + l_A \sin\theta' \cos\theta' + l_B \sin\theta' \cos\theta' = L \sin(\theta' + \varphi_2) \tag{2.56}$$

式中，$L = \sqrt{h^2 + l^2}$，$l = l_1 + l_2$；$\varphi = \arctan\dfrac{h}{l}$。

2. 物理条件

弹性阶段 A、B 处的最大挤压应力 σ_A 和 σ_B 可以用式(2.30)和式(2.31)表示。

塑性阶段 A 处的最大挤压应力 σ 可以用式(2.32)表示。

3. 平衡条件

透榫节点的受力状态如图2.34所示,转动点 O 位于榫颈与卯口的接触边缘点, F_A、F_B 分别表示不同位置挤压力, f_A 表示相应的摩擦力。根据平衡条件,可得出榫头在水平方向的平衡方程,同式(2.33)。

1) 弹性段推导

A、B 处挤压力的推导同直榫节点,根据挤压区的应力分布(三角形分布,如图 2.38 所示)和挤压变形可得

$$F_A = \frac{E_\perp}{2h_1} l_A^2 w \tan\theta' \tag{2.57}$$

$$F_B = \frac{E_\perp}{2h} l_B^2 w \tan\theta' \tag{2.58}$$

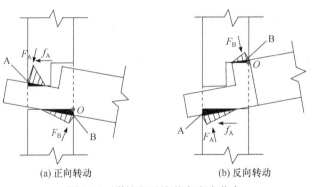

(a) 正向转动　　　　　　　　　　(b) 反向转动

图 2.38　弹性段透榫节点应力分布

由式(2.33)、式(2.55)、式(2.57)和式(2.58)可得正向加载 A 处接触面长度 l_A 为

$$l_A = \frac{L_1 \sin(\theta' + \varphi_1) - h_1 - h_1'}{\sin\theta' \cos\theta' \left[1 + \sqrt{\dfrac{(\mu\cot\theta' + 1)}{h_1}} h\right]} \tag{2.59}$$

同理,可得反向加载 A 处接触面长度为

$$l_A = \frac{L \sin(\theta' + \varphi_2) - h - h_2'}{\sin\theta' \cos\theta' \left[1 + \sqrt{\dfrac{(\mu\cot\theta' + 1)}{h_1}} h\right]} \tag{2.60}$$

类似直榫节点的推导,由几何关系可得正向加载挤压区的力臂为

$$l_{u,A} = L_1 \cos(\theta' + \varphi_1) - \frac{1}{3}l_A\left(\sin^2\theta' - \frac{1}{3}\right) \tag{2.61}$$

采用相同的方法，可得反向加载挤压区的力臂为

$$l_{u,A} = L\cos(\theta' + \varphi_2) - \frac{1}{3}l_A\left(\sin^2\theta' - \frac{1}{3}\right) \tag{2.62}$$

对转动点 O 取矩，根据节点的弯矩平衡条件可得正反向加载时的转动弯矩，同式(2.40)和式(2.41)。

2) 屈服转角确定

因为透榫节点与半透榫节点类似，所以屈服转角的表达公式相同，直接将相关参数代入半透榫节点的屈服转角公式计算，即式(2.42)~式(2.46)。

3) 塑性段推导

进入塑性段后透榫节点各挤压区应力分布由三角形变为梯形(图 2.39)，采用与直榫相同的假设，并将透榫相关参数代入式(2.21)和式(2.22)，可得此时的挤压力为

$$F_{A\,I} = \frac{E_\perp}{2h_1\delta_A\cos\theta'}w\delta_y l_A\left(2\delta_A - \delta_y\right) \tag{2.63}$$

$$F_{A\,II} = \frac{E_\perp}{2h_1\delta_A}w\delta_y l_A\left(\delta_A - \delta_A\cos\theta' + \delta_y\cos\theta'\right) \tag{2.64}$$

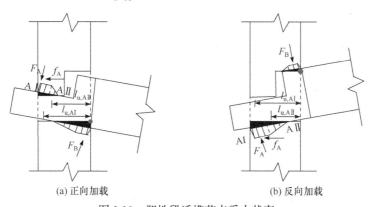

(a) 正向加载　　　　　　　　　　(b) 反向加载

图 2.39　塑性段透榫节点受力状态

因为透榫节点正反向不对称，所以塑性段挤压区域的力臂也不同。正向转动时，当榫头 A 挤压区域进入塑性段时，相应的挤压力臂为

$$l_{u,A\,I} = L_1\cos(\theta' + \varphi_1) - \frac{\left(\delta_A - \delta_y\right)}{2\sin\theta'} \tag{2.65}$$

$$l_{u,A\,II} = L_1\cos(\theta' + \varphi_1) - \frac{1}{3}l_A - \frac{2(\delta_A - \delta_y)}{3\sin\theta'} \quad (2.66)$$

反向转动时，当榫头 A 挤压区域进入塑性段时，相应的挤压力臂为

$$l_{u,A\,I} = L\cos(\theta' + \varphi_2) - \frac{(\delta_A - \delta_y)}{2\sin\theta'} \quad (2.67)$$

$$l_{u,A\,II} = L\cos(\theta + \varphi_2) - \frac{1}{3}l_A - \frac{2(\delta_A - \delta_y)}{3\sin\theta} \quad (2.68)$$

则进入塑性段后($\theta > \theta_y$)，正、反向的弯矩-转角可用式(2.53)和式(2.54)求得。

2.4.3 力学模型验证

为了验证力学模型的正确性，将 2.1 节中半透榫节点(S-J7)的相关参数代入式(2.57)～式(2.68)可得力学模型理论计算值与试验值的对比，如图 2.40 所示。

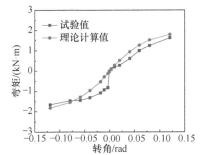

图 2.40 透榫节点试验值与理论计算值对比

为进一步验证力学模型的有效性，与其他研究者的相关试验进行对比，透榫节点相关参数如表 2.5 所示。将上述参数代入式(2.57)～式(2.68)，得到理论计算值与试验值的对比如图 2.41 所示。从图中可以看出，理论计算值与试验值吻合较好。但是带缝隙的节点在初始自由转动阶段存在一定的误差，主要是因为理论模型不考虑榫侧的摩擦力对节点弯矩的贡献，而实际结构中存在这部分摩擦接触。相较于完好节点，由于带缝隙节点存在初始自由转动，其各受力阶段随初始转角均有一定程度的滞后。

表 2.5 透榫节点相关参数

文献	横纹弹性模量/MPa	横纹抗压强度/MPa	小头榫/mm		大头榫/mm		榫宽/mm	缝隙/mm
			榫长	榫高	榫长	榫高		
高永林等[26]	493	3.5	50	50	50	175	50	——
潘毅等[27]	654	2.9	105	50	105	180	60	——
薛建阳等[28]	210	3.2	120	80	120	160	60	12

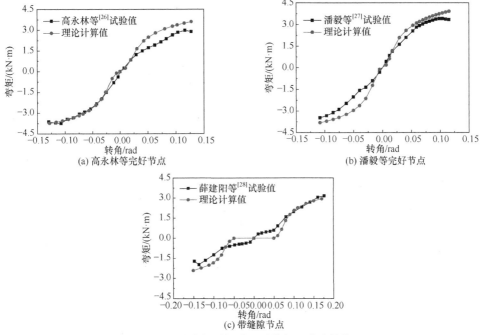

图 2.41　透榫节点相关研究试验值与理论计算值对比

2.5　本 章 小 结

本章参照《营造法式》及相关文献的构造要求，考虑不同榫头形式、不同模型比例、不同榫头长度对直榫榫卯节点抗震性能的影响，制作了 8 个直榫榫卯节点。通过直榫节点的低周反复加载试验，得到了不同形式直榫节点的破坏特征、弯矩-转角滞回曲线、骨架曲线、转动刚度及其退化规律和耗能等性能。试验结果表明，直榫节点的破坏形态主要是卯口、榫头的挤压变形和榫头部分拔出，梁、柱无明显破坏。直榫节点弯矩-转角滞回曲线呈反 S 形，单向直榫节点的滞回环对称且饱满度较好，透榫节点、半透榫节点的正向和反向滞回曲线呈现不对称性且饱满度较差，半透榫节点尤为明显。单向直榫节点、透榫节点的承载力和转动刚度较大且相差不多，半透榫节点较小。单向直榫节点的弯矩大致与模型比例的平方成正比，但不符合模型相似关系。单向直榫节点增加榫头长度有助于提高其转动刚度，但当榫头长度大于柱径时，其提高幅度减小。透榫节点的耗能能力优于单向直榫节点和半透榫节点。

在试验的基础上，对直榫节点(单向直榫、半透榫、透榫)的受力性能进行了较深入的理论分析，发现直榫节点受弯时的抵抗力矩主要由榫头上下侧局部压应力和摩擦力合成力矩来提供。结合相关假定，建立了能够考虑构件几何尺寸、材料特性、摩擦接触属性及缝隙等参数影响的直榫节点弯矩-转角关系力学模型，具有一定的普适性。

第3章 燕尾榫节点抗震性能

燕尾榫又称大头榫,是古建筑大木作结构中比较常用的一种连接方式,常用于水平构件与垂直构件相交处,如额枋与柱的相交部位(图3.1)。燕尾榫的榫头外宽内窄,与之相应的卯口则里面大、外面小,抗拔性能优,不易出现拔榫现象,使结构具有较强的稳定性能。

在现存古建筑结构中,额枋与柱连接的榫卯节点处通常还会有颇具特色的普拍枋、雀替、栌斗等构件,这些构件对榫卯节点的抗震性能具有很大的影响。普拍枋置于额枋之上,端部通过馒头榫与柱端相连,底面与额枋通过暗销固定,用来承接斗栱,可以提高节点的连接作用和刚度。雀替用于大式建筑外檐额枋与柱相交处,一端卡入柱中,另一端通过暗销与枋底相连,起承托额枋、增加额枋榫部的抗剪能力、拉结额枋并减小枋间跨度,以及提高节点刚度的作用。栌斗作为斗栱的最下层,下端通过暗销与普拍枋相连,不仅能传递上部竖向荷载,而且可将水平荷载通过暗销传至下层柱架。完整的榫卯节点如图3.2所示。

图3.1 燕尾榫节点示意图

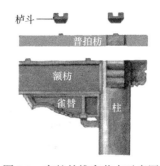

图3.2 完整的榫卯节点示意图

3.1 燕尾榫节点拟静力试验

近年来,国内一些学者对传统木结构燕尾榫节点的抗震性能进行了研究。但是大多以一枋两柱两节点组成的木构架为研究对象,使得木构架在水平侧移过程中,由于竖向荷载作用将产生明显的 $P\text{-}\Delta$ 效应,所得榫卯节点结果包含竖向荷载引起的 $P\text{-}\Delta$ 效应影响。另外,已有研究未考虑普拍枋、雀替和尺寸效应对榫卯节点抗震性能的影响,而这些因素是不可忽略的。因此,本节以单个燕尾榫节点为研究对象，考虑普拍枋、雀替和尺寸效应的影响，通过低周反复荷载试验对燕尾榫节点的抗震性能进行研究。

3.1.1　试件的设计与制作

参照《营造法式》[15]殿堂三等材的尺度要求(《营造法式》对馒头榫和雀替的尺寸没有具体规定，尺寸参照《工程做法则例》[29]相关规定选取)，制作了 5 个燕尾榫节点模型，并将栌斗造型简化，仅考虑其传力作用。试件考虑的变化参数包括模型比例、有无普拍枋和雀替。各试件参数见表 3.1，对应的构件详图见图 3.3，各构件原型尺寸与不同比例模型尺寸见表 3.2，组装后的整体节点模型如图 3.4 所示。

表 3.1　试件参数

试件编号	模型比例	竖向荷载/kN	普拍枋设置	雀替设置
S-J1	1 : 4.8	6.0	局部	—
S-J2	1 : 3.2	13.5	局部	—
S-J3	1 : 2.4	24.0	局部	—
S-J4	1 : 3.2	13.5	整体	—
S-J5	1 : 3.2	13.5	局部	有

注：① 竖向荷载由单柱承担的上部荷载确定。

　　② 局部普拍枋是为施加竖向荷载而设置，以免刚性千斤顶直接施加在柱顶。

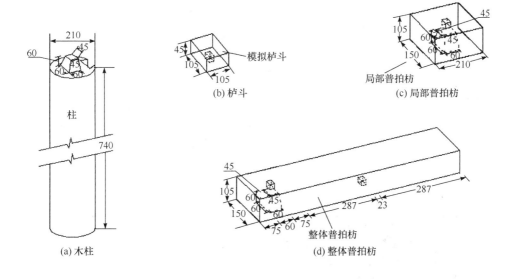

(a) 木柱　　　(b) 栌斗　　　(c) 局部普拍枋　　　(d) 整体普拍枋

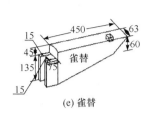

(e) 雀替

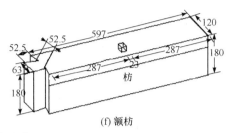

(f) 额枋

图 3.3 构件详图(单位：mm)

雀替上的暗槽尺寸为 15mm×15mm×15mm；其他未标注的暗槽尺寸为 23mm×23mm×23mm

表 3.2 试件原型与不同比例模型尺寸

构件名称	尺寸类别	原型尺寸/份	模型尺寸/mm 模型比例		
			1∶4.8	1∶3.2	1∶2.4
柱	柱径	42	140	210	280
枋	枋高	36	120	180	240
	枋宽	24	80	120	160
燕尾榫	榫头宽	12	42	63	84
	榫颈宽	10	35	53	70
	榫长	10	35	53	70
馒头榫	榫端	—	30	45	60
	榫根	—	40	60	80
	榫长	—	40	60	80
普拍枋(局部)	枋长	42	140	210	280
	枋宽	30	100	150	200
	枋高	21	70	105	140
普拍枋(整体)	枋长	360	—	808	—
	枋宽	30	—	150	—
	枋高	21	—	105	—
模拟栌斗	斗长	21	70	105	140
	斗宽	21	70	105	140
	斗高	9	30	45	60
雀替	长度	—	—	450	—
	高度	—	—	180	—
	厚	—	—	63	—

注：① 宋代三等材 1 份=16mm。

② 柱长和枋长根据加载方便来确定，未按照《营造法式》尺寸选取。

③ 馒头榫长和榫根边长取柱径的 3/10，榫端边长取柱径的 1/5。

④ 雀替长度取面阔的 1/4，高度与额枋相同，厚度取柱径的 3/10。

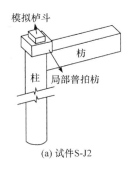
(a) 试件S-J2

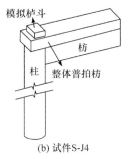
(b) 试件S-J4

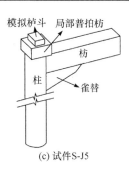
(c) 试件S-J5

图 3.4 整体节点模型示意图

试验所用木材为东北产落叶松，天然干燥期为半年，根据木材物理力学性能试验方法，测得含水率为 14.3%，力学性能如表 3.3 所示。

表 3.3 木材力学性能 (单位：MPa)

木材种类	顺纹抗压强度	顺纹抗拉强度	顺纹弹性模量	横纹抗压强度	横纹弹性模量
落叶松	47	70	5485	2.67	653

3.1.2 加载方案与测量方案

1. 加载设备

为了消除 $P\text{-}\Delta$ 效应对节点受力性能的影响，试验中将柱水平放置，采用枋端加载的方式来模拟受力过程，如图 3.5 所示。为符合柱上、下端均为不动铰的边界条件，将柱两端固定并用钢梁压住，由电脑控制水平千斤顶在柱端模拟施加恒定竖向荷载，由电液伺服系统施加低周反复荷载。

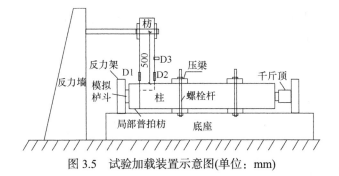

图 3.5 试验加载装置示意图(单位：mm)

2. 加载制度

将燕尾榫节点模型就位并固定后，对柱施加竖向荷载至预定值，各个试件需施加的竖向荷载大小见表 3.1。保持竖向荷载不变，对枋端逐级施加水平荷载，作动器中心至柱上边缘距离为 500mm。加载方式与 2.1.2 小节直榫节点相同，如图 2.4 所示。图 3.5 中向右推时记为正向。

3. 测量方案

为测得枋柱节点的水平相对位移，在枋上端距节点根部 200mm 处布置 1 个量程为±15cm 位移计；为测得拔榫量，在枋靠近节点处左右两侧共布置 2 个量程为±5cm 的位移计，试验加载装置见图 3.5。试件的竖向荷载通过水平千斤顶施加，所有数据均通过数据采集仪自动采集。

3.1.3 试验过程及现象

通过 5 个燕尾榫节点的低周反复荷载试验，可发现节点在加载过程中具有如下特点：

(1) 加载初期，由于控制位移较小，节点区域变化不明显。随着控制位移的增大和荷载循环次数的增加，节点逐渐发出富有节奏的吱吱声，榫头和卯口开始出现少许挤压变形，如图 3.6(a)所示。燕尾榫节点的特殊构造，可以承受拉压两向的力。正向受推力时，卯口根部逐渐被挤紧，柱端榫头逐渐被拔出，拔榫量随着转角的增大而增加；反向受拉力时，由于受到端部局部普拍枋的约束作用，榫头拔出方向相反。随着榫卯节点挤压变形加剧，榫卯之间的咬合越来越松动，榫卯节点呈拔出和局部闭合交叉循环的规律。加载后期，枋恢复到平衡位置时，枋整体会突然下落，发出砰的一声，这是在不断的摩擦和挤压作用下卯口逐渐扩大的结果。

(2) 加载结束后，节点破坏均发生在榫卯连接区，主要表现为榫头绕卯口转动且不断被拔出，最大拔榫量可达榫头长度的 1/5，枋和柱没有出现明显的破坏。将各构件拆开可以发现，除榫头和卯口外，普拍枋与模拟栌斗接触面也有明显的挤压变形，如图 3.6(b)所示。

(3) 试件 S-J4 在水平荷载作用下，普拍枋和额枋发生整体弯曲变形，当水平控制位移达到 40mm 时，普拍枋开始发出清脆的纤维断裂声。随着转角的增大，这种纤维断裂声更加频繁、响亮，且表面不断有细微的纵向裂缝出现，但拔榫量较小。加载后期，柱端卯口根部开始出现纵向裂缝，且裂缝宽度随着荷载循环的增多而不断增大，见图 3.6(c)。最后在普拍枋与馒头榫连接的端部卯口边缘有块状木头逐渐被挤出，发生卯口局部剪切破坏，如图 3.6(d)所示。

(4) 试件 S-J5 的雀替通过槽口卡入柱中，与枋通过暗销固定。加载初期，雀替通过拉结作用将榫卯节点结合得更紧密，无可观察到的缝隙。在往复荷载作用下，暗销从槽口中逐渐拔出。当控制位移达到 30mm 时，暗销与枋已基本完全脱离，雀替失去拉结作用，如图 3.6(e)所示。随后雀替仅在正向受推力时对梁的转动有一定的阻挡作用，而在反向受拉力时完全失去作用。受此影响，榫头在受拉方向的拔榫量略高于受推方向的拔榫量。试验结束时，雀替从柱中少许拔出，见图 3.6(f)。

(a) 试件S-J2榫头挤压变形

(b) 试件S-J2栌斗挤压变形

(c) 试件S-J4卯口纵向裂缝

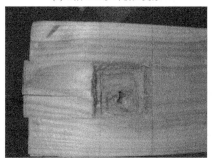

(d) 试件S-J4普拍枋卯口剪切

(e) 试件S-J5雀替与枋脱离

(f) 试件S-J5雀替根部拔出

图 3.6　部分试件破坏情况

3.1.4　试验结果及分析

1. 滞回曲线

图 3.7 给出了各燕尾榫节点的弯矩-转角滞回曲线(弯矩由水平荷载与其至柱上表面距离相乘得到，转角由枋水平位移与距柱上表面距离相除得到)。

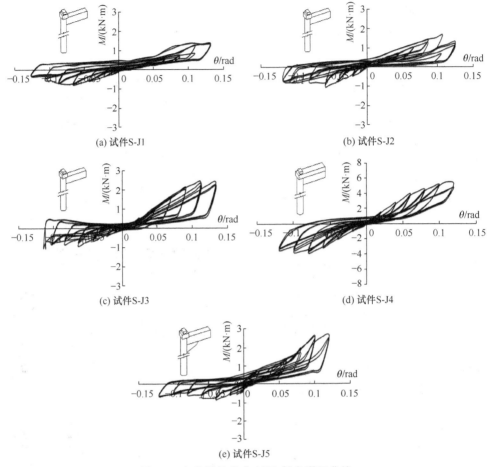

(a) 试件S-J1

(b) 试件S-J2

(c) 试件S-J3

(d) 试件S-J4

(e) 试件S-J5

图 3.7　各燕尾榫节点弯矩-转角滞回曲线

（1）滞回曲线以反 Z 形为主，有不同程度的捏缩效应，表明榫卯之间有明显的滑移产生，且滑移量随转角的增加而增大。

（2）在加载初期，滞回曲线基本重合，滞回环较小，说明节点基本处在弹性阶段，残余变形较小。随着转角的增大，曲线开始变陡，斜率逐渐增大，表明榫卯之间咬合程度越来越大，节点相互作用增强。当加载到控制位移附近时，曲线变缓，斜率降低，且控制位移越大，这种现象越明显，说明在加载过程中出现的拔榫和挤压变形使节点的刚度逐渐降低。当控制位移增加一级时，滞回曲线第 1 次循环的上升段将沿前一控制位移后两个循环曲线的上升段发展，这是由于控制位移变化时，其挤压变形前后一致。卸载后，曲线斜率基本为 0，这是因为榫卯节点产生一定的挤压变形后较为松动，转动弯矩较低。

（3）从施加不同竖向荷载试件的滞回曲线可以看出，竖向荷载越大，整体滞回环越饱满，耗能越多，这在试件反向受拉力时表现尤为明显。榫卯节点的塑性变形随着竖向荷载的增大而增大，这是因为竖向荷载越大，榫卯节点结合越紧密，在相同水平位移作用下产生的挤压变形就越多。

(4) 试件 S-J4 滞回曲线较平滑，整体滞回环对称性较好，有明显的捏缩效应。在各个控制位移作用下，曲线斜率先缓慢增长，后陡然增大，显示了榫卯节点逐渐挤紧、普拍枋逐步进入工作的过程。卸载后，节点不需外力作用即可恢复到平衡位置，有明显的弹性特征。

(5) 试件 S-J5 在加载初期，由于雀替的拉结作用，滞回曲线相对饱满，正反向滞回环大小相当。随着控制位移的增大，正向滞回环扩展较快，耗能不断增大；反向加载时，滞回环扩大缓慢，卸载后水平滑移量很大，这是雀替与枋逐渐脱离的结果。雀替与枋分离后，曲线正向总有一个陡然上升段，这是由于梁转过一定角度后仍会受到雀替的约束作用。

2. 骨架曲线

骨架曲线能够反映节点的承载力和变形能力。节点弯矩-转角骨架曲线如图 3.8 所示，由图 3.8 可知：

(1) 卯口两端约束不同，导致其骨架曲线上、下不对称，有明显的差异。

(2) 节点的受力过程可以划分为弹性阶段、屈服阶段、强化阶段和破坏阶段。加载初期，骨架曲线就有一定的斜率，这是由于在竖向荷载的作用下，榫卯节点初始连接较为紧密，节点具有一定的初始刚度。随着转角增大，节点挤压越来越紧密，曲线斜率增大，刚度增加，弯矩随转角线性增长，此时节点处于弹性工作阶段。随着榫卯间塑性变形的不断增加，节点连接开始松动，骨架曲线变平缓，刚度有所下降，节点屈服。节点屈服后，弯矩仍可缓慢增长，直到转角达到 0.10rad，曲线出现峰值，节点达转动弯矩，此阶段为强化阶段。随后曲线有明显的下降段，节点开始破坏。

(3) 由图 3.8(a)可以看出，带普拍枋节点的试件 S-J4 骨架曲线较平滑，上、下对称性良好，转动弯矩较试件 S-J2 有较大提高。正向受推时，最大转动弯矩为 5.3kN·m，是试件 S-J2 的 3.23 倍；反向受拉时，最大转动弯矩为 3.72kN·m，是试件 S-J2 的 3.44 倍。

(4) 由图 3.8(b)可以看出，正向受推时，由于雀替的拉结和约束作用，试件 S-J5 节点的弯矩相对试件 S-J2 稳步提高，加载结束时，其转动弯矩为 2.64kN·m，较试件 S-J2 提高了 61%；反向受拉时，节点弯矩较试件 S-J2 仅在初始阶段有所提高，当雀替与枋脱离后，其弯矩与试件 S-J2 相差不大。

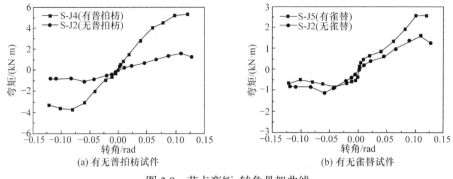

(a) 有无普拍枋试件　　　　　　　　　(b) 有无雀替试件

图 3.8　节点弯矩-转角骨架曲线

3. 刚度退化

节点的正反向刚度(图 3.7 中滞回曲线的峰值点对坐标原点的斜率)退化曲线,即转动刚度–转角关系如图 3.9 所示。

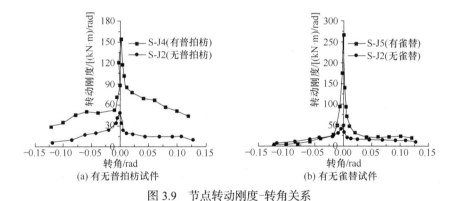

(a) 有无普拍枋试件　　　　　　　　　(b) 有无雀替试件

图 3.9　节点转动刚度-转角关系

(1) 各榫卯节点的转动刚度均随转角的增大而减小,正反向均有明显的刚度退化现象。在转角达到 0.01rad 之前,曲线斜率下降较快,随后曲线下降变缓并趋于水平。此外,节点的反向初始转动刚度和退化幅度均小于正向。

(2) 由图 3.9(a)可以看出,普拍枋显著提高了榫卯节点的转动刚度,正向最大转动刚度是试件 S-J2 的 3.5 倍,反向最大转动刚度是试件 S-J2 的 2.1 倍。当转角大于 0.01rad 时,试件 S-J4 曲线仍继续下降,无趋于平缓的现象,这可能是普拍枋与馒头榫连接的端部卯口边缘发生的局部剪切破坏所致。

(3) 由图 3.9(b)可以看出,雀替在初始阶段的拉结作用可以有效提高榫卯节点的转动刚度,其正向最大转动刚度是试件 S-J2 的 5 倍,反向最大转动刚度是试件 S-J2 的 4.6 倍;当转角大于 0.04rad 时,试件 S-J5 与试件 S-J2 退化曲线基本一致,这是因为雀替与枋逐渐脱离,开始失去拉结作用。

4. 耗能能力

图 3.10 为不同控制位移下第 1 次循环的节点 h_e-转角关系，h_e 等于试验节点的滞回环面积比理想弹性体耗能面积，再除以 2π。

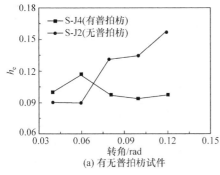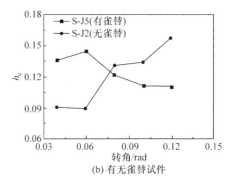

(a) 有无普拍枋试件　　　　　　　(b) 有无雀替试件

图 3.10　节点 h_e-转角关系

(1) 由图 3.10(a)可以看出，有普拍枋节点的耗能能力较弱，h_e 的均值仅为 0.10。当转角小于 0.06rad 时，试件 S-J4 h_e-转角曲线逐渐上升，说明此时普拍枋与枋间的摩擦滑移提高了榫卯节点的耗能能力；转角大于 0.06rad 后，h_e-转角曲线开始下降并趋于稳定，这是普拍枋出现的纵向劈裂裂缝和卯口局部剪切破坏引起的。

(2) 由图 3.10(b)可以看出，当转角小于 0.06rad 时，试件 S-J5 的平均耗能能力较试件 S-J2 提高了 60%，说明雀替与枋的拉结可有效提高榫卯节点的耗能能力；当转角大于 0.06rad 时，h_e-转角曲线不断下降并趋于水平，是雀替与枋逐渐分离的结果。

3.1.5　燕尾榫节点的尺寸效应与分析

1. 拔榫量的尺寸效应

榫卯节点的破坏主要表现为榫头拔出，为了直观地了解不同尺寸节点的破坏情况，统一选取控制位移为 10mm 整数倍的最后 1 次循环的最大拔榫量进行比较。由图 3.11 所示拔榫量与模型比例的关系可知，随着模型比例的增加，拔榫量不断增大，且拔榫量与模型比例基本呈正比关系，这种关系在较大转角时更显著，说明拔榫量符合模型的相似关系。

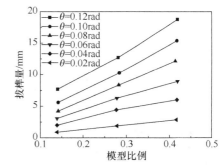

图 3.11　拔榫量与模型比例的关系

2. 尺寸大小对燕尾榫节点转动弯矩的影响

图 3.12 为不同比例模型的转动弯矩-转角骨架曲线，从图中可以看出，正向受推力时，节点转动弯矩随着模型比例的增大而增大，但不符合模型的相似关系，

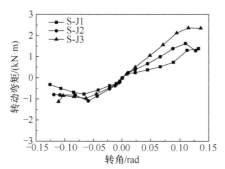

因此实际结构中的燕尾榫节点正向转动弯矩不能根据相似关系由缩尺模型试验结果推算得到。反向受拉力时，节点转动弯矩基本不变，与模型比例关系不大，因此实际结构中节点的反向转动弯矩也不能根据相似关系由缩尺模型试验所得节点转动弯矩推算得到，可直接采用试验结果。

图 3.12　不同比例模型的转动弯矩-转角骨架曲线

根据不同比例模型试件在不同转角时节点正向转动弯矩的试验结果，拟合得到正向转动弯矩与模型比例的关系式为

$$M = 1.38S^2 + 3.74S + 18.37\theta - 1.32 \tag{3.1}$$

式中，M 为转动弯矩；S 为模型比例；θ 为节点转角。通过该方程计算实际结构的正向转动弯矩，拟合结果与试验结果见图 3.13。

3. 尺寸大小对燕尾榫节点刚度的影响

图 3.14 为不同比例模型的转动刚度退化曲线，结果表明节点正向转动刚度不符合模型的相似关系(四次方)。因此，实际结构中节点正向转动刚度不能直接通过模型相似关系由试验结果推算得到。根据试验结果，本节拟合了节点正向转动刚度与模型比例的关系，如式(3.2)所示：

$$K = -131.15S^3 + 131.79S^2 + 10.78S - 30.67\theta + 4.84 \tag{3.2}$$

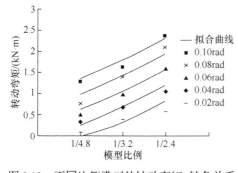

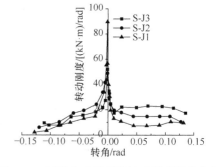

图 3.13　不同比例模型的转动弯矩-转角关系　　图 3.14　不同尺寸模型的转动刚度退化曲线

式(3.2)适用于一定转角 $(0 \leqslant \theta \leqslant 0.12\text{rad})$ 下不同模型比例试件的正向转动刚度计算，拟合结果与试验结果见图 3.15。

节点反向转动刚度与转动弯矩类似，基本不随模型比例变化，因此节点反向转动刚度可不考虑模型比例的影响，直接采用试验结果。

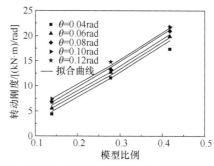

图 3.15 不同尺寸模型的转动刚度与模型比例的关系

3.2 燕尾榫节点弯矩-转角关系

3.2.1 受力机理分析

燕尾榫节点的受力机理与直榫节点类似,节点绕榫颈与卯口的接触点 O 转动,除此之外, 由于燕尾榫构造特殊, 榫头端部较宽而榫颈处较窄, 榫头转动逐渐拔出时,榫侧会受到卯口内壁的阻挡挤压, 在接触面上产生挤压力 F_C 和相应的摩擦力 f_C。燕尾榫节点受力如图 3.16 所示。虽然燕尾榫容易发生脱榫破坏, 但是仍然存在卯口对榫侧的约束,转动弯矩并不为 0。

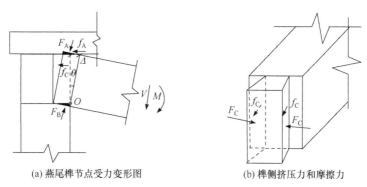

(a) 燕尾榫节点受力变形图 (b) 榫侧挤压力和摩擦力

图 3.16 燕尾榫节点受力示意图

3.2.2 弯矩-转角关系力学模型推导

燕尾榫节点的尺寸参数如图 3.17 所示, 其中榫长为 l, 榫高为 h, 榫头宽为 w_t, 榫颈宽为 w_b, 榫头的收乍角度为 α 可用式(3.3)表示。由于加工误差或者节点松动, 榫头上侧与卯口之间存在初始缝隙 h', 榫侧与卯口存在初始缝隙 w', 柱直径为 d, 虽然榫头端部可能存在缝隙, 但是对节点的受力影响不大, 一般不加以考虑。

$$\alpha = \arctan\left(\frac{w_t - w_b}{2l}\right) \tag{3.3}$$

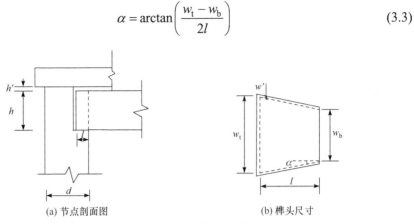

(a) 节点剖面图　　　　　　　　　　　(b) 榫头尺寸

图 3.17　燕尾榫节点尺寸示意图

1. 等效直榫节点

燕尾榫节点除了与直榫节点的共同特点外，其侧向还具有一定约束，使燕尾榫节点能够承受一定拉力，抗拔榫能力更强[18]。通过图 3.16 的受力分析可知，燕尾榫节点除了上下表面的挤压力和摩擦力作用外，由于燕尾榫节点的特殊构造，榫头侧面与卯口间的互相挤压同样产生挤压力，这部分侧压力及其产生的摩擦力同样提供节点的转动弯矩。因此，燕尾榫节点转动弯矩可以看作是等效直榫节点弯矩和榫头侧压力弯矩两部分构成的，如图 3.18 所示，即

$$M = M_{直} + M_{侧} \tag{3.4}$$

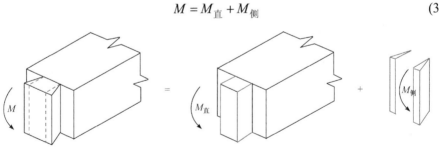

图 3.18　燕尾榫节点弯矩等效转换关系图

燕尾榫上下表面的受力情况与直榫节点相同，因此燕尾榫节点弹性段及塑性段的等效直榫部分转动弯矩，可分别用式(2.15)和式(2.25)表示。其中，等效直榫头宽度按式(3.5)取值：

$$w = w_t \tag{3.5}$$

2. 燕尾榫榫侧挤压力

建立燕尾榫力-位移关系的过程中，采用与单向直榫节点相同的假定。燕尾榫

节点转动过程中，榫头拔出会引起榫侧相应的挤压变形，如图 3.19 所示。图中 δ_N 为榫头侧面榫头拔出引起的挤压变形量，Δ 为榫头侧面上部的拔榫量，与转角 θ 之间的关系近似为

$$\Delta = h\theta \tag{3.6}$$

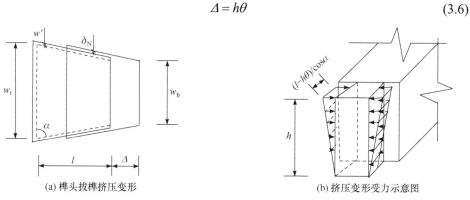

(a) 榫头拔榫挤压变形　　　　　　　　　　(b) 挤压变形受力示意图

图 3.19　拔榫引起挤压变形及受力

根据图 3.19(a)的三角形相似关系，可得

$$\frac{\delta_N + w'}{\Delta} = \frac{w_t - w_b}{2l} \tag{3.7}$$

由于榫侧缝隙，初始转动阶段榫卯之间不接触，直至转角增大到一定程度表面才开始接触，将该转角定义为初始转角 θ_1，令式(3.7)中 $\delta_N = 0$，可得

$$\theta_1 = \frac{2w'l}{h(w_t - w_b)} \tag{3.8}$$

节点转过初始转角 θ_1 后，榫侧和卯口开始接触，定义此后引起榫侧挤压变形的角度为 θ'，则总转角 θ 为

$$\theta = \theta' + \theta_1 \tag{3.9}$$

1) 弹性段推导

根据 Hankinson 的建议，木材在不同角度 β 受力时，弹性模量会发生改变，其增大系数 $\chi(\beta)$ 可按式(3.10)计算。

$$\chi(\beta) = \frac{E_\parallel}{E_\parallel \cos^n \beta + E_\perp \sin^n \beta} \tag{3.10}$$

式中，$E_\parallel$ 为顺纹弹性模量；n 为不同树种的影响系数。则榫侧的弹性模量 $E(\alpha)$ 为

$$E(\alpha) = E_\perp \chi(\alpha) \tag{3.11}$$

式中，α 为收乍角度；$\chi(\alpha)$ 为增大系数函数。

在节点转角为 θ' 的情况下，令式(3.7)中 $w' = 0$，则 δ_N 与 θ' 满足以下关系：

$$\frac{\delta_N}{h\theta'} = \frac{w_t - w_b}{2l} \tag{3.12}$$

为简化计算，假定榫侧的挤压变形在榫长方向保持一致且等于榫头端部最大挤压变形的一半，在榫高方向呈三角形分布[25]，则榫头侧面与卯口接触面间的正压力合力 F_N 为

$$F_N = \frac{E(\alpha)h^2\theta'(w_t - w_b)(2l - h\theta')}{4(w_t + w_b) \cdot \cos\alpha} \tag{3.13}$$

由榫两侧正压力和摩擦力引起的弯矩为

$$M = \frac{2h}{3}F_N \cos\alpha \tag{3.14}$$

2) 屈服转角的确定

当榫侧挤压量达到木材横纹屈服应变时，榫侧的挤压力进入塑性阶段，此时对应的挤压屈服转角 θ'_y 为

$$\theta'_y = \frac{\sigma_y lw(w_t + w_b)}{hE_\perp(w_t - w_b)} \tag{3.15}$$

榫侧的屈服转角 θ_{y1} 为

$$\theta_{y1} = \theta'_y + \theta_1 \tag{3.16}$$

3) 塑性段推导

进入塑性段后，榫侧的挤压应力分布图由三角形变为梯形，如图 3.20 所示。

由图 3.20 可知，榫侧挤压处的挤压力由 $F_{N\,I}$(四边形)和 $F_{N\,II}$(三角形)两部分组成，即

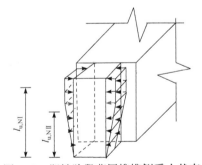

图 3.20　塑性阶段燕尾榫榫侧受力状态

$$F_N = F_{N\,I} + F_{N\,II} \tag{3.17}$$

$$F_{N\,I} = \frac{\delta_y hE_\perp(\alpha)}{(w_t + w_b)\sin\alpha\cos\alpha}\left(l - \frac{\delta_y}{\delta_N \sin\alpha}\right)(2l - h\theta') \tag{3.18}$$

$$F_{N\,II} = \frac{\delta_y^2 h(2l - h\theta')E_\perp(\alpha)}{\delta_N(w_t + w_b)\sin^2\alpha\cos\theta'} \tag{3.19}$$

则相应的挤压力臂为

$$l_{u,N\,I} = \frac{h}{2}\left(1 + \frac{\delta_y}{\delta_N \sin\alpha}\right) \tag{3.20}$$

$$l_{u,N\,II} = \frac{2\delta_y h}{3\delta_N \sin\alpha} \tag{3.21}$$

塑性阶段，由榫头受压提供的转动弯矩可表示为

$$M = F_{N\,I}l_{u,N\,I}\cos\alpha + F_{N\,II}l_{u,N\,II}\cos\alpha \tag{3.22}$$

3.2.3　力学模型验证

为了验证力学模型的正确性，将 3.1 节中 2 个燕尾榫节点(S-J1、S-J2)的试验结果与本节公式理论计算结果进行对比分析。将上述试件的参数代入式(2.11)～式(2.25)及式(3.3)～式(3.22)可得力学模型与试验结果的对比，如图 3.21 所示。

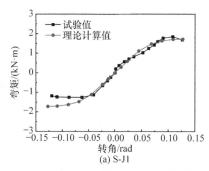
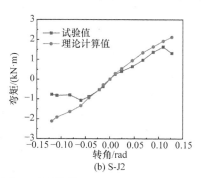

图 3.21　燕尾榫节点试验值与理论计算值对比

与其他研究者的相关试验进行对比，燕尾榫节点相关参数如表 3.4 所示。将上述参数代入式(2.11)～式(2.25)及式(3.3)～式(3.22)可得理论计算结果与试验结果的对比，如图 3.22 所示。从图可以看出，理论计算值曲线与试验值曲线吻合较好，且更趋于光滑，主要因为试验构件存在一些无法控制的初始缺陷。两者之间的误差在工程应用允许范围内，因此认为理论力学模型具有一定的合理性。

表 3.4　燕尾榫节点相关参数

文献	顺纹弹性模量/MPa	横纹弹性模量/MPa	横纹抗压强度/MPa	榫长/mm	榫宽/mm		榫高/mm	缝隙/mm	
					榫头	榫颈		榫高	榫侧
徐明刚[17]	10109	654	2.7	120	60	50	180	——	——
陈春超[25]	10612	580	3.4	45	45	35	150	3	1

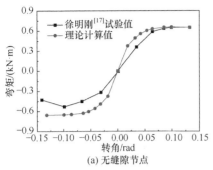 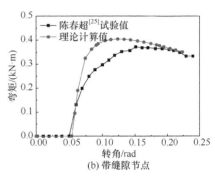

(a) 无缝隙节点　　　　　　　　　　　　　　(b) 带缝隙节点

图 3.22　相关研究中燕尾榫节点试验值与理论计算值对比

3.3　本 章 小 结

为研究燕尾榫节点的抗震性能，在考虑普拍枋、雀替及其尺寸效应影响的基础上，对 5 个按《营造法式》制作的燕尾榫节点模型进行了水平低周反复荷载试验，对比分析节点的破坏形态、滞回特性、转动弯矩、转动刚度和耗能等抗震性能及其随各影响因素的变化规律。结果表明，燕尾榫节点破坏主要表现为榫头拔出，榫头与卯口间产生明显挤压变形，枋、柱整体完好。带普拍枋节点拔榫量较小，在普拍枋与馒头榫连接边缘发生局部剪切变形。带雀替节点在转角较大时，通过暗销连接的枋与雀替逐渐分离。节点弯矩-转角滞回曲线以反 Z 形为主，有明显的捏缩效应。带普拍枋燕尾榫节点的滞回曲线更平滑，对称性较好；带雀替燕尾榫节点的滞回曲线左右明显不对称。普拍枋显著提高了节点的正反向转动弯矩，而雀替仅提高节点的正向转动弯矩。带普拍枋节点的转动刚度较大，而耗能能力较弱；雀替在与枋脱离前可以有效提高节点的耗能能力。

在试验的基础上，对燕尾榫节点模型进行了深入理论分析，以直榫节点的力学模型为基础，考虑了燕尾榫侧面挤压力的贡献，建立了燕尾榫节点弯矩-转角关系力学模型，不仅与试验结果吻合较好，而且能充分考虑尺寸、材性、摩擦及缝隙等参数的影响，具有一定的普适性。

第4章　榫卯节点力学模型

传统木结构各个构件之间一般采用榫卯连接，最突出的特点就是不采用一钉一铁，是不同于现代结构(钢筋混凝土结构及钢结构等结构形式)的连接方式，因此极大增加了结构分析的难度。为了获得榫卯节点力学特性及其对整体结构性能的影响，国内外学者针对榫卯节点已经进行了一系列的试验研究和模拟分析，其介于铰接与刚接之间的半刚性连接特性已得到学者的普遍认同。在此基础上也形成了不少理论模型，但是力学模型相对复杂，不便于应用，恢复力模型也未能充分体现传统木结构榫卯节点独有的特性，使其应用范围受到一定限制。因此，本章先结合国内外学者已经进行的试验研究和有限元模拟，在原有榫卯节点弯矩-转角关系曲线的基础上，建立简化的力学模型；然后根据榫卯节点滞回曲线的特点，提出了相关的滞回规则，建立榫卯节点统一的恢复力模型，为后续整体结构的动力弹塑性时程分析提供基础。

4.1　单向直榫节点弯矩-转角简化力学模型

4.1.1　简化力学模型的建立

为了提高力学模型的计算效率，便于工程应用，可将 2.2.2 小节的单向直榫节点弯矩-转角关系力学模型进行简化，提出直榫节点弯矩-转角四折线模型，如图 4.1 所示。

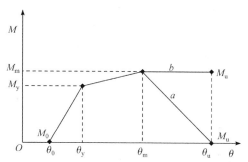

图 4.1　直榫节点弯矩-转角四折线模型

(1) 第 1 阶段，初始滑移阶段(只有榫头上侧表面与卯口存在缝隙时存在)。节点缝隙使榫头和卯口未能完全接触，外力作用下榫头自由转动，此阶段对应的弯矩为 0，榫头端刚好与卯口接触时的转角为 θ_0。

(2) 第 2 阶段，弹性工作阶段。榫头和卯口接触并发生挤压，随着转角的不断增大，榫头与卯口的挤压越来越密实，转动弯矩随转角线性增长，直至木材局部达到屈服强度 σ_y。此时对应的屈服转角为 θ_y 见式(2.19)，相应的屈服弯矩 M_y 可由式(2.15)求解。

(3) 第 3 阶段，塑性强化阶段。节点挤压区屈服后，节点的弯矩增长幅度变缓，刚度下降，直至达到峰值弯矩 M_m，相应的转角为峰值转角 θ_m。

将式(2.25)对 θ' 求导，可得榫头受挤时的峰值转角 θ'_m 为

$$\theta'_m = \frac{2\mu x^2}{l^2 - 2lx} \tag{4.1}$$

$$x = \sqrt{m_1(m_1 + m_2)} - \frac{\sqrt{m_1(m_1 - 2m_2)}}{2} - \frac{m_1}{2} \tag{4.2}$$

$$m_1 = l + \mu(h + h') \tag{4.3}$$

$$m_2 = \sqrt[3]{\frac{l^2\delta_y(h + h')}{\mu h}} \tag{4.4}$$

此时榫卯节点对应的峰值转角 θ_m 为

$$\theta_m = \theta'_m + \theta_0 \tag{4.5}$$

将式(4.1)代入式(2.25)可得峰值弯矩 M_m。

(4) 第 4 阶段，破坏阶段或平稳发展阶段。①如图 4.1 中 a 所示，榫头长度比较小时(一般 $l/h \leqslant 0.3$)，随着转角增大，榫头将脱离卯口，失去承载力，此时极限弯矩 $M_u=0$，极限转角 $\theta_u=\arctan l/(h+h')$。②如图 4.1 中 b 所示，当榫头长度比较大时(一般 $l/h>0.3$)，虽然在节点加载后期，榫头不断拔出，榫卯之间的挤压变形量和接触面长度会有一定程度的降低，但是转角较大，木材由横纹径向受压变为斜纹受压，弹性模量和强度有所提高，二者的作用相互抵消。因此，加载后期弯矩-转角关系曲线不存在下降段，反而略有上升[25]。为简化计算，假设极限弯矩等于峰值弯矩，即 $M_u=M_m$。

4.1.2　简化力学模型的验证

将相关研究者试验的单向直榫节点参数代入 4.1.1 小节的简化力学模型可以得到简化曲线，与文献中的试验曲线进行对比，如图 4.2 所示。可见，简化模型所得的曲线与试验曲线趋势吻合较好，各阶段曲线均表现出较好的一致性，验证了简化力学模型的有效性。

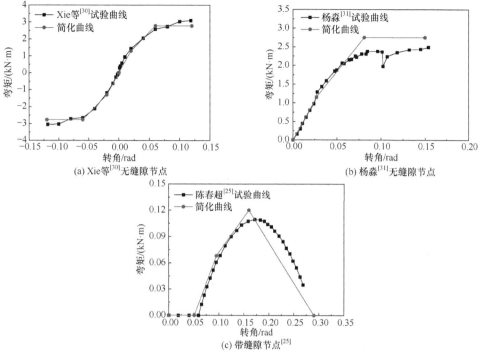

(a) Xie等[30]无缝隙节点　　　　　　　　(b) 杨淼[31]无缝隙节点

(c) 带缝隙节点[25]

图 4.2　直榫节点弯矩-转角简化曲线与试验曲线的对比

4.2　半透榫节点弯矩-转角简化力学模型

4.2.1　简化力学模型的建立

结合半透榫节点的机理分析和弯矩-转角关系,类比直榫节点对半透榫节点模型进行简化,建立弯矩-转角简化(四折线)模型(图 4.3)。

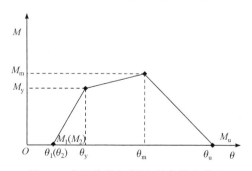

图 4.3　半透榫节点弯矩-转角简化模型

(1) 起始点对应的转角为起始转角 $\theta_1(\theta_2)$,相应的起始弯矩 $M_1(M_2)$ 为 0。

(2) 屈服转角为 θ_y，见式(2.44)或式(2.46)，屈服弯矩为 M_y，见式(2.40)或式(2.41)。

(3) 峰值转角为 θ_m，对应的峰值弯矩为 M_m。正向加载时，对式(2.53)求导，可得榫头受挤压时的峰值转角 θ'_m 为

$$\theta'_m = \frac{2\mu hx^2}{h_1\left(l^2 - 2lx\right)} \tag{4.6}$$

$$x = \sqrt{m_1\left(m_1 + m_2\right)} - \frac{\sqrt{m_1\left(m_1 - 2m_2\right)}}{2} - \frac{m_1}{2} \tag{4.7}$$

$$m_1 = l + \mu\left(h_1 + h'_1\right) \tag{4.8}$$

$$m_2 = \sqrt[3]{\frac{l^2\delta_y\left(h_1 + h'_1\right)}{\mu h_1}} \tag{4.9}$$

此时榫卯节点的峰值转角 θ_m 为

$$\theta_m = \theta'_m + \theta_1 \tag{4.10}$$

同理，反向加载时，对式(2.54)求导，可得 θ'_m 为

$$\theta'_m = \frac{2\mu hx^2}{h_1\left(l^2 - 2lx\right)} \tag{4.11}$$

$$x = \sqrt{m_1\left(m_1 + m_2\right)} - \frac{\sqrt{m_1\left(m_1 - 2m_2\right)}}{2} - \frac{m_1}{2} \tag{4.12}$$

$$m_1 = l + \mu\left(h + h'_2\right) \tag{4.13}$$

$$m_2 = \sqrt[3]{\frac{l^2\delta_y\left(h + h'_2\right)}{\mu h}} \tag{4.14}$$

此时榫卯节点的峰值转角 θ_m 为

$$\theta_m = \theta'_m + \theta_2 \tag{4.15}$$

将式(4.6)和式(4.11)分别代入式(2.53)和式(2.54)，可得正、反向加载时的峰值弯矩 M_m。

(4) 极限转角 θ_u 及其对应的极限弯矩 M_u。正、反向加载，当 $\Delta = l_2$ 时，榫头上侧会脱离卯口，则此时对应的极限转角为

$$\theta_u = \arctan\frac{l_2}{h + h'_2} \tag{4.16}$$

因为榫头脱离卯口后，不能继续承担弯矩，所以在两个方向的极限弯矩 $M_u = 0$。

4.2.2　简化力学模型的验证

将相关研究者试验的半透榫节点参数代入 4.2.1 小节的简化力学模型中,得到半透榫节点受弯时的简化力学模型,其试验曲线与简化曲线如图 4.4 所示。从图中可以看出简化曲线与试验曲线吻合较好,验证了简化力学模型的合理性。

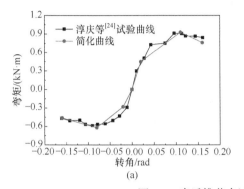
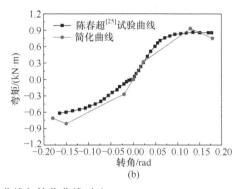

图 4.4　半透榫节点试验曲线与简化曲线对比

4.3　透榫节点弯矩-转角简化力学模型

4.3.1　简化力学模型的建立

同其他榫卯节点类似,木材在挤压力作用下的挤压深度达到某定值时,木材屈服,利用这一特点定义透榫进入弹塑性的临界点。随着转角增大,虽然榫头上下表面局部木材逐渐进入屈服状态,但是榫卯节点具有较好的延性,不一定发生破坏。从已有的试验研究中发现,透榫有 3 种破坏状态:①顺时针转动时,大进榫头与小出榫头交界处撕裂,破坏部位见图 4.5 中的区域 1。②逆时针转动时榫头底面受弯破坏,破坏部位见图 4.5 中的区域 2。③榫头拔出破坏,由于小榫头长度较长,很难发生脱榫,榫头拔出破坏一般只发生在大榫头,如图 4.5 中的区域 3。因此,结合已有

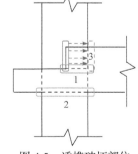

图 4.5　透榫破坏部位

的试验研究和受力分析对透榫节点弯矩-转角关系简化折线模型(图 4.6)的关键点作出以下定义。

(1) 榫头端部刚好与卯口接触时的起始转角为 $\theta_1(\theta_2)$,弯矩为 0 的起始弯矩为 $M_1(M_2)$。

(2) 屈服转角 θ_y,见式(2.44)或式(2.46),对应弯矩为屈服弯矩 M_y,见式(2.40)或式(2.41)。

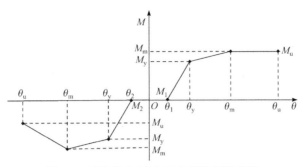

图 4.6　透榫节点弯矩-转角简化折线模型

(3) 榫头变截面处发生横纹撕裂破坏，界面上最大径向拉应力达到木材横纹径向抗拉强度 $\sigma_{t,\perp}$，定义此时的转角为正向受弯峰值转角 θ_m，对应的弯矩为正向受弯极限弯矩 M_m。

在塑性阶段，透榫节点正向转动时变截面处的剪力状态如图 4.7 所示，根据力平衡条件可知，变截面处的剪力 V_A 为

$$V_A = F_A = \frac{E_\perp}{2h\sin\theta'\cos\theta'}w\delta_y\left(2\delta_A - \delta_y\right) \tag{4.17}$$

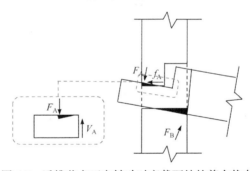

图 4.7　透榫节点正向转动时变截面处的剪力状态

相应的剪应力 τ_A 为

$$\tau_A = \frac{V_A}{h_1 w} \tag{4.18}$$

根据关键点的定义(3)，当正向转动 $\tau_A = \sigma_{t,\perp}$ 时，榫头挤压达到峰值转角 θ'_m，可用式(4.19)表示：

$$\theta'_m = \frac{E_\perp \delta_y^2}{2\left[lE_\perp\delta_y - \sigma_{t,\perp}h_1\left(h_1 + h'_1\right)\right]} \tag{4.19}$$

则节点的峰值转角 θ_m 为

$$\theta_m = \theta'_m + \theta_1 \tag{4.20}$$

将式(4.19)代入式(2.53)，可得正向转动时的节点峰值弯矩 M_m。

反向加载时，从试验现象可以看出，榫头下侧基本发生弯曲破坏，但是根据梁弯曲破坏时的计算简图(图4.8)计算出来的弯矩远大于简化力学模型。主要是由于透榫节点榫头长，加载后期榫头下侧挤压接触部位塑性变形很大，木材横纹受压进入强化阶段，而理论计算时木材的本构假定为理想的双折线模型，如图2.19所示，因此式(2.53)的理论计算值比实际值略小。根据以上分析，采用与半透榫相同的方法定义反向加载时的峰值转角 θ'_m，与式(4.11)和式(4.15)相同，代入式(2.54)可得反向转动时的节点峰值弯矩 M_m。

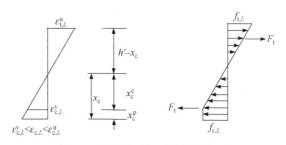

图 4.8 梁弯曲破坏时的计算简图

$\varepsilon_{c,L}$-木材顺纹受压应变；$\varepsilon^y_{c,L}$-木材顺纹受压屈服应变；$\varepsilon^u_{c,L}$-顺纹受压极限应变；$\varepsilon^u_{t,L}$-顺纹受拉极限应变；x^c_c-受压弹性区高度；x^p_c-受压塑性区高度；F_t-受拉区合力；$f_{c,L}$-顺纹受压屈服强度，$f_{t,L}$-顺纹抗拉极限强度

正向加载，当 $\Delta=l_2$ 时，榫头上侧会脱离卯口，则此时对应的极限转角 θ_u 可以用式(4.16)表示。虽然达到峰值荷载后，小出榫头与大进榫头交界处会发生撕裂，承载力可能下降，但是卯口的限制使大进榫头与卯口接触发生挤压变形，为节点提供额外的承载力，两者作用相互抵消。因此，在这一阶段，弯矩-转角曲线几乎保持水平，即 $M_u=M_m$。

反向加载，当 $\Delta=l_2$ 时，榫头上侧已脱离卯口，但是由于透榫节点榫头较长，节点不会失去承载力，透榫节点的转动性能可以转化为长度为 l_1，高度为 h_1 的等效直榫节点(图4.9)，定义等效直榫节点对应的转角为极限转角 θ_u，可以用式(4.16)求解，此时等效直榫节点弯矩定义为极限弯矩 M_u，可由式(2.25)求解。

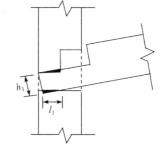

图 4.9 等效直榫节点转动示意图

4.3.2 简化力学模型的验证

将相关研究者试验的透榫节点参数代入 4.3.1 小节的简化力学模型，所得简化曲线与文献中试验曲线进行对比，如图 4.10 所示。从图中可以看出，简化曲线与试验曲线存在一定误差，但是两者数据在总体变化趋势及关键点位置等方面均基

本吻合，从而验证了简化力学模型的合理性。

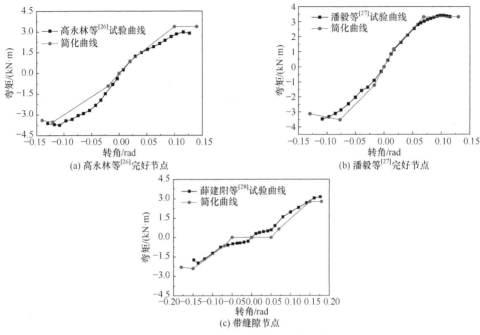

(a) 高永林等[26]完好节点　　　　　　　(b) 潘毅等[27]完好节点

(c) 带缝隙节点

图 4.10　透榫节点试验曲线与简化曲线对比

4.4　燕尾榫节点弯矩-转角简化力学模型

4.4.1　简化力学模型的建立

燕尾榫节点弯矩-转角简化模型采用四折线型，如图 4.11 所示。

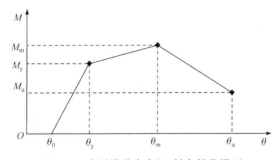

图 4.11　燕尾榫节点弯矩-转角简化模型

燕尾榫节点弯矩-转角关系的关键点定义如下。

(1) 克服榫头两侧缝隙需要的转角为 θ_1，榫头上侧或者下侧刚好与卯口接触

时的起始转角为 θ_2，则起始转角 θ_0 为

$$\theta_2 = h'/l \tag{4.21}$$

$$\theta_0 = \min\{\theta_1, \theta_2\} \tag{4.22}$$

起始转动弯矩 $M_0 = 0$。

(2) 榫侧挤压开始进入塑性时的屈服转角 θ_{y1} 如式(3.16)所示。榫头上侧或者下侧挤压开始进入塑性时屈服转角 θ_{y2} 可以由式(2.18)和式(2.19)得到，即

$$\theta_{y2} = \theta'_{y2} + \theta_2 \tag{4.23}$$

$$\theta'_{y2} = \left(\frac{\delta_y \sqrt{\mu}}{L\cos\varphi}\right)^{\frac{2}{3}} + \frac{2\delta_y}{3L\cos\varphi} \tag{4.24}$$

则屈服转角 θ_y 为

$$\theta_y = \min\{\theta_{y1}, \theta_{y2}\} \tag{4.25}$$

将式(4.25)代入式(3.14)中，并结合式(3.4)可得屈服弯矩 M_y。

(3) 因为侧压力对转动弯矩的贡献远远大于等效直榫节点的贡献[18]，所以峰值转角取侧压力弯矩达到最大时的转角。对式(3.22)求导，可得 θ'_m 为

$$\theta'_m = \sqrt{\frac{5(w_t + w_b)\sigma_y l}{E(\alpha)h^2 \mu \tan\alpha}} \tag{4.26}$$

峰值转角 θ_m 为

$$\theta_m = \theta'_m + \theta_0 \tag{4.27}$$

将式(4.26)代入式(3.22)，并结合式(3.4)可得峰值弯矩 M_m。

(4) 当 $\Delta=l$ 时，榫头将脱离卯口，定义此时的转角为极限转角 θ_u，即

$$\theta_u = \arctan\frac{l}{l+h'} \tag{4.28}$$

虽然此时一侧榫头脱离了卯口，但是燕尾榫节点特殊的构造使其侧面仍然能够提供一定的弯矩，代入式(3.22)即可求得，此时侧压力提供的弯矩为极限弯矩 M_u。

4.4.2　简化力学模型的验证

将相关研究者试验的燕尾榫节点参数代入 4.4.1 小节的简化力学模型，所得简化曲线与文献中试验曲线进行对比，如图 4.12 所示。从图中可以看出简化曲线与试验曲线吻合较好，验证了简化力学模型的有效性。

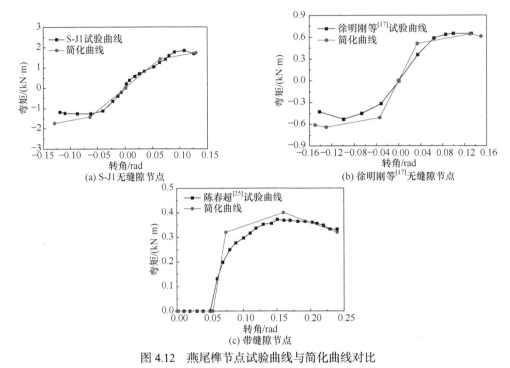

图 4.12 燕尾榫节点试验曲线与简化曲线对比

4.5 榫卯节点弯矩-转角滞回模型

1. 榫卯节点滞回曲线特征

图 4.13 列出了部分研究者对典型榫卯节点试验而得到的弯矩-转角滞回曲线，包括单向直榫节点、半透榫节点、透榫节点和燕尾榫节点[24,26,30,32]。由图可知，榫卯节点的弯矩-转角滞回曲线大致为反 Z 形，具有明显的捏缩滑移现象。整个阶段的受力过程表现出明显的双折线特征。初始弹性阶段，刚度较大；塑性发展阶段，滞回曲线的斜率降低较快，刚度退化明显。在一定范围内，随着节点转角增加，滞回环的面积逐渐增大，卸载时，荷载下降较快，而变形恢复较少。除单向直榫节点外，其余榫卯节点在两个方向转动时的边界条件不同，因此节点在正、反向转动时滞回曲线存在一定程度的差异。

2. 恢复力特征曲线的建立

基于榫卯节点弯矩-转角滞回曲线表现出强度退化、刚度退化及捏缩滑移现象等特征，充分考虑榫卯连接在受荷前的紧密接触和受荷后挤压松动两种状态的影响，建立如图 4.14 所示的表征榫卯节点连接特性的非线性滑移恢复力模型，相关滞回规则如下。

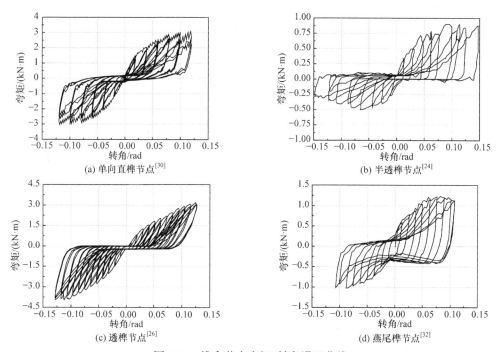

(a) 单向直榫节点[30]

(b) 半透榫节点[24]

(c) 透榫节点[26]

(d) 燕尾榫节点[32]

图 4.13　榫卯节点弯矩-转角滞回曲线

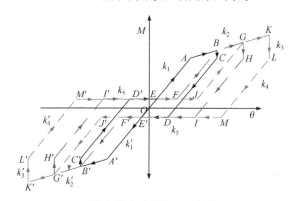

图 4.14　榫卯节点非线性滑移恢复力模型

$k_1 \sim k_4$-正向加载、卸载刚度；　$k_1' \sim k_4'$-反向加载、卸载刚度；　k_5-滑移刚度

(1) 初始状态下榫卯结合紧密，在外力作用下发生转角位移，榫卯相互挤压形成一定初始连接刚度 k_1，此时榫卯节点处于弹性阶段，卸载不考虑刚度退化，正、反向加载沿图中 $O-A$、$O-A'$，卸载沿原路径返回。

(2) 在不断加大的水平荷载作用下，榫卯节点发生严重的塑性变形，导致节点屈服，刚度退化为 k_2；卸载时恢复力出现突然松弛的现象，此时卸载段基本与纵坐标平行，卸载刚度为 k_3；当卸载至屈服荷载时，卸载刚度变为 k_4，此时节点存在弹性挤压变形，卸载曲线近似与初始加载曲线平行，即 $k_4=k_1$；卸载后存在残余变形，有抵抗反向弯矩的能力，卸载滑移刚度为 k_5（由试验数据可知，榫卯节点的 k_5 近似为 0），且通过纵坐标上点 $(-nM_y, -nM_y/k_1)$（M_y 为榫卯节点屈服弯矩，根据榫卯节点滞回曲线统计，n 可取 0.1）。正向加载、卸载路径沿图 4.14 中 $O-A-B-C-D-E'$，反向加、卸载路径沿 $O-A'-B'-C'-D'-E$。

(3) 初次加载后榫卯出现松动，加大荷载级别后在加载开始阶段出现滑移，加载滑移刚度与卸载滑移刚度平行，即滑移刚度为 k_5，再次挤紧后刚度上升为 k_1，到达上一级加载最大位移后刚度退化为 k_2，卸载刚度仍为 k_3 和 k_4，卸载滑移刚度为 k_5，正向加、卸载路径沿图 4.14 中 $E-F-B-G-H-I-E'$，反向加载、卸载路径沿 $E'-F'-B'-G'-H'-I'-E$。

(4) 依此继续加大控制荷载，正向加载、卸载路径沿图中 $E-J-G-K-L-M-E'$ 和 $E'-J'-G'-K'-L'-M'-E$。

参照 2.4 节~2.8 节不同构造形式榫卯节点的简化计算公式可以得到各节点不同阶段的 k_i 及相应转角 θ，如表 4.1 所示。结合本部分提出的滞回规则，可以得到不同榫卯节点的弯矩-转角滞回曲线，并与试验结果对比，如图 4.15 所示。从图中可以看出，模型计算结果和试验结果吻合较好，说明本节提出的恢复力模型基本上能够反映榫卯节点的滞回性能，为传统木结构整体结构动力弹塑性时程分析提供了有效依据。

表 4.1　榫卯节点恢复力模型特征参数

节点名称	正向				反向			
	$k_1/$ [(kN·m)/rad]	$k_2/$ [(kN·m)/rad]	$\theta_y/$ rad	$\theta_m/$ rad	$k_1'/$ [(kN·m)/rad]	$k_2'/$ [(kN·m)/rad]	$\theta_y'/$ rad	$\theta_m'/$ rad
单向直榫节点[30]	65.00	36.75	0.02	0.06	65.00	36.75	−0.02	−0.06
半透榫节点[24]	22.50	5.33	0.02	0.11	14.00	5.67	−0.02	−0.08
透榫节点[26]	44.00	31.25	0.02	0.10	46.00	26.00	−0.02	−0.12
燕尾榫节点[32]	46.70	5.29	0.02	0.10	46.67	5.29	−0.02	−0.10

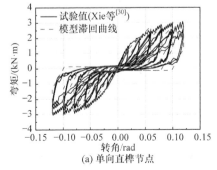

(a) 单向直榫节点

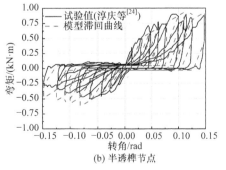

(b) 半透榫节点

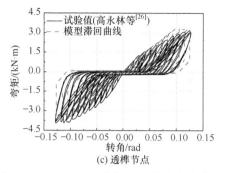 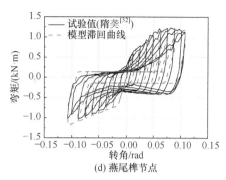

图 4.15　榫卯节点弯矩-转角试验值与模型滞回曲线

4.6　本　章　小　结

本章为了便于将榫卯节点弯矩-转角关系应用于工程实际,建立了榫卯节点弯矩-转角关系简化力学模型,并对恢复力模型进行了探讨,主要结论如下:

(1) 由于缝隙的存在,所有节点均存在滑移段,扣除滑移段后所有榫卯节点的弯矩-转角关系曲线可以简化为折线模型,而榫头较长的单向直榫不存在下降段。

(2) 所有榫卯节点的弯矩-转角简化力学模型与试验结果吻合较好,均考虑了缝隙、尺寸和材性等参数,适用于同类型的其他节点。

(3) 根据榫卯节点滞回曲线捏缩滑移特性提出了统一的恢复力模型,与试验结果吻合较好,为整体结构的动力弹塑性时程分析提供了基础。

第5章 殿堂式斗栱节点力学性能

斗栱(铺作)是我国古建筑木结构的标志性部件和特色之一,在三千多年前的商周时期已经出现,现存大多数古建筑木结构有斗栱层(铺作层)。斗栱构造复杂,形式多样,各时代的斗栱有其特色。斗栱和与之相连的枋、柱形成斗栱节点,斗栱节点根据受力特点通常分为殿堂式斗栱节点和叉柱造式斗栱节点(图1.16),其中以殿堂式斗栱节点居多,叉柱造式斗栱节点主要用于一些多层塔式建筑,如应县木塔、独乐寺观音阁。斗栱节点不仅具有建筑装饰效果,还具有传递荷载和耗能减震等结构功能,对整体结构的力学性能和抗震性能有重要影响。

为了研究这一特殊节点的力学性能,本章在国内外众多研究基础上对殿堂式斗栱节点在竖向荷载和水平荷载作用下的受力性能进行分析,推导殿堂式斗栱的力学模型,并与相关试验结果进行对比,验证模型的有效性。

5.1 殿堂式斗栱节点竖向受力性能

袁建力等[33]关于殿堂式斗栱的试验结果表明,竖向荷载主要通过中心轴处设置的构件(齐心斗)进行力的传递,横栱和散斗传递的荷载很小。荷载最终传递给位于节点底部的栌斗,殿堂式斗栱节点整体变形主要由栌斗的竖向压溃及中心构件的压缩变形引起,斗栱的竖向抗压刚度取决于沿轴心连接构件的有效承压面积及材料的弹性模量。在竖向荷载作用下,斗栱荷载-位移曲线具有明显的变刚度特性,第一阶段是主要受荷载阶段,斜率很大,抗压刚度基本呈线弹性变化;第二阶段为破坏阶段,变形不断发展,斜率随之减小。

5.1.1 分析模型的基本假定

殿堂式斗栱节点竖向刚度分析模型的理论推导中,为简化计算,提出以下基本假定:

(1) 斗栱各构件接触面不存在间隙,相互之间完全均匀接触。

(2) 假定整个斗栱用材相同且横纹弹性模量取相同值,木材横纹受压应力-应变关系采用双线性强化模型[34],如图5.1所示。

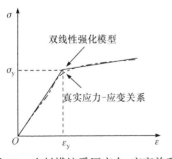

图 5.1 木材横纹受压应力-应变关系

5.1.2　竖向受力理论分析模型的建立

对于殿堂式斗栱节点，虽然沿泥道栱方向的横栱会发生弯曲变形，但是斗栱承担的竖向荷载一般不超过总荷载的 15%[33]，对整体结构的竖向荷载变形影响较小。栌斗、齐心斗及华栱等中心构件承担了绝大部分的竖向荷载，均处于横纹受压状态且变形较大，类似轴心受压的短柱。通过以上分析，可将竖向荷载作用下的殿堂式斗栱节点简化为如图 5.2 所示的竖向刚度计算模型。在图 5.2(a)中的简化计算模型中，将斗栱划分为两个部分，即华栱、齐心斗、横栱及散斗组成的横纹受压部件 1 和栌斗横纹承压部件 2。因为横栱及散斗承担的竖向荷载很小，可忽略不计，所以将模型中部件 1 的承压截面简化为图 5.2(c)或者图 5.2(d)。图 5.2(c)为无齐心斗斗栱，其承压面积为华栱宽度与压力等效长度(最底层华栱长度)的乘积，图 5.2(d)为带齐心斗斗栱，其承压面积为齐心斗上、下底面积的平均值，栌斗承压面积为栌斗底面积。受压部件之间通过变形协调共同抵抗斗栱节点承受的竖向荷载。按照斗栱刚度计算模型的划分，可以用具有一定刚度的弹簧来代替斗栱中的部件，通过不同弹簧的串联构成简化弹簧模型，如图 5.2(b)所示。

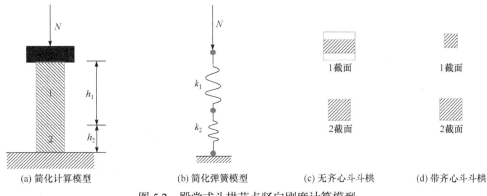

(a) 简化计算模型　　　　(b) 简化弹簧模型　　　　(c) 无齐心斗斗栱　　　　(d) 带齐心斗斗栱

图 5.2　殿堂式斗栱节点竖向刚度计算模型

各部件的刚度 k_i 可由式(5.1)计算：

$$k_i = \frac{A_i E_\perp}{h_i} \tag{5.1}$$

式中，A_i 为第 i 个部件等效承压面积；$E_\perp$ 为木材横纹弹性模量；h_i 为第 i 个部件的等效承压高度。

因为整体刚度是部件 1、2 串联后的刚度，所以殿堂式斗栱整体刚度计算公式为

$$k = \frac{k_1 k_2}{k_1 + k_2} \tag{5.2}$$

从大多数斗栱竖向荷载的试验中可以发现，栌斗是整个斗栱节点重要的竖

向荷载传递部件，应力集中最显著，破坏最严重，因此以栌斗达到木材抗压屈服强度作为弹性阶段结束的临界点，同时界定其余各构件的受力和变形也处于塑性状态。

斗栱的屈服位移可由式(5.3)计算：

$$\Delta_y = \frac{\sigma_y}{E_\perp} h_2 \left(1 + \frac{k_2}{k_1} \right) \tag{5.3}$$

当斗栱节点由弹性阶段进入破坏阶段时，所有构件已达到其屈服强度。故将式(5.1)中的 $E_\perp$ 换为木材横纹强化段的弹性模量 $E'_\perp$，其余参数不变，通过相同的计算模型和思路可得此阶段节点的竖向刚度计算公式。假定木材横纹受压强化段的弹性模量与其弹性阶段弹性模量的比值为 γ，则破坏阶段斗栱的刚度可按式(5.4)和式(5.5)计算：

$$k'_i = \gamma \frac{A_i E_\perp}{h_i} \tag{5.4}$$

$$k' = \frac{k'_1 k'_2}{k'_1 + k'_2} \tag{5.5}$$

5.1.3　分析模型的验证

袁建力等[33]和高大峰等[35]分别对 3 层和 5 层的殿堂式斗栱进行了竖向荷载试验，得到弹性段的刚度分别是 6.38kN/mm 和 2.42kN/mm，将斗栱的相关参数代入 5.1.2 小节殿堂式斗栱弹性段竖向刚度计算模型中，得到模型结构竖向承载刚度分别为 6.79kN/mm 和 2.38kN/mm，计算结果与试验结果接近，说明该模型能较好反映斗栱竖向承载刚度。

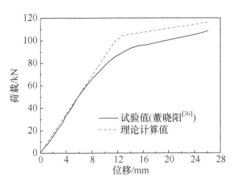

图5.3　殿堂式斗栱节点竖向荷载-位移试验值与理论计算值对比

除此之外，董晓阳[36]对清代 3 层斗栱模型进行竖向单调加载试验，直至结构破坏，得到了弹性段及破坏段的曲线，同样将斗栱的相关参数代入斗栱竖向刚度计算模型中，如图 5.3 所示。弹性阶段斗栱的竖向刚度分别为 8.6kN/mm 和 7.73 kN/mm，曲线拐点处的位移分别为 12.09mm 和 11.47mm，之后斗栱进入非线性塑性硬化阶段，竖向刚度分别为 0.86kN/mm 和 1.42kN/mm，误差在可接受范围内，且曲线整体趋势一致，说明本节提出的殿堂式斗栱竖向刚度计算模型具有一定的合理性。

5.2　殿堂式斗栱节点水平力-位移关系分析及滞回模型

大量学者[33,37-38]对斗栱进行反复加载试验发现，在水平荷载作用下，斗栱的整体侧向变形主要来自每一层斗的转动(图5.4)。因此，借鉴日本学者 Fujita 等[39]的假设，将单个斗简化为弹簧，水平向栱件简化为梁单元，如图5.5所示。

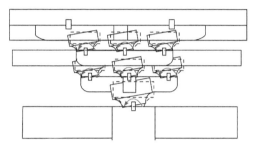

图 5.4　水平荷载作用下斗栱的变形

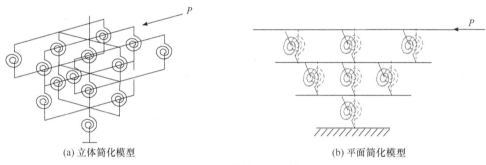

(a) 立体简化模型　　　　　　　　　　　　　　(b) 平面简化模型

图 5.5　斗栱简化力学模型

5.2.1　水平力-位移简化模型的基本假定

结合殿堂式斗栱的受力特点及简化要求提出以下假定：

(1) 殿堂式斗栱的受力过程分为两个阶段，即弹性阶段和弹塑性阶段，以斗的屈服作为转折点[32-33]，其水平力-位移简化模型如图5.6所示。

(2) 模型中忽略斗栱构件间的滑移，只考虑斗的转动。相同层的斗转角相同，不同层的斗转角不同。

(3) 将斗栱中的水平构件(栱、翘、昂等)假定为刚体，在转动过程中不发生变形。

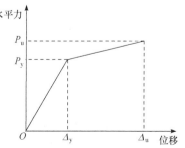

图 5.6　殿堂式斗栱水平力-位移简化模型

5.2.2 斗栱的水平刚度和屈服位移的推导

1. 单个斗的转动刚度

为了计算单个斗的转动刚度，将斗统一简化为六面体，同时忽略斗耳的作用[40]。图 5.7 为简化木块与斗尺寸参数对照，即斗长取斗底的长度，斗宽取斗底受力的宽度，高为去除斗耳之后的高度。

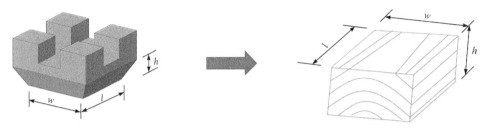

图 5.7　简化木块与斗尺寸参数对照

水平方向为木材顺纹方向，在均布竖向荷载 N 作用下，施加水平荷载 P 时，木块发生转动，且随着水平荷载增大，转角逐渐增大。木块相应的应力分布由矩形[图 5.8(a)]变为梯形[图 5.8(b)]，再转变为三角形[图 5.8(c)]，木块也逐渐被抬升，

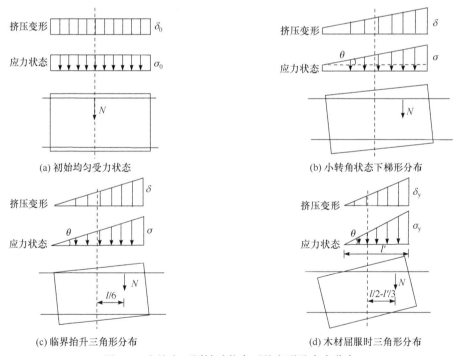

图 5.8　木块在不同转动状态下的变形及应力分布

最终一端脱离下底面接触，一端被挤压达到屈服[图 5.8(d)]。在木块横纹受压强度达到屈服强度时，木块已经抬升且应力分布呈三角形，如图 5.8(d)所示，将此临界值定义为屈服点。

根据转角关系和胡克定律，最大嵌入应力 σ_{m} 为

$$\sigma_{\mathrm{m}} = \frac{E_{\perp} l' \tan \theta}{h} \tag{5.6}$$

根据嵌入应力的面积，可以求得木块的竖向荷载，即

$$N = \frac{l'^2 w E_{\perp} \tan \theta}{2h} \tag{5.7}$$

则木块抬升后的接触长度 l' 为

$$l' = \sqrt{\frac{2hN}{w E_{\perp} \tan \theta}} \tag{5.8}$$

由变形关系可得

$$l' \sin \theta = \delta_{\mathrm{y}} \tag{5.9}$$

屈服时结构的屈服转角较小，可取 $\sin\theta \approx \tan\theta \approx \theta$，综上所述，得到矩形木块在竖向荷载与水平荷载同时作用下的屈服转角 θ_{y} 为

$$\theta_{\mathrm{y}} = \frac{\delta_{\mathrm{y}}^2 E_{\perp} w}{2Nh} \tag{5.10}$$

此时的屈服弯矩为

$$M_{\mathrm{y}} = 2N \left(\frac{l}{2} - \frac{l'}{3} \right) \tag{5.11}$$

相应单个斗的弹性段转动刚度为

$$k_0 = \frac{4N^2 h \left(\dfrac{l}{2} - \dfrac{l'}{3} \right)}{\delta_{\mathrm{y}}^2 E_{\perp} w} \tag{5.12}$$

2. 整个斗栱的水平刚度

根据斗栱平面简化分析模型[图 5.5(b)]，每一层的层刚度相当于该层弹簧并联的刚度，忽略每一层小斗(散斗及齐心斗)尺寸之间的差异，则斗栱每一层的转动刚度计算公式如下：

$$k_i = n_i k_0 \tag{5.13}$$

式中，k_i是第i层转动刚度；n_i是每层斗的个数。

将其转化为一维简化模型，如图 5.9(a)所示。

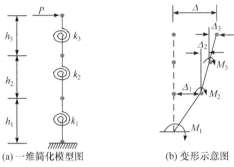

　　　　(a) 一维简化模型图　　　　　　　　(b) 变形示意图

图 5.9　一维简化模型及其变形图

当顶部受到水平荷载P的作用时，虽然每一层斗承担的剪力是相同的，但是每一层斗的高度不同，从而受到大小不同的弯矩作用，产生不同的变形。忽略竖向荷载的影响，根据图 5.9(b)及小变形假设可知：

$$M_1 = Ph_1 = k_1\Delta_1 / h_1 \tag{5.14}$$

$$M_2 = Ph_2 = k_2\Delta_2 / h_2 \tag{5.15}$$

$$M_3 = Ph_3 = k_3\Delta_3 / h_3 \tag{5.16}$$

式中，h_i为每一层斗栱的层高度。

可以得到如下关系式：

$$\Delta_1 = \frac{Ph_1^2}{k_1} \tag{5.17}$$

$$\Delta_2 = \frac{Ph_2^2}{k_2} \tag{5.18}$$

$$\Delta_3 = \frac{Ph_3^2}{k_3} \tag{5.19}$$

$$\frac{\theta_1}{\theta_3} = \frac{k_3 h_1}{k_1 h_3} \tag{5.20}$$

$$\frac{\theta_2}{\theta_3} = \frac{k_3 h_2}{k_2 h_3} \tag{5.21}$$

因此，斗栱总位移Δ为

$$\Delta = \Delta_1 + \Delta_2 + \Delta_3 = \left[\frac{h_1^2}{k_1} + \frac{h_2^2}{k_2} + \frac{h_3^2}{k_3}\right] P \tag{5.22}$$

则弹性段斗栱整体的 K_e 为

$$K_e = 1 \left/ \left(\frac{h_1^2}{k_1} + \frac{h_2^2}{k_2} + \frac{h_3^2}{k_3} \right) \right. \tag{5.23}$$

即

$$K_e = \frac{1}{\sum\limits_{i=1}^{m} \dfrac{h_i^2}{k_i}} \tag{5.24}$$

式中，m 表示斗栱层数。

3. 屈服位移

斗栱屈服水平位移 $\varDelta_y$ 为

$$\varDelta_y = \theta_{1y}h_1 + \theta_{2y}h_2 + \theta_{3y}h_3 \tag{5.25}$$

即

$$\varDelta_y = \sum_{i=1}^{m} \theta_{iy}h_i \tag{5.26}$$

式中，θ_{iy} 表示斗栱屈服时第 i 层斗对应的转角，可综合式(5.10)、式(5.20)和式(5.21)求得。

5.2.3　斗栱峰值位移的确定

根据 Inayama 的假设，嵌压木块塑性段的转动刚度是初始转动刚度的 1/8，则斗栱屈服后弹塑性阶段的抗侧刚度 K_p 为

$$K_p = \frac{K_e}{8} \tag{5.27}$$

隋龚等[37]认为，斗栱屈服后的峰值荷载是由构件间的摩擦力和木销的横纹抗压共同承担的。因为构件间的摩擦力只与摩擦系数和竖向荷载有关，所以当竖向荷载恒定时，摩擦力的大小是稳定的，斗栱中斗的数量越多(存在的连接木销越多)，斗栱的承载力就越大。斗栱的峰值荷载 P_m 可以表示为

$$P_m = \mu N + n\sigma_{y,\perp}A \tag{5.28}$$

$$n = \sum_{i=1}^{m} n_i \tag{5.29}$$

式中，μ 为木材之间的滑动摩擦系数；n 为斗栱中斗的数量；A 为木销横纹受压计算面积；$\sigma_{y,\perp}$ 为木材横纹抗压强度。

则极限点位移 Δ_m 为

$$\Delta_m = \Delta_y + \frac{P_u - P_y}{K_p} \tag{5.30}$$

5.2.4　水平力-位移简化模型验证

为了验证殿堂式斗栱节点水平力-位移简化模型的准确性，分别以隋龚等[37]和袁建力等[33]研究的 3 层和 5 层斗栱节点为对象，如图 5.10，将斗栱节点水平力-位移关系试验结果与理论计算结果进行对比分析，对比结果如图 5.11 所示。

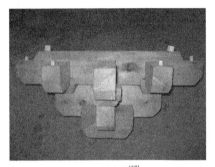

(a) 三层斗栱[37]

(b) 五层斗栱[33]

图 5.10　典型殿堂式斗栱

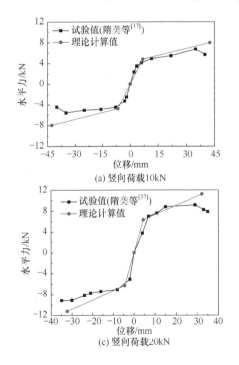

(a) 竖向荷载10kN

(c) 竖向荷载20kN

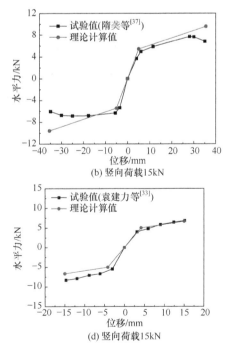

(b) 竖向荷载15kN

(d) 竖向荷载15kN

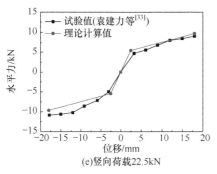

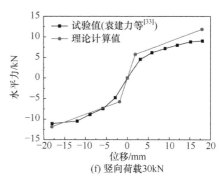

(e)竖向荷载22.5kN　　　　　　　　　　　　(f) 竖向荷载30kN

图 5.11　模型理论计算与试验结果对比

从对比结果可知，考虑了不同构造形式、不同竖向荷载及不同尺寸的因素，斗栱理论计算结果与试验结果总体趋势基本吻合，说明殿堂式斗栱节点的水平力-位移简化模型具有一定的准确性。试验值与理论计算值也存在部分差异，原因可能是试验本身存在一定的离散性、试件加工过程中缺陷出现的不确定性及模型忽略的一些次要因素(滑移，栱、翘的变形等)。然而从整体上来看，建立的斗栱节点水平力-位移简化模型计算结果与试验结果相比误差较小,能够合理地反映斗栱节点在水平力作用下的力学性能。

5.2.5　恢复力模型的建立与验证

图 5.12列出了国内部分学者[33,37]关于殿堂式斗栱节点不同竖向荷载试验所得的滞回曲线，斗栱的滞回曲线形状在荷载初始加载阶段呈梭形，滞回环面积较小，结构基本处于弹性阶段，骨架曲线近似为直线。荷载不断增大并超过斗与枋之间的最大静摩擦力后，斗栱开始出现滑移，骨架曲线出现明显的拐点，滞回环形状接近平行四边形(或者梭形)，滞回环饱满。整个阶段的受力过程同样表现出明显的双折线特征。除此之外，在每一级水平位移下，随着循环次数的增多，试件的水平承载力下降并不明显。

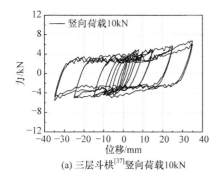

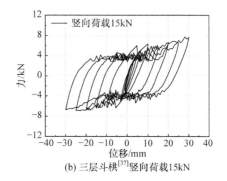

(a) 三层斗栱[37]竖向荷载10kN　　　　　　　(b) 三层斗栱[37]竖向荷载15kN

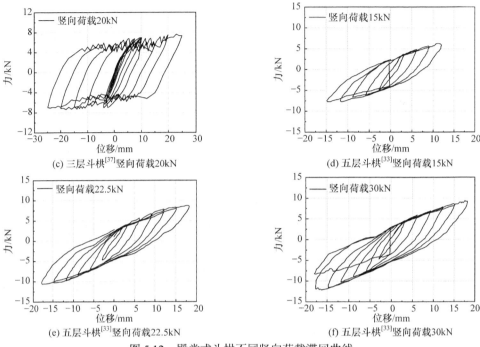

图 5.12　殿堂式斗栱不同竖向荷载滞回曲线

　　结合殿堂式斗栱节点滞回曲线饱满对称的特点,建立了如图 5.13 所示的斗栱恢复力模型,相关滞回规则如下:

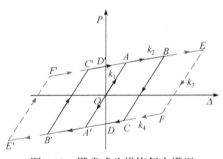

图 5.13　殿堂式斗栱恢复力模型

　　(1) 初次加载时,斗栱具有一定的初始刚度 k_1,由所有斗(栌斗、交互斗及齐心斗等)的转动共同提供。卸载时不考虑刚度退化,正反向加卸载路径沿图中 $O-A$、$O-A'$ 原路返回。

　　(2) 不断加大水平荷载,当水平荷载超过斗栱各斗的屈服荷载之和时,刚度退化为 k_2。此时,卸载曲线近似为直线,卸载刚度为 k_3,与初始加载刚度平行,即 $k_3 = k_1$。卸载后存在大量的残余变形,能抵抗反向弯矩,卸载滑移刚度为 k_4,与第二阶段刚度 k_2 相同,即 $k_4 = k_2$。正向加、卸载路径沿图 5.13 中 $O-A-B-$

$C-D-A'$，反向加、卸载路径为 $O-A'-B'-C'-D'-A$。

(3) 加大荷载后再加载，刚度依然为 k_2，卸载刚度和卸载滑移刚度仍为 k_3 和 k_4。正向加、卸载路径沿图 5.13 中 $A-E-F-D-A'$，反向加、卸载路径为 $A'-E'-F'-D'-A$。

根据式(5.24)、式(5.26)、式(5.27)及式(5.30)可以得到殿堂式斗栱恢复力模型特征参数，如表 5.1 所示。

表 5.1　殿堂式斗栱恢复力模型特征参数

斗栱样式	竖向荷载/kN	k_1/(kN/mm)	k_2/(kN/mm)	Δ_y/mm	Δ_m/mm
三层斗栱[37]	10	0.71	0.09	6.73	42.60
	15	1.09	0.14	5.01	35.48
	20	1.42	0.18	4.45	32.24
五层斗栱[33]	15	1.21	0.15	4.15	15.00
	23	2.19	0.27	2.49	18.00
	30	3.03	0.38	1.91	18.00

图 5.14 将不同殿堂式斗栱拟静力试验得到的滞回曲线与恢复力模型计算得到的滞回曲线进行对比，可以得出，虽然模型计算结果和试验结果之间还存在一定的差别，但总体来看，本节提出的恢复力模型能够较好地反映殿堂式斗栱在水平力作用下的滞回特性，为传统木结构整体结构的动力弹塑性时程分析提供了参考。

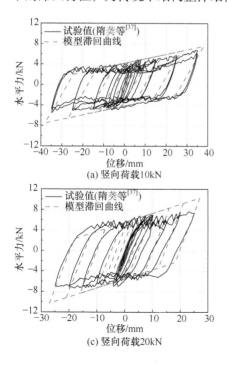

(a) 竖向荷载10kN

(b) 竖向荷载15kN

(c) 竖向荷载20kN

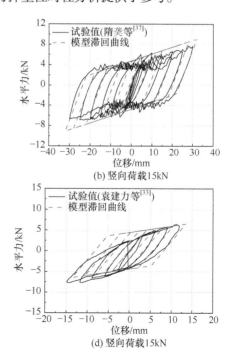

(d) 竖向荷载15kN

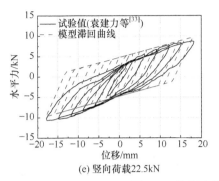
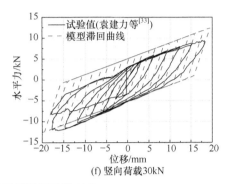

图 5.14　恢复力模型与试验结果滞回曲线对比

5.3　本 章 小 结

　　本章结合已有的试验研究，在一定简化的基础上，建立了殿堂式斗栱节点竖向刚度分析模型及水平力作用下的恢复力模型。斗栱竖向刚度的计算公式有效反映了斗栱节点竖向变形随其承担竖向荷载的变化趋势，为斗栱节点的承载模拟和性能分析提供了基础。斗栱在水平力作用下的水平力-位移简化模型，不仅考虑了材料和构件尺寸等参数，也兼顾了竖向荷载的影响。除此之外，根据殿堂式斗栱滞回曲线的特点建立的恢复力模型反映了斗栱节点刚度变化的规律，可以应用于斗栱的简化分析中。

第6章　叉柱造式斗栱节点抗震性能

已有研究以殿堂式斗栱节点为主要研究对象，少有研究涉及多层古建筑木结构中同等重要的叉柱造式斗栱节点。学术界对于这类古建筑中典型节点的研究基本处于空白状态，急需相关研究来补充。本章研究古建筑的抗震性能和受力特征，特别是具有多层结构的楼阁式木结构。

研究叉柱造式斗栱节点的抗震性能和受力特征时，先通过单调轴压试验和低周反复荷载试验，研究斗栱节点的破坏形态和抗震性能，然后分别建立其在竖向荷载作用下力学模型及水平荷载作用下的恢复力模型，为进一步进行整体结构的动力分析提供合理参考。

6.1　叉柱造式斗栱节点竖向受力性能试验

6.1.1　叉柱造式斗栱节点的构造特点

木塔、楼阁等多层古建筑木结构中，上下各层的柱通常并未直接贯通，而是通过上层柱插在下层柱头铺作上构成的叉柱造式斗栱节点衔接。每朵叉柱造式斗栱用栌斗一枚，柱脚叉于栌斗之上，叉柱造式斗栱层又称平座层铺作，叉柱造式斗栱节点的细部构造如图 6.1 所示。除柱的构造不同外，其余构件的名称及功能

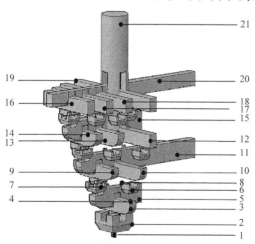

图 6.1　叉柱造式斗栱节点细部构造

1-普拍枋；2-栌斗；3-泥道栱；4-暗销；5-第一跳华枋；6-散斗；7-交互斗；8-暗销；9-瓜子栱；10-慢栱；11-第二跳华枋；12-慢栱；13-慢栱；14-令栱；15-第三跳华枋；16-橑檐枋；17-罗汉枋；18-罗汉枋；19-柱头枋；20-要头枋；21-叉柱

与殿堂式斗栱节点类似，都由斗、栱(华栱与横栱)，通过榫卯、暗销纵横交错逐层叠加而成。

6.1.2 试验概况

1. 试验模型

按照观音阁的构造和尺寸,选用东北落叶松(表 6.1)制作 3 个(G-1、G-2 和 G-3)第二层平坐层外槽柱头斗栱铺作缩尺模型(图 6.2)作为本次叉柱造式斗栱节点竖向荷载试验的试验模型,其与原型斗栱的比例为 1 : 3.2,模型详细尺寸如图 6.3所示。

表 6.1　东北落叶松力学性能　　　　　　　　　　(单位：MPa)

木材种类	顺纹抗拉强度	顺纹抗压强度	横纹局部抗压强度	顺纹弹性模量	横纹弹性模量
东北落叶松	72	34	8.1	5562	449

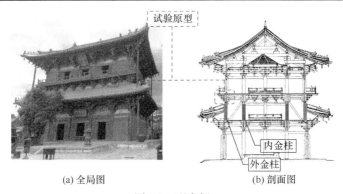

(a) 全局图　　　　　　　　　(b) 剖面图

图 6.2　观音阁

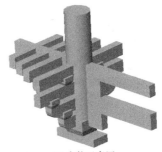

(a) 立体示意图

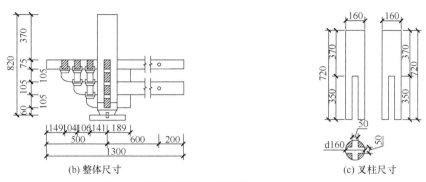

(b) 整体尺寸　　　　　　　　　(c) 叉柱尺寸

图 6.3　叉柱斗栱节点模型尺寸(单位：mm)

2. 加载设备

在斗栱叉柱上端通过可水平滑动的液压千斤顶施加竖向荷载，采用力传感器控制并记录竖向荷载的大小。在柱与千斤顶间放置一块钢垫板，确保试验加载过程柱上段始终处于全截面受压状态。模型最底部的普拍枋固定于试验台座上。试验加载装置如图 6.4 所示。

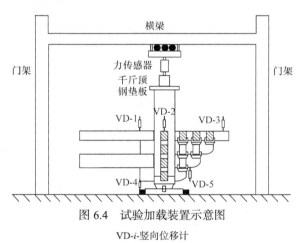

图 6.4　试验加载装置示意图

VD-i-竖向位移计

3. 加载制度

(1) 试验加载分为两个阶段。

第一阶段先缓慢施加一级竖向荷载，并记录整个过程的竖向荷载大小；完成后卸载，施加下一级竖向荷载，直至三级竖向荷载完成。

第二阶段为模型加载完最后一级竖向荷载($N = 24$kN)及水平荷载后，撤去作动器及其约束装置，继续施加竖向荷载，直至其破坏或因斗栱节点破坏而侧向倾斜过大，不适宜继续承载时停止加载。

(2) 第二阶段加载时，模型构件与第一阶段基本相同，不同的是用完好的栌斗替换模型劈裂后的栌斗，其余构件不变。

(3) 三级竖向荷载依次为 8kN、16kN、24kN。

4. 测量方案

为测得斗栱节点各部位的竖向变形，布置了 5 个竖向位移计(图 6.4)。为了研究斗栱节点在传递竖向荷载中的应变状态，分析其传递规律，在栌斗、散斗、叉柱、各跳华栱及枋等处布置竖向应变片，具体的应变测点布置如图 6.5 所示。

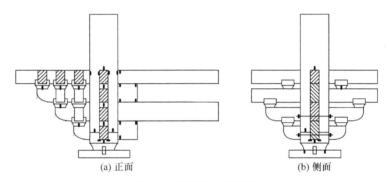

(a) 正面　　　　　　　　　　　　　(b) 侧面

图 6.5　应变测点布置图

6.1.3　试验过程与现象

根据试验加载制度，试验现象分为两个阶段，分别表述如下：

(1) 第一阶段试验现象不明显，模型整体变形及构件局部变形都非常细微。竖向荷载分别为 8kN 和 16kN 时，临近加载结束，能听到很微小的挤压声，未观察到栌斗产生变形(弹性变形)，模型各构件逐步被压紧。在竖向荷载为 24kN 的加载过程中，挤压声逐渐增大，栌斗受力变形显著，但未开裂，仍维持在弹性受力阶段，此时模型已被挤压成一个整体。

(2) 第二阶段试验现象主要有栌斗开裂、裂缝发展及最终劈裂的破坏过程，栌斗底部压屈及斗耳的开裂、压屈，叉柱肢的弯曲变形，泥道栱的压屈、断裂破坏，普拍枋的局部压屈等。

(3) 构件破坏情况如图 6.6 所示。试验发现，栌斗的开裂、裂缝的发展及劈裂是一个多次微变形缓慢积累的过程。加载初期，栌斗发生弹性压缩变形；随着荷载的缓慢增加，栌斗开始出现细微的裂缝，并逐渐发展变宽，最终发生栌斗劈裂[图 6.6(a)]，同时伴随着木材劈裂的巨响。加载中期，栌斗底部逐渐被压屈[图 6.6(b)]，斗耳也伴随着开裂、压屈[图 6.6(c)]。泥道栱沿其薄弱内槽面出现水平裂缝，且裂缝随着竖向荷载的增大缓慢扩展，与栌斗相互挤压并逐渐

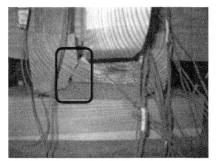

(a) 栌斗劈裂

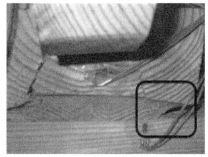

(b) 栌斗底部压屈

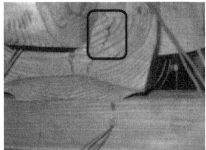
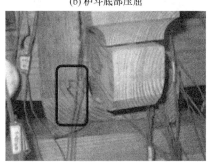

(c) 栌斗斗耳开裂与压屈

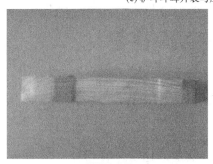

(d) 泥道栱的压屈

(e) 叉柱肢的弯曲变形

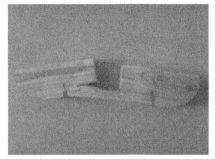

(f) 泥道栱的断裂

图 6.6　斗栱模型试件破坏情况

屈服[图 6.6(d)]。加载后期,叉柱肢底部随着斗耳的劈裂而向外变形,形成斗栱节点叉柱肢的弯曲变形(叉柱肢根部至底部离开斗栱泥道栱方向构件的距离越来越大,如图 6.6(e)所示)。最终泥道栱压屈、断裂[图 6.6(f)],停止加载。

6.1.4 试验结果及分析

1. 斗栱节点竖向压缩全曲线

斗栱模型试件的竖向荷载-位移压缩曲线如图 6.7 所示,加载曲线(OC)大致可分为三阶段,每阶段基本按线性规律变化,OA 段曲线是斗栱节点被压密实后的弹性工作状态;AB 段是斗栱节点发生弹塑性变形的强化阶段;BC 段是斗栱节点屈服破坏阶段。

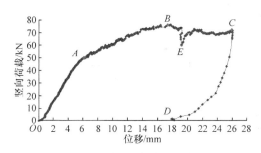

图 6.7　斗栱节点竖向荷载-位移压缩曲线

2. 斗栱节点竖向承载力及压缩刚度

研究发现,完好叉柱造式斗栱节点的压缩全曲线特征点基本上都对应模型构件的破坏。例如,图 6.7 中点 A 对应栌斗底部屈服,点 B 对应泥道栱屈服,点 C 对应泥道栱断裂。因点 A 是斗栱节点竖向荷载和刚度发生较大变化的转折点,故定义其对应的竖向荷载为斗栱节点的正常使用承载力。

由图 6.7 可看出,斗栱模型的竖向荷载随着位移的增加而增大,当加载至点 A(6mm)时荷载为 50kN,加载到点 B(17mm)时,达到其极限荷载(76.07kN),之后略有降低,但基本能维持较大的残余承载力,故斗栱节点的正常使用承载力为 50kN。在曲线屈服段 E 点处荷载迅速下降了 13kN,但又迅速恢复。这是因为在加载后期,栌斗的压屈、劈裂突然加大,竖向位移也突然增加,不能继续承受叉柱肢传来的竖向力,随之迅速转至华栱与横栱,使竖向承载力迅速恢复。

通过线性回归方法分析斗栱各阶段的竖向压缩刚度,计算结果列于表 6.2。因模型构件加工制作误差,弹性阶段的压缩刚度计算中,舍去了加载初期曲线段。构件加工完成后,环境温度、湿度变化会引起木材发生干缩湿胀变形等,使得构件间存在一定的缝隙,四柱肢端末同时抵仹栌斗斗耳末,故斗栱压缩刚度不符合其弹性阶段的整体规律。由表 6.2 可知，斗栱模型强化阶段的压缩刚度相对于弹性阶段退化了 3%。

表 6.2　斗栱模型的竖向压缩刚度　　　　　　(单位：kN/mm)

试验模型	K_{OA}	K_{AB}
G-1	9.15	2.51

3. 变形能力及残余变形

由图 6.7 可知斗栱模型的极限加载位移可达 26.06mm。因模型泥道栱断裂，竖向荷载不能继续增加而卸载。由于栌斗和泥道栱的相互作用，模型 G-1 的栌斗完好，与泥道栱接触均匀。在加载后期，又因栌斗裂缝的发展及泥道栱沿小槽的劈裂最终使其侧向倾斜过大。各构件达到极限位移(承载力)的方式不相同。斗栱卸载曲线(CD)按抛物线规律变化，残余变形很大，占极限位移的 68.57%。

4. 斗栱节点压缩曲线弹性段刚度的退化分析

图 6.8 是各斗栱节点模型在竖向荷载分别加载至 8kN、16kN、24kN 的压缩曲线。可以看出，随着位移的增加，竖向荷载呈线性增长。

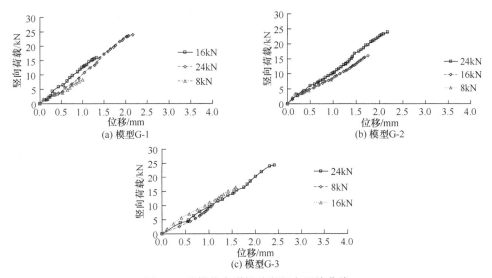

图 6.8　斗栱节点弹性阶段竖向压缩曲线

采用线性回归方法计算每个斗栱模型的压缩刚度，取同组各模型试件线性回归斜率的平均值作为该模型的弹性压缩刚度，列于表 6.3。

表 6.3　斗栱模型的弹性压缩刚度　　　　　　　　(单位：kN/mm)

指标	G-1	G-2	G-3	平均值
K	10.66	9.80	9.54	10.00

对比表 6.2 和表 6.3 可发现，在 24kN 范围内，斗栱节点弹性阶段的压缩刚度要大于其压缩全曲线计算的刚度。这表明即使斗栱节点处于弹性工作状态也存在一定程度的刚度退化。

5. 应变规律分析

通过对叉柱造式斗栱节点应变测量结果的分析，可得到其竖向荷载的传递规律，为理论分析提供参照标准。选取模型 G-1 叉柱肢底端应变($\varepsilon1$)和柱与栱相互挤压处的应变($\varepsilon2$)测量结果作为研究对象[图 6.9(a)]，能避免换算木材弹性模量(横纹与顺纹)，尽可能避免木材各向异性的不利影响，从而得到较准确的结论，正确揭示斗栱节点的竖向荷载传递机理。测量的应变$\varepsilon1$、$\varepsilon2$ 随竖向位移的变化关系如图 6.9(b)所示。图 6.9(b)的测量结果显示，测点应变的变化规律大致可划分为三个阶段。第一阶段(纵轴线 o～纵轴线 a)主要特征是，随着竖向荷载的增加，应变$\varepsilon1$从 0 逐渐增大，而应变$\varepsilon2$ 则在几十微应变附近波动。说明此阶段的斗栱节点承受的竖向荷载只通过叉柱四肢直接传递至栌斗(称为竖向荷载传递规律 I)。当应变$\varepsilon1$增至 505×10^{-6} 时，斗栱节点进入第二阶段(纵轴线 a～纵轴线 b)，应变$\varepsilon1$ 继续缓慢增大，同时$\varepsilon2$ 开始迅速增大。说明此阶段，随着竖向荷载的增大，斗栱节点由叉柱肢和栱(由华栱、横栱、散斗等组成)共同传递竖向荷载(称为竖向荷载传递规律 II)。应变$\varepsilon1$ 增大至 1149×10^{-6}，应变$\varepsilon2$ 为 2497×10^{-6} 时，斗栱节点进入第三阶段(纵轴线 b～纵轴线 d)，应变$\varepsilon1$ 开始缓慢减小，而应变$\varepsilon2$ 仍继续增大，最终当应变$\varepsilon1$减小至 443×10^{-6} 时，应变$\varepsilon2$ 达到其极限 3145×10^{-6}(纵轴线 c)。说明此阶段，竖向荷载主要通过栱传递，而叉柱肢因栌斗处于压屈破坏状态，将其承受的竖向荷载逐渐转移至栱上，残余承载力随着竖向位移的增加逐渐降低(称为竖向荷载传递规律 III)。

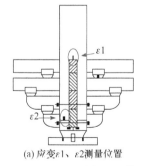

(a) 应变$\varepsilon1$、$\varepsilon2$测量位置

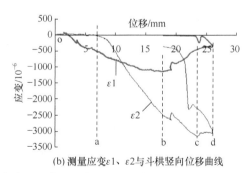

(b) 测量应变$\varepsilon1$、$\varepsilon2$与斗栱竖向位移曲线

图 6.9　模型 G-1 叉柱肢应变测量位置及应变-位移关系曲线

通过对比图 6.9(b) 与图 6.7 可知，这三个荷载传递阶段与斗栱节点竖向荷载-位移关系曲线基本对应。斗栱节点处于弹性阶段时，竖向荷载通过规律(路径)I 传递，即仅有叉柱肢和栌斗受力，其余构件基本不受力的作用；斗栱节点处于强化阶段时，竖向荷载通过规律(路径)Ⅱ 传递，使斗栱其余构件受力；斗栱节点处于屈服阶段时，竖向荷载通过规律(路径)Ⅲ 传递，使斗栱节点叉柱肢受力减小，转移至栱中，使栱受力变大，变形加剧。

上述研究结果说明，加载前期，斗栱承受的竖向荷载只通过叉柱肢直接传递至栌斗。加载中期，随着竖向荷载的增加，由叉柱肢和栱共同传递竖向荷载，可通过应变 $\varepsilon 1$ 与应变 $\varepsilon 2$ 增速之比来反映它们传递竖向荷载的比例关系，即以 1∶3.97 的分配比例传递竖向荷载。加载后期，主要是由栱传递竖向荷载，可用图 6.9(b) 中纵轴线 b 处的应变 $\varepsilon 1$ 与应变 $\varepsilon 2$ 的比值反映斗栱竖向极限荷载通过叉柱肢和栱传递的比例关系，即以 1∶2.17 传递。

6.2 叉柱造式斗栱节点竖向受力性能

竖向荷载作用下，因其特殊的结构，叉柱造式斗栱节点传递荷载的方式和特点显著不同于殿堂式斗栱节点。显然，可定性得到其竖向荷载传递规律，竖向荷载分为两部分传递，即一部分竖向荷载通过叉柱四肢直接传至栌斗(称为路径 I)，另一部分竖向荷载由柱通过栱、散斗等形成的承压系统自上而下逐层传递至栌斗(称为路径Ⅱ)。竖向荷载的大小将随着斗栱节点受力阶段的变迁而改变，栌斗所处的不同受力阶段将控制着竖向荷载的传递途径和规律。

6.2.1 分析模型的基本假定

斗栱节点的竖向荷载-位移曲线公式理论推导和分析中，为简化分析计算，提出以下基本假定：

(1) 斗栱节点范围内木材不存在裂缝、节子、树干形状缺陷等，假定木材的横纹、顺纹都是完全均质的，在构件计算的范围内，其变形也是均匀的。

(2) 斗栱节点各构件的接触面都不存在缝隙，且相互间是完全、均匀接触的，即不存在构件加工、组装及木材未受力前的变形导致的空隙。

(3) 斗栱节点的竖向变形由三部分组成，产生于叉柱肢(均质顺纹，路径 I)和叉柱投影下的栱形成的栱柱(均质横纹，路径Ⅱ)及栌斗(均质横纹)的压缩变形。各部分变形都是其长度范围内均匀压缩的结果，且变形相互协调。

(4) 木材横纹受压本构关系采用双线性强化模型(图 5.6)。

6.2.2　分析模型的建立

研究叉柱造式斗栱节点的竖向荷载-位移曲线时,通过分析构造和荷载的传递规律,并结合上述基本假定,可将其简化为如图 6.10 所示的刚度分析模型。

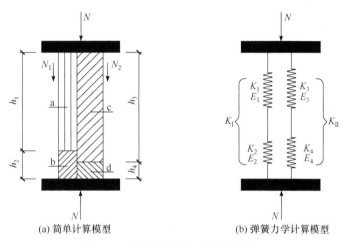

(a) 简单计算模型　　　　　　　　(b) 弹簧力学计算模型

图 6.10　斗栱节点竖向刚度分析模型

在图 6.10(a)中的简单计算模型中,将斗栱划分为四个部分,即代表叉柱肢顺纹承压的 a 部件,支承叉柱肢的栌斗横纹承压的 b 部件,由华栱、横栱及散斗组成的横纹承压的 c 部件,支承 c 部件的栌斗横纹承压的 d 部件。部件 a、b 构成了斗栱竖向荷载传递路径Ⅰ,部件 c、d 则构成了斗栱竖向荷载传递路径Ⅱ。它们通过相互变形协调条件,共同抵抗斗栱节点承受的竖向荷载。

根据斗栱计算模型的划分,用具有一定刚度的弹簧来代替相应部件,通过各弹簧的串联、并联构成斗栱节点的力学计算模型。弹簧力学计算模型如图 6.10(b)所示。

图 6.10 中 a、b、c 和 d 部件横截面面积(mm^2)分别为 A_1、A_2、A_3 和 A_4;各部件受压长度(mm)分别为 h_1、h_2、h_3 和 h_4;各部件层压的木材弹性模量(MPa)分别为 E_1(顺纹)、E_2(横纹)、E_3(横纹)、E_4(横纹)。

6.2.3　竖向压缩曲线理论公式推导

根据斗栱节点模型竖向荷载-位移关系曲线分析结果,并结合斗栱节点各构件的材料性能,可得到其各阶段竖向刚度的变化规律均为线性变化。

试验证明,栌斗是整个斗栱节点重要的竖向荷载传递部件,是应力最集中,破坏最严重的部位。故根据栌斗所处的受力状态和其材料性能的变化,将斗栱节点的竖向压缩曲线划分为三个基本阶段,弹性阶段、线性强化阶段和屈服破坏阶段。

1. 斗栱竖向压缩曲线弹性阶段的理论公式

在竖向荷载(N)的作用下，设斗栱节点的整体竖向位移为 x，a～d 部件的变形(mm)为 x_1、x_2、x_3 和 x_4。根据前面的基本假定，可以得到节点模型的变形协调条件和力平衡条件，分别如式(6.1)和式(6.2)所示：

$$x = x_1 + x_2 = x_3 + x_4 \tag{6.1}$$

$$N = N_1 + N_2 \tag{6.2}$$

式中，N_i 为各路径的竖向荷载，$i = 1,2$。

荷载传递路径 I 的整体刚度 K_1 可看作是部件 a、b 串联后的刚度，路径 II 的整体刚度 K_{II} 是部件 c、d 串联后的刚度，其计算公式分别为

$$K_{I} = \frac{K_1 K_2}{K_1 + K_2} \tag{6.3}$$

$$K_{II} = \frac{K_3 K_4}{K_3 + K_4} \tag{6.4}$$

式中，K_i 为 a～d 部件的刚度，$i = 1,2,3,4$。

$$K_i = \frac{A_i E_i}{h_i} \tag{6.5}$$

式中，A_i 为各部件横截面积，mm^2；E_i 为各部件层压的木材弹性模量，MPa；$i=1,2,3,4$。

可以得到斗栱节点路径 I 和路径 II 分别承受的竖向荷载之比 γ 为

$$\gamma = \frac{N_1}{N_2} = \frac{K_I}{K_{II}} = \frac{K_1 K_2}{K_1 + K_2} \cdot \frac{K_3 + K_4}{K_3 K_4} = \frac{\dfrac{A_1 E_1}{h_1} \cdot \dfrac{A_2 E_2}{h_2} \left(\dfrac{A_3 E_3}{h_3} + \dfrac{A_4 E_4}{h_4} \right)}{\dfrac{A_3 E_3}{h_3} \cdot \dfrac{A_4 E_4}{h_4} \left(\dfrac{A_1 E_1}{h_1} + \dfrac{A_2 E_2}{h_2} \right)} \tag{6.6}$$

由路径 I 传递的竖向荷载 N_1 可表示为

$$N_I = K_I x = \frac{K_1 K_2}{K_1 + K_2} x = \frac{\dfrac{A_1 E_1}{h_1} \cdot \dfrac{A_2 E_2}{h_2}}{\dfrac{A_1 E_1}{h_1} + \dfrac{A_2 E_2}{h_2}} x = \frac{A_1 E_1 \cdot A_2 E_2}{A_1 E_1 h_2 + A_2 E_2 h_1} x \tag{6.7}$$

由式(6.2)、式(6.6)及式(6.7)可得斗栱节点的竖向荷载-位移的关系曲线。

$$N_e = N_I + N_{II} = (1 + 1/\gamma) N_I = (1 + 1/\gamma) \frac{A_1 E_1 \cdot A_2 E_2}{A_1 E_1 h_2 + A_2 E_2 h_1} \cdot x$$

$$= \left(\frac{A_1 E_1 \cdot A_2 E_2}{A_1 E_1 h_2 + A_2 E_2 h_1} + \frac{A_3 E_3 \cdot A_4 E_4}{A_3 E_3 h_4 + A_4 E_4 h_3} \right) \cdot x \qquad 0 \leqslant x \leqslant \Delta_1 \tag{6.8}$$

式中，$\Delta_1 = \varepsilon_0 h_2 + \varepsilon_0' h_1 A_2 / A_1$，$\varepsilon_0 = f_{cy}^h / E_2$，$\varepsilon_0' = f_{cy}^h / E_1$，$\varepsilon_0$ 为木材横纹受压的屈服应变，ε_0' 为对应木材横纹屈服应变时木材顺纹的应变，f_{cy}^h 为木材横纹的抗压强度。

弹性工作阶段，斗栱节点各个部件的受力和变形都处于弹性状态，将 b 构件达到木材的抗压屈服强度作为此阶段结束的标准。

上述研究表明，斗栱节点承受竖向荷载作用下的压缩刚度主要与其各部件的材料性能、截面承压面积、构件的受力范围(部件的长度)及各影响因素的相对大小等相关。

2. 斗栱竖向压缩曲线线性强化阶段的理论公式

斗栱节点由弹性阶段进入线性强化阶段时，部件 b 已达到其屈服强度。将式(6.6)中 E_2 换为木材横纹强化段的弹性模量 E_2'，其余参数不变，通过相同的计算模型和思路可得到此阶段节点的竖向荷载计算公式。设 β 为木材横纹受压强化阶段弹性模量与木材横纹受压弹性阶段弹性模量的比值，根据试验结果，β 一般在 $1/15 \sim 1/10$，本小节取中间值。

设此阶段模型各部件增加的变形量分别为 Δx_1、Δx_2、Δx_3 和 Δx_4，可得斗栱节点此阶段的变形协调条件如式(6.9)所示：

$$\begin{cases} x - \Delta_1 = \Delta x_1 + \Delta x_2 \\ x - \Delta_1 = \Delta x_3 + \Delta x_4 \end{cases} \tag{6.9}$$

力平衡条件为

$$N = N_{\mathrm{I}} + \Delta N = N_{\mathrm{I}} + \Delta N_{\mathrm{I}} + \Delta N_{\mathrm{II}} \tag{6.10}$$

此阶段，路径 I 中的两个部件的刚度由式(6.5)计算可得

$$\begin{cases} K_1 = \dfrac{A_1 E_1}{h_1} \\ K_2 = \dfrac{A_2 E_2'}{h_2} = \dfrac{A_2 E_2}{h_2} \beta \end{cases} \tag{6.11}$$

代入各部件的参数，计算可知 K_1 是 K_2 的 50 倍以上，即将部件 a 视为刚性。K_{I}' 的计算公式近似为

$$K_{\mathrm{I}}' = K_2' = \dfrac{A_2 E_2'}{h_2} = \dfrac{A_2 E_2}{h_2} \beta \tag{6.12}$$

则强化阶段比例系数 γ' 可表示为式(6.13)。

$$\gamma' = \frac{\Delta N_{\mathrm{I}}}{\Delta N_{\mathrm{II}}} = \frac{K_{\mathrm{I}}'}{K_{\mathrm{II}}} = \frac{\dfrac{A_2 E_2}{h_2}\beta\left(\dfrac{A_3 E_3}{h_3} + \dfrac{A_4 E_4}{h_4}\right)}{\dfrac{A_3 E_3}{h_3}\cdot\dfrac{A_4 E_4}{h_4}} \tag{6.13}$$

则由式(6.10)、式(6.13)可得斗栱节点线性强化阶段的竖向荷载-位移曲线计算公式为

$$N_{\mathrm{s}} = N_{\mathrm{I}} + \Delta N_{\mathrm{I}} + \Delta N_{\mathrm{II}}$$

$$= \left(\frac{A_1 E_1 \cdot A_2 E_2}{A_1 E_1 h_2 + A_2 E_2 h_1} + \frac{A_3 E_3 \cdot A_4 E_4}{A_3 E_3 h_4 + A_4 E_4 h_3}\right)\cdot\Delta_1 + (1+\gamma')\frac{A_3 E_3 \cdot A_4 E_4}{A_3 E_3 h_4 + A_4 E_4 h_3}(x - \Delta_1)$$

$$= \left(\frac{A_1 E_1 \cdot A_2 E_2}{A_1 E_1 h_2 + A_2 E_2 h_1} + \frac{A_3 E_3 \cdot A_4 E_4}{A_3 E_3 h_4 + A_4 E_4 h_3}\right)\cdot\Delta_1 + \left(\frac{A_3 E_3 \cdot A_4 E_4}{A_3 E_3 h_4 + A_4 E_4 h_3} + \frac{A_2 \beta E_2}{h_2}\right)\cdot(x - \Delta_1)$$

$$\Delta_1 < x \leqslant \Delta_2 \tag{6.14}$$

式中，$\Delta_2 = \varepsilon_0(h_3 A_3 / A_4 + h_4)$。

3. 斗栱竖向压缩曲线屈服破坏阶段的理论公式

根据模型线性强化阶段的分析，随着竖向荷载的增大，部件 d 将逐步进入屈服状态，使得模型到达竖向荷载的极限承载力。据此计算可得斗栱节点的极限承载力。

同样由式(6.6)可得路径 I 和路径 II 分别承受的竖向荷载之比 γ'' 为

$$\gamma'' = \frac{\Delta N_{\mathrm{I}}}{\Delta N_{\mathrm{II}}} = \frac{K_{\mathrm{I}}'}{K_{\mathrm{II}}'} = \frac{K_1 K_2'}{K_1 + K_2'}\cdot\frac{K_3 + K_4'}{K_3 K_4'}$$

$$= \frac{\dfrac{A_1 E_1}{h_1}\cdot\dfrac{A_2 E_2 \beta}{h_2}\left(\dfrac{A_3 E_3}{h_3} + \dfrac{A_4 E_4 \beta}{h_4}\right)}{\dfrac{A_3 E_3}{h_3}\cdot\dfrac{A_4 E_4 \beta}{h_4}\left(\dfrac{A_1 E_1}{h_1} + \dfrac{A_2 E_2 \beta}{h_2}\right)} \tag{6.15}$$

模型节点达到极限承载力时，部件 b 所处的应力状态无法准确计算，故用部件 d 达到其受压屈服时的应力状态来计算。模型节点的极限承载力为

$$N_{\mathrm{y}} = N_{\mathrm{I}} + N_{\mathrm{II}}$$

$$= (\gamma'' + 1)N_2$$

$$= (\gamma'' + 1)A_4 f_{\mathrm{cy}}^{\mathrm{h}}$$

$$= \left[\frac{A_1 E_1 \cdot A_2 E_2 \cdot (A_3 E_3 h_4 + A_4 \beta E_4 h_3)}{A_3 E_3 \cdot A_4 E_4 \cdot (A_1 E_1 h_2 + A_2 \beta E_2 h_1)} + 1\right]\cdot A_4 f_{\mathrm{cy}}^{\mathrm{h}} \tag{6.16}$$

6.2.4　理论结果与分析

叉柱造式斗栱节点竖向压缩曲线计算公式可表示为式(6.17)

$$
N = \begin{cases}
\left(\dfrac{A_1E_1 \cdot A_2E_2}{A_1E_1h_2 + A_2E_2h_1} + \dfrac{A_3E_3 \cdot A_4E_4}{A_3E_3h_4 + A_4E_4h_3} \right) \cdot x & 0 \leqslant x \leqslant \Delta_1 \\[4mm]
\begin{aligned}
& \left(\dfrac{A_1E_1 \cdot A_2E_2}{A_1E_1h_2 + A_2E_2h_1} + \dfrac{A_3E_3 \cdot A_4E_4}{A_3E_3h_4 + A_4E_4h_3} \right) \cdot \Delta_1 \\
& + \left(\dfrac{A_3E_3 \cdot A_4E_4}{A_3E_3h_4 + A_4E_4h_3} + \dfrac{A_2\beta E_2}{h_2} \right) \cdot (x - \Delta_1)
\end{aligned} & \Delta_1 < x \leqslant \Delta_2 \\[6mm]
\left[\dfrac{A_1E_1 \cdot A_2E_2 \cdot (A_3E_3h_4 + A_4\beta E_4h_3)}{A_3E_3 \cdot A_4E_4 \cdot (A_1E_1h_2 + A_2\beta E_2h_1)} + 1 \right] \cdot A_4 f_{cy}^h & \Delta_2 < x
\end{cases}
$$

$$(6.17)$$

表 6.1 给出了本次试验木材(落叶松)的力学性能。木材的缺陷等会降低其强度及弹性模量，根据《木结构设计手册》取折减系数为 0.8。

图 6.11 为叉柱造式斗栱节点的竖向荷载-位移关系曲线，表 6.2 给出了斗栱模型各阶段的竖向压缩刚度。

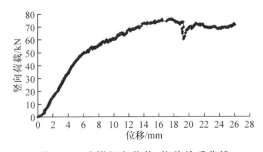

图 6.11　斗栱竖向荷载-位移关系曲线

陈志勇[41]的研究结果(图 6.12)表明，由路径 II 传递的竖向荷载，主要通过华栱的承压传递，泥道栱传递的竖向荷载很小，散斗的分载作用也只是在栌斗屈服破坏之后才逐渐出现，且其传递的竖向荷载非常小，可忽略不计。故将模型中部件 c、d 的承压截面简化为图 6.13。

显然，在实际工程中，叉柱四肢几乎不能处于同一平面上，只需其中 2 个叉柱肢支承在栌斗斗耳上，就能使斗栱节点承受的竖向荷载不断增大。此外，查看叉柱肢端部测点顺纹布置的应变数据发现，4 个叉柱肢中只有 2 个斜对角的叉柱肢从开始就抵住栌斗斗耳。加载到一定位移时，4 个叉柱肢全部抵住栌斗斗耳，随着

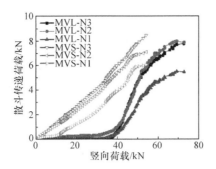

图 6.12　散斗传递荷载与竖向荷载的关系[41]

MVL-长叉柱肢斗栱；MVS-短叉柱肢斗栱；N1-泥道栱；N2-壁内慢栱；N3-柱头枋

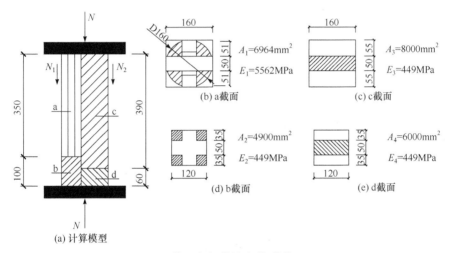

图 6.13　模型各部件的参数(单位：mm)

竖向位移的继续增大，其应变并未显著增大。试验中斗栱节点应变测量结果也充分说明了这点。整个弹性阶段，斗栱节点主要是通过 2 个叉柱肢承受竖向荷载，故将叉柱肢和栌斗的有效承压面积折半计算。将相关的试验参数代入式(6.17)，可得到本次叉柱造式斗栱节点模型的竖向荷载-位移关系曲线计算方程如式(6.18)所示。

$$N = \begin{cases} 11.72x & 0 \leqslant x \leqslant \Delta_1 \\ 6.43x + 14.28 & \Delta_1 < x \leqslant \Delta_2 \\ 80.08 & \Delta_2 < x \end{cases} \qquad (6.18)$$

式中，Δ_1、Δ_2 分别为

$$\Delta_1 = \varepsilon_0 h_2 + \varepsilon_0' \frac{A_2}{A_1} h_1 = \frac{8.1}{449 \times 0.8} \times 100 + \frac{8.1}{5562 \times 0.8} \times \frac{4900}{6964} \times 350 = 2.70 \text{(mm)}$$

$$\Delta_2 = \varepsilon_0 \left(\frac{A_4}{A_3} h_3 + h_4 \right) = \frac{8.1}{449 \times 0.8} \times \left(\frac{6000}{8000} \times 390 + 60 \right) = 7.95 \text{(mm)}$$

图 6.14 是根据式(6.18)绘制的斗栱节点竖向荷载-位移理论曲线与试验曲线。由式(6.18)及图 6.14 可见，斗栱节点弹性阶段的竖向刚度的理论计算值与试验值符合，而线性强化阶段的理论计算刚度显著大于试验结果。通过上述理论推导的竖向荷载-位移曲线与试验曲线基本符合，说明通过式(6.17)计算斗栱竖向荷载大小和研究其竖向压缩刚度具有较可靠的参考价值。

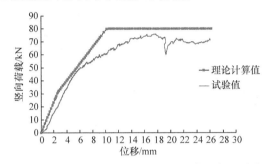

图 6.14　斗栱节点竖向荷载-位移理论曲线与试验曲线

6.3　叉柱造式斗栱节点拟静力试验

6.3.1　模型设计与制作

参照宋代《营造法式》[15]及相关文献资料的营造方法，以观音阁第二层叉柱造式斗栱节点为原型，按三等材制作了 5 个模型比例为 1 : 3.2 的叉柱造式斗栱节点模型，包括 4 个单朵斗栱节点和 1 个双朵斗栱组合节点，各模型主要参数如表 6.4 所示。部分斗栱节点模型尺寸如图 6.15 所示。

表 6.4　各模型主要参数

模型编号	耍头枋长/mm	第二跳华枋长度 /mm	第三跳华枋长度 /mm	约束节点枋组成	工作方式
DG-1	600	600	189	第二跳华枋	单朵斗栱
DG-2	466	466	189	第二跳华枋	单朵斗栱
DG-3	600	189	600	第三跳华枋	单朵斗栱
DG-4	600	189	189	耍头枋	单朵斗栱
DG-5	1200	1200	189	第二跳华枋	双朵斗栱

注：① 除 DG-5 外，枋长度为柱中心至其约束中心长度，如图 6.15(a)～(d)所示；各节点模型柱中心左侧部分尺寸均相同，如图 6.15 所示。

② DG-5 是以 DG-1 为标准的双朵斗栱组合节点，表中耍头枋和第二跳华枋的长度为柱中心之间的距离。

　　试验所有构件由东北落叶松原木加工而成，试验时木材含水率为 13.6%，其力学性能如表 6.1 所示。

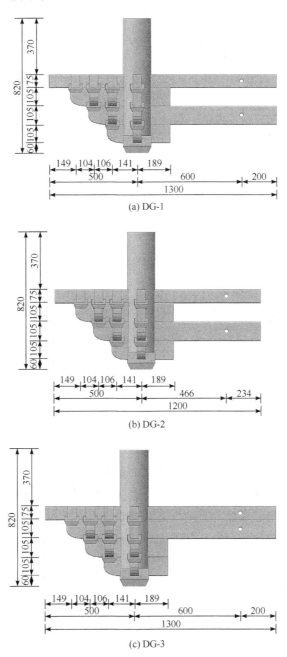

(a) DG-1

(b) DG-2

(c) DG-3

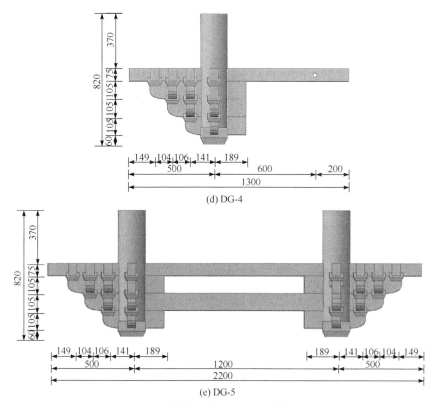

(d) DG-4

(e) DG-5

图 6.15　斗栱节点模型尺寸图(单位：mm)

6.3.2　加载方案与测量方案

1. 加载设备

在分析叉柱造式斗栱节点受力和荷载传递特征的基础上，于叉柱上端采用可水平滑动的液压千斤顶施加竖向荷载，并通过力传感器控制竖向荷载的大小。水平反复荷载由电液伺服加载系统和控制系统(重量为 20t，行程为±150mm，仪器型号为TDS602，位移精度为±0.01mm，力精度为±0.001kN)沿斗栱节点耍头枋方向施加。作动器与叉柱上端相连，作动器中心至普拍枋上表面距离为 770mm。耍头枋和第二跳华栱枋通过两端铰接的力传感器限制其竖向变形。将模型最底部普拍枋固定在试验台座上。为防止模型失稳，在耍头枋端部设置了平面外约束装置。试验加载装置如图 6.16 所示。

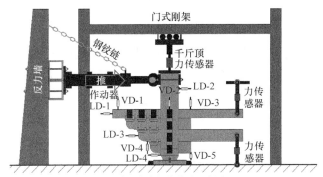

(a) 单朵斗拱加载装置示意图

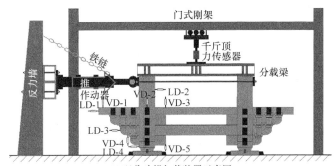

(b) 双朵斗拱加载装置示意图

图 6.16　试验加载装置

LD-*i*-水平位移计；VD-*i*-竖向位移计($i=1,2,\cdots,5$)

2. 加载制度

(1) 将节点模型底部普拍枋固定于试验台座，将耍头枋和第二跳华栱枋端部分别与两端铰接的力传感器相连。正式加载前，对模型施加 4kN 竖向荷载进行预加载并卸载，以检查整个试验系统能否正常运作。

(2) 为分析竖向荷载对节点抗震性能的影响，本次试验分三级竖向荷载进行加载。先对叉柱缓慢施加第一级竖向荷载并保持不变，然后逐级施加水平反复荷载，完成后卸载至平衡位置；之后施加下一级竖向荷载并保持不变，再逐级施加水平反复荷载，直至第三级竖向荷载及对应的水平荷载完成。

(3) 三级竖向荷载分别为 8kN、16kN、24kN。

(4) 水平加载采用变幅值位移控制加载，第一级、第二级竖向荷载下的水平峰值位移为 1mm、2mm、4mm、6mm、8mm、10mm、12mm，第三级竖向荷载下的水平峰值位移为 1mm、2mm、4mm、6mm、8mm、10mm、12mm、16mm、24mm、32mm、40mm、48mm、56mm、64mm、72mm。每级水平峰值位移循环 3 次。

3. 测量方案

为测量斗栱节点整体的转动变形、构件的水平和竖向变形，布置了 5 个竖向位移计和 4 个水平位移计，如图 6.16 所示。根据试验中各处位移的估测及实验室设备条件，选用的 LD-1、LD-2 量程分别为±100mm、±150mm，LD-4、VD-2 是量程为 30mm 的百分表，其余位移计量程都为±50mm，测量精度均为±0.01mm。

为了解斗栱节点在竖向荷载和水平荷载作用下的应变状态，在其栌斗、散斗、叉柱、各跳华栱及枋等处布置水平和竖向应变片，如图 6.5 所示。

6.3.3 试验过程及现象

5 个叉柱造式斗栱节点模型的低周反复荷载试验结果显示，各个模型表现出基本一致的变形、破坏过程和规律。各模型在第一、二级竖向荷载作用下的试验现象不显著，没有破坏现象。部分试件节点模型在第三级竖向荷载(N=24kN)作用下的破坏情况如图 6.17 所示。

(1) 在节点转角小于 0.02rad 之前，节点区域变化不明显，构件间产生的挤压变形基本可恢复，但构件间的微小滑移不能完全恢复。

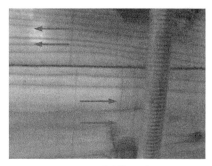

(a) DG-3华栱间滑移

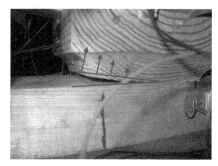

(b) DG-1栌斗脱离普拍枋

(c) DG-1柱肢端与斗耳脱离

(d) DG-1斗耳被压屈

(e) DG-2华栱相互脱离

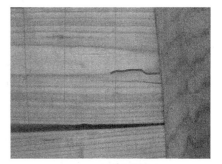

(f) DG-3华栱劈裂

(g) DG-2栌斗的劈裂

(h) DG-1暗销的剪切变形

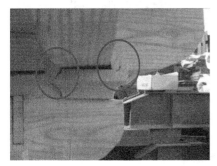

(i) DG-5华栱方向散斗劈裂

(j) DG-5泥道栱方向散斗劈裂

图 6.17　部分试件破坏情况

(2) 随着节点转角增大到 0.03rad,柱叉根部沿泥道栱方向开始出现劈裂裂缝,但裂缝长度较小。栌斗内槽处沿着木材顺纹方向也逐渐出现微小裂缝,缝隙随着加载、卸载而周期性张、闭,并缓慢发展。同时肉眼也能够辨识华栱间的滑移现象[图 6.17(a)]。水平位移计的测量结果显示,节点各层华栱间的滑移自下而上递增,且集中于被约束华枋的上、下界面处。栌斗与普拍枋间的滑移量非常小,施加正向荷载时,栌斗左侧底部部分脱离普拍枋上表面[图 6.17(b)],反向时栌斗右侧底部也出现类似现象。

(3) 当节点转角到达 0.04rad，伴随一声强烈的木纤维断裂的脆响，栌斗上表面开裂，但裂缝较浅。

(4) 随着转角进一步增大，受拉一侧的叉柱脚底部与栌斗斗耳上表面也出现微小脱离现象[图 6.17(c)]，且斗耳部分被压屈和劈裂[图 6.17(d)]。转角位移达到 0.06rad 之后，由于转角较大，受拉一侧叉柱底部与栌斗斗耳上表面脱离明显，回至平衡位置附近时，叉柱又突然落下，恢复初始的接触挤压状态。被约束华栱与上、下未被约束华栱间也随着荷载的往返出现脱离、挤压的现象[图 6.17(e)]，其中第二跳华栱与第一跳华栱处脱离现象最显著，脱离缝隙最大宽度约 13mm。

(5) 节点转角为 0.08～0.09rad 时，第二跳华栱约 1/3 高度处沿着槽内方向突然劈裂[图 6.17(f)]，并伴随一声脆响。随着转角的进一步增大，栌斗内沿顺纹方向形成一条贯通的劈裂裂缝[图 6.17(g)]。拆开模型后发现暗销发生较大的剪切变形[图 6.17(h)]，普拍枋局部被压屈。

(6) 在整个加载过程中，构件因相互挤压而发出吱吱嘎嘎的响声，且节点转角越大响声越响亮。

(7) 模型 DG-4 只有耍头枋被约束，故耍头枋弯曲变形较大，也未出现如其他模型第二跳华枋相同的劈裂破坏。对于双朵斗栱组合模型 DG-5，其构件层间滑移较大，致使部分散斗发生了劈裂破坏[图 6.17(i)～(j)]，而其他模型并未发生此类破坏。

6.3.4 试验结果及分析

1. 转动弯矩-转角滞回曲线

通过低周反复加载试验，得到了各斗栱节点模型在各级竖向荷载作用下的转动弯矩-转角滞回曲线。弯矩(M)由水平荷载与其至普拍枋上表面距离(770mm)相乘得到；转角(θ)由图 6.14(a)中 LD-2 测量计算得到。图 6.18 给出了各斗栱节点模型在第三级竖向荷载(N=24kN)作用下的滞回曲线，可看出具有以下特点(为便于描述，以图 6.16 所示作动器向右推为正，向左拉为反)。

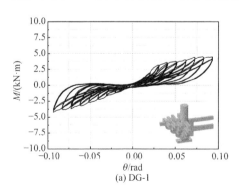

(a) DG-1

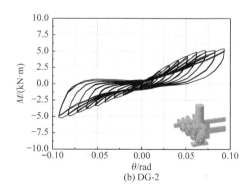

(b) DG-2

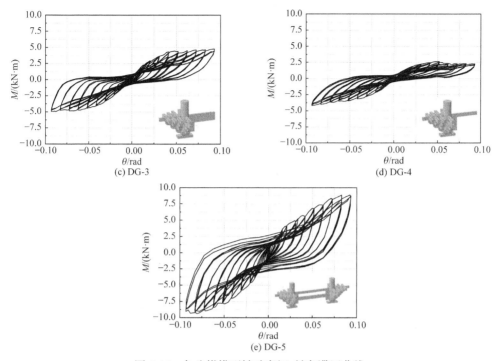

图 6.18　各斗栱模型转动弯矩-转角滞回曲线

(1) 叉柱造式斗栱节点的转动弯矩-转角滞回曲线呈反 S 形,滞回环捏缩效应明显,说明斗栱节点产生了较大滑移。

(2) 加载初期,因制作工艺等影响,构件间未完全紧密接触,使得节点转动弯矩-转角滞回曲线在开始加载阶段即表现出非弹性,加载与卸载曲线不重合。随着转角的增大,加载曲线呈非线性增长,卸载后的残余变形也越大。转角接近 0.10rad 时(相当于层间位移角为 1/10),节点转动弯矩仍未出现下降段(考虑到安全因素,停止了加载),说明斗栱节点后期转动弯矩能力仍较大、防瞬间倒塌能力较强。

(3) 在同级控制位移下,第二次循环的转动弯矩比第一次循环的转动弯矩降低约 10%,但第三次循环与第二次循环的转动弯矩基本一致。

(4) 斗栱节点的不同营造形式对其滞回曲线形状有一定影响,主要表现为滞回环的方向性。模型 DG-1、DG-2、DG-3 的正、反向滞回环基本对称。而模型 DG-4 在转角超过 0.02rad 后,正向转动弯矩明显比反向转动弯矩小约 40%,说明单枋斗栱节点比双枋斗栱节点滞回环的方向性更明显。这是由于模型 DG-4 只有要头枋约束节点转动,而要头枋在柱头枋处的开槽显著削弱了其对节点正向转动的约束作用。

(5) 双朵斗栱组合节点模型 DG-5 的滞回环明显比其他单朵节点模型饱满且对

称,说明按实际结构制作的双朵斗栱组合节点能很好地协同工作。此外,实际结构模型的耗能能力要明显优于简化模型(考虑结构对称性,取实际结构一半的模型)的结果。因此,在用简化模型试验结果分析实际中的结构时,需考虑两者的差别。

2. 转动弯矩-转角骨架曲线及转动刚度

骨架曲线是确定恢复力模型特征点的重要依据。图 6.19 为各斗栱节点模型的转动弯矩-转角骨架曲线。可以看出,各节点模型骨架曲线的变化规律、特点相似,即骨架曲线的发展过程可划分为三个阶段,即基本弹性阶段、弹塑性上升阶段和平稳破坏阶段。

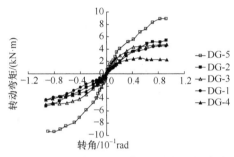

图 6.19　斗栱模型转动弯矩-转角骨架曲线

节点转角小于 0.02rad 时,各骨架曲线基本为线弹性,称为基本弹性阶段。

节点转角超过 0.02rad 时,发现各骨架曲线的转动弯矩增长速率明显低于基本弹性阶段的增长速率,进入了弹塑性上升阶段,但在该阶段内转动弯矩的增长速率基本一致。

节点转角继续增大,超过 0.07rad 后,节点骨架曲线的转动弯矩基本不增大,但也未见明显降低,进入平稳阶段。但通过观察到的试验现象及数据的分析可以发现,虽然承载力未见明显降低,但此阶段耍头、华栱及栌斗等构件已发生较大的破坏。因此,可称此阶段为平稳破坏阶段。

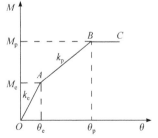

图 6.20　斗栱节点转动弯矩-转角骨架曲线简化模型

根据上述分析,进行结构分析时,可以将斗栱节点的骨架曲线简化为三阶段线性模型,如图 6.20 所示。

图 6.20 中的简化模型曲线用公式可表达为

$$M = \begin{cases} k_e\theta & 0 \leqslant \theta \leqslant \theta_e \\ k_e\theta_e + k_p(\theta - \theta_e) & \theta_e < \theta \leqslant \theta_p \\ k_e\theta_e + k_p(\theta_p \quad \theta_e) & \theta_p < \theta \leqslant 0.1 \end{cases} \quad (6.19)$$

式中，M 为斗栱节点的转动弯矩，kN·m；θ 为斗栱节点的转角，rad；k_e、k_p 分别为斗栱节点的弹性转动刚度和弹塑性切线转动刚度，(kN·m)/rad；θ_e、θ_p 分别为斗栱节点的最大弹性转角和最大弹塑性转角，rad。

根据试验结果，近似取节点最大弹性转角 θ_e 为 0.02rad，最大弹塑性转角 θ_p 为 0.07rad，可得到各节点模型不同阶段的转动弯矩和弹性转动刚度等模型参数，结果见表 6.5。

表 6.5　各斗栱模型的骨架曲线简化模型参数

模型编号	M_e/(kN·m)	k_e/[(kN·m)/rad]	M_p/(kN·m)	k_p/[(kN·m)/rad]
DG-1	2.03	101.5	4.52	49.8
DG-2	2.34	117.0	5.24	61.4
DG-3	2.58	129.0	4.85	45.2
DG-4	1.86	93.0	2.34	9.6
DG-5	4.32	216.0	8.68	91.2

注：① 表中弯矩为正、反向的平均值。

② 表中 $k_e = M_e/\theta_e$，$k_p = (M_p - M_e)/(\theta_p - \theta_e)$，$\theta_e = 0.02$rad，$\theta_p = 0.07$rad。

③ M_e 为弹性转动弯矩；M_p 为弹塑性转动弯矩。

根据图 6.19 中各个模型的骨架曲线和表 6.5 中的简化模型参数，可以看出：

(1) 单朵斗栱节点模型 DG-2 的弹性转动刚度较模型 DG-1 大 15%，说明减小连接枋的跨度能提高节点的弹性转动刚度，且与其跨度减小幅度 22%接近。模型 DG-3 的弹性转动刚度也大于模型 DG-1，应该是因为模型 DG-3 的两个连接枋叠合在一起形成了组合枋，使其刚度增大。单枋节点模型 DG-4 的弹性转动刚度最小，比模型 DG-1 只降低了 8%，这可能是当斗栱节点使用单枋时，单枋的作用会增大或测量数据出现了变异，有必要进一步研究。

(2) 双朵斗栱组合节点模型 DG-5 的弹性转动刚度比单朵模型 DG-1 的 2 倍略大，说明实际结构中的斗栱节点能很好地协同工作。

(3) 各斗栱节点模型的抗转动承载力也有类似弹性转动刚度的变化规律。

3. 耗能能力

结构的耗能能力通常用等效黏滞阻尼系数 h_e 来衡量。结构的等效黏滞阻尼系数越大，说明其耗能能力越好。表 6.6 是各斗栱节点模型在最大转角第一次循环时的等效黏滞阻尼系数。可以看出，4 个单朵斗栱节点模型的等效黏滞阻尼系数均在 0.1 左右，其中双枋叠合模型 DG-3 的阻尼系数最大。这是由于叠合后的双枋摩擦接触面显著增大，两者间摩擦耗能较多，耗能能力大于其余单朵斗栱节点模型。双朵组合节点模型 DG-5 的等效黏滞阻尼系数明显大于其他单朵节点模型，这与双朵组合节点模型滞回曲线明显更饱满的结果是一致的。再次表明实际结构模型的耗能能力明显优于简化模型,因此在用简化模型试验结果分析实际中的结构时,需考虑两者的差别。

表 6.6 各斗栱节点模型等效黏滞阻尼系数

指标	DG-1	DG-2	DG-3	DG-4	DG-5
等效黏滞阻尼系数	0.090	0.137	0.151	0.136	0.203

6.3.5 竖向荷载对斗栱节点抗震性能影响

由于节点的转动刚度与连接枋根部被约束的程度有关,即与叉柱对整个铺作层的挤压程度或竖向荷载大小有关。本小节对不同竖向荷载作用下叉柱造式斗栱节点的抗震性能进行了初步研究。考虑到同一个节点模型需承受三级竖向荷载及相应的变形,为保证节点模型在前两级竖向荷载作用下的损伤较小,将前两级竖向荷载的最大转角控制在 0.016rad 之内,使其基本保持在弹性范围内。

1. 竖向荷载对斗栱节点转动弯矩-转角滞回曲线的影响

图 6.21 为节点模型 DG-1 在竖向荷载(N)分别为 8kN、16kN 和 24kN 时的转动弯矩-转角滞回曲线(其他模型滞回曲线的形状及其变化与此模型类似)。可以看出,不同竖向荷载作用时,节点滞回曲线的形状是相似的,但随着竖向荷载的增大,节点转动弯矩明显增大。

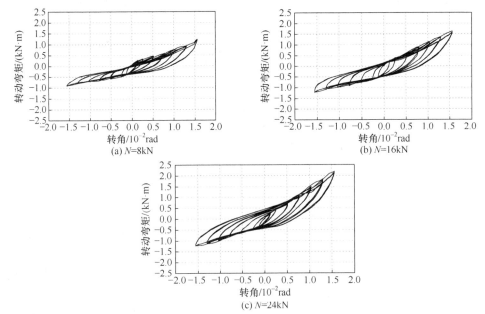

图 6.21 模型 DG-1 在不同竖向荷载作用下的转动弯矩-转角滞回曲线

2. 竖向荷载对斗栱节点转动刚度的影响

竖向荷载对叉柱造式斗栱节点的转动刚度有重要的影响。图 6.22 为节点模型
DG-1 在三级竖向荷载(8kN、16kN 和 24kN)
作用下的转动弯矩-转角骨架曲线。由于节点
转角较小，骨架曲线基本是线性变化的。可
以看出，随着竖向荷载的增加，斗栱节点骨
架曲线的斜率即转动刚度显著提高。

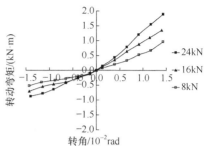

图 6.22　模型 DG-1 在不同竖向荷载
作用下的转动弯矩-转角骨架曲线

表 6.7 给出了各节点模型在三级竖向荷
载作用下的转动刚度，竖向荷载增加 8kN，
转动刚度平均增加约 20%。通过拟合分析，
给出了竖向荷载对转动刚度的影响系数 β_N
计算公式，见式(6.20)。

表 6.7　不同竖向荷载作用下斗栱模型的转动刚度

模型编号	转动刚度/[(kN · m)/rad]		
	N=8kN	N=16kN	N=24kN
DG-1	49.25	73.70	98.32
DG-2	66.05	69.16	84.13
DG-3	91.19	113.51	131.31
DG-4	77.83	91.07	97.35
DG-5	70.65	98.12	107.91
平均值	70.99	89.11	103.80
提高幅度	—	25.5%	16.5%

注：① 考虑到实际结构是由 2 个对称的单朵节点模型组成，一个节点为正向受力时，另一个节点为反向受力，
实际结构并无正、反方向性，表中转动刚度为正、反向转动刚度的平均值。

② 双朵节点模型 DG-5 取试验结果的一半。

$$\beta_N = -0.0004\left(\varDelta_N\right)^2 + 0.0349\varDelta_N + 1 \qquad (6.20)$$

式中，β_N 为竖向荷载对转动刚度的影响系数；$\varDelta_N$ 为竖向荷载增量，kN。

因此，考虑竖向荷载影响后，式(6.19)中斗栱节点的转动刚度可表达为 $\beta_N k$。

3. 竖向荷载对斗栱节点耗能能力的影响

表 6.8 给出了各斗栱节点在三级竖向荷载作用下，转角为 0.016rad 第一次循
环时的等效黏滞阻尼系数。可以看出，随着竖向荷载的增加，各节点模型的等效
黏滞阻尼系数基本保持不变，并不随竖向荷载的变化发生明显变化，说明竖向荷

载对斗栱节点的耗能能力基本无影响。

表 6.8　不同竖向荷载作用下斗栱模型的等效黏滞阻尼系数

模型编号	等效黏滞阻尼系数		
	$N=8kN$	$N=16kN$	$N=24kN$
DG-1	0.11	0.13	0.14
DG-2	0.13	0.12	0.14
DG-3	0.09	0.10	0.11
DG-4	0.10	0.10	0.09
DG-5	0.12	0.14	0.14
平均值	0.11	0.12	0.12

6.4　叉柱造式斗栱节点弯矩-转角关系分析及滞回模型

叉柱造式斗栱节点因其特殊的构造,其受力性能明显不同于殿堂式斗栱节点,不仅底层栌斗转动提供抗侧力,连接枋也是主要的抗侧力构件[42-44]。为分析方便,在对其进行抗转动性能的理论分析中,同样忽略结构的空间性能,将其简化为平面内的受力体系,如图 6.23 所示。

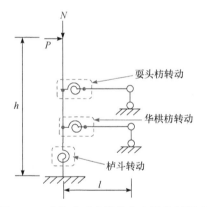

图 6.23　叉柱造式斗栱简化力学分析模型

6.4.1　分析模型的基本假定

根据叉柱造式斗栱的构造及受力特点提出以下基本假定。

(1) 叉柱斗栱节点整体转动弯矩由两部分构成,分别是栌斗转动弯矩 (M_D) 及连接枋(包括华栱枋和耍头枋)转动弯矩 (M_G) ,即

$$M = M_D + M_G \tag{6.21}$$

(2) 忽略柱弯曲和剪切变形,只考虑连接枋(华栱枋及耍头枋)的弯曲和剪切变形。

(3) 叉柱造式斗栱的受力过程分为三个阶段,即弹性阶段、弹塑性阶段和平稳破坏阶段[41,44],以屈服点和峰值点作为转折点,其简化力学模型如图 6.23 所示。

(4) 栌斗、耍头枋及华栱枋的转角相同,均等于的斗栱节点的转角,屈服转角取栌斗屈服时转角,峰值转角取连接枋(耍头枋及华栱枋)中破坏转角的最小值。

6.4.2　栌斗转动弯矩的推导

1. 屈服转角和屈服弯矩的确定

此阶段屈服转角和屈服弯矩的推导类似于殿堂式斗栱中的斗，不再赘述，分别按式(5.10)和式(5.11)计算。

2. 塑性段弯矩的确定

随着转角的进一步增大，应力超过木材横纹的抗压强度，三角形的应力分布转化为梯形，栌斗发生木材横纹受压屈服后的变形及应力分布如图 6.24 所示。

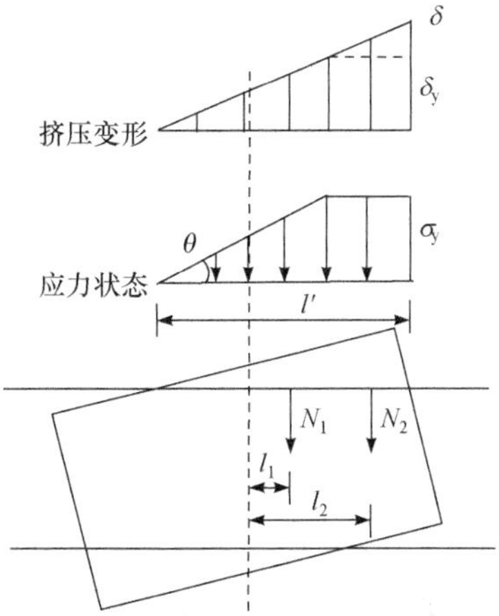

根据嵌入应力的面积，可以求得木块的竖向荷载，即

$$N = \left(1 - \frac{\delta_y}{2\delta}\right) l' \sigma_y \cos\theta \qquad (6.22)$$

则此时的接触长度 l' 为

图 6.24　栌斗在发生木材横纹受压屈服后的
变形及应力分布

$$l' = \frac{hN}{wE_\perp \delta_y \cos\theta} + \frac{\delta_y}{2\sin\theta} \qquad (6.23)$$

由几何关系可知

$$l_1 = \frac{l}{2} - l' \cos\theta + \frac{2\delta_y \cot\theta}{3} \qquad (6.24)$$

$$l_2 = \frac{1}{2}\left(l - l' \cos\theta + \delta_y \cot\theta\right) \qquad (6.25)$$

则此时的转动弯矩为

$$M = N_1 l_1 + N_2 l_2 \qquad (6.26)$$

6.4.3　连接枋转动弯矩的推导

叉柱造式斗栱一般承受的竖向荷载比较大，对逐层叠合放置的栱和枋形成了有效约束，因此与斗栱端相连的连接枋节点转动刚度相对较大，在这种情况下可以认为连接枋的转角是由连接枋自身的变形(包括弯曲变形和剪切变形)产生的，与悬臂梁具有类似的机理。连接枋挠度计算简图如图 6.25 所示。

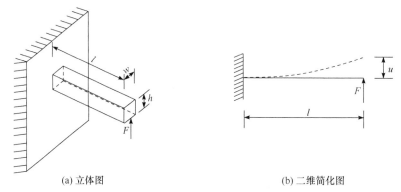

(a) 立体图　　　　　　　　　　　(b) 二维简化图

图 6.25　挠度计算简图

由结构力学知识可知连接枋的挠度[45]：

$$u = \frac{Fl^3}{3EI} + \frac{\alpha Fl}{GA}$$

(6.27)

式中，u 为挠度；I 为枋的转动惯量；A 枋的横截面面积；α 为截面剪应力分布不均匀系数，矩形截面一般取 $\alpha = 1.2$；F 为集中力；G 为剪切弹性模量。

1. 屈服转角和屈服弯矩的确定

根据假设(3)可知枋的屈服转角 θ_y 与栌斗相同，因此可以由式(5.10)确定。根据式(6.27)可得斗栱转动时枋端的约束反力为

$$F_y = \theta_y \left/ \left(\frac{l^3}{3EI} + \frac{\alpha}{GA} \right) \right.$$

(6.28)

则枋的屈服弯矩为

$$M_y = \theta_y l \left/ \left(\frac{l^3}{3EI} + \frac{\alpha}{GA} \right) \right.$$

(6.29)

2. 峰值弯矩和峰值转角的确定

连接枋相交点截面最小处的高度和宽度分别用 h' 和 w' 表示，连接枋高和宽分别用 h 和 w 表示。弯矩用 M 表示。试验结果显示连接枋的最终破坏形态为截面突变处受弯破坏，因此连接枋的弯矩等于宽度为 w'、高度为 h' 的木梁的弯矩。

栱枋受荷时的受力状态如图 6.26 所示。

根据静力平衡条件可得

$$F_t = F_c^e + F_c^p$$

(6.30)

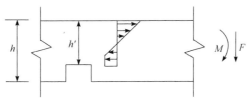

图 6.26　栱枋受荷时的受力状态

式中，F_t 为受拉区合力；F_c^e、F_c^p 分别为受压弹性区和塑性区合力。定义顺纹受压屈服强度、顺纹抗拉极限强度分别为 $f_{c,L}$, $f_{t,L}$。

由于木材的顺纹受拉、受压弹性模量基本相等，根据平截面假定可知

$$\frac{f_{c,L}}{\varepsilon_{t,L}} = \frac{\varepsilon_{c,L}^y}{\varepsilon_{t,L}^u} = \frac{x_c^e}{\left(h'-x_c\right)} \tag{6.31}$$

则

$$x_c^e = \left(h'-x_c\right)\frac{f_{c,L}}{f_{t,L}} \tag{6.32}$$

$$x_c^p = \left(1+\frac{f_{c,L}}{f_{t,L}}\right)x_c - h'\frac{f_{c,L}}{f_{t,L}} \tag{6.33}$$

各部分合力为

$$F_t = \frac{a\left(h'-x_c\right)f_{t,L}}{2} \tag{6.34}$$

$$F_c^e = \frac{a\left(h'-x_c\right)f_{c,L}^2}{2f_{t,L}} \tag{6.35}$$

$$F_c^p = a\left[\left(1+\frac{f_{c,L}}{f_{t,L}}\right)x_c - h'\frac{f_{c,L}}{f_{t,L}}\right]f_{c,L} \tag{6.36}$$

将式(6.34)～式(6.36)代入式(6.30)，可得

$$x_c = h'\left(f_{t,L}^2 + f_{c,L}^2\right)\big/\left(f_{t,L} + f_{c,L}\right)^2 \tag{6.37}$$

对连接枋上表面取矩，则极限弯矩为

$$M_u = F_c^p\left(h'-\frac{x_c^p}{2}\right) + F_c^e\left(h'-x_c^p - x_c^e/3\right) - F_t\left(h'-x_c\right)/3 \tag{6.38}$$

代入式(6.37)可得连接枋的极限挠度 u_u 为

$$u_{\mathrm{u}} = \frac{M_{\mathrm{u}}l^2}{3EI} + \frac{\alpha M_{\mathrm{u}}}{GA} \tag{6.39}$$

连接枋的极限转角，即斗栱的峰值转角θ_{u}为

$$\theta_{\mathrm{u}} = \frac{u_{\mathrm{u}}}{l} \tag{6.40}$$

6.4.4　分析模型的验证

为了验证叉柱造式斗栱节点简化力学模型的有效性，以叉柱斗栱试件中的两个不同形式的节点(DG-1 和 DG-2)为对象，对比理论计算值与试验值之间的差异，如图 6.27 所示。由图可知，加载初期，理论计算曲线和试验曲线基本吻合；随着转角的增大，在平稳破坏阶段，二者出现一定的偏差，主要原因可能是叉柱造式斗栱由不同形制的斗、栱及叉柱组成，彼此之间受力复杂、离散性较大；同时理论模型忽略了叠放的连接枋之间的相互作用。但从整体上看，两者的变化趋势吻合良好，误差在可接受范围内，满足实际工程的应用，能够有效地反映叉柱造式斗栱节点在转动过程中弯矩变化的情况，具有一定的适用性。

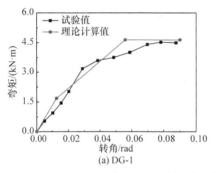
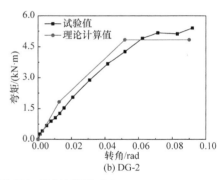

图 6.27　叉柱造式斗栱节点试验值与理论计算值对比

6.4.5　恢复力模型的验证

图 6.18 为不同构造形式的叉柱造式斗栱节点在水平荷载作用下的滞回曲线。从图中可以看出，叉柱造式斗栱与殿堂式斗栱的滞回特性具有明显差异，其滞回曲线整体上呈反 S 形，具有明显的捏缩效应。这主要是由于加载过程中叉柱脚与斗栱主体结构间都出现了明显的滑移，试件整体耗能能力比殿堂式斗栱差。与榫卯节点的滞回曲线相似，不同点在于加载、卸载滑移刚度(k_4 及 k_5)不为 0。根据上述叉柱造式斗栱节点简化力学模型，结合榫卯节点恢复力模型(图 4.14)，可以得到叉柱造式斗栱节点各阶段的关键参数，如表 6.9 所示。

表 6.9　叉柱造式斗栱恢复力模型特征参数

模型编号	$k_1/[(\text{kN} \cdot \text{m})/\text{rad}]$	$k_2/[(\text{kN} \cdot \text{m})/\text{rad}]$	$k_4(k_5)/[(\text{kN} \cdot \text{m})/\text{rad}]$	θ_y/rad	θ_m/rad
DG-1	133.40	68.07	8.89	0.013	0.056
DG-2	147.60	75.81	9.84	0.013	0.052

图 6.28 为叉柱造式斗栱节点的滞回模型的计算结果与试验结果的比较。从中可以看出，两者吻合较好，基于榫卯节点的恢复力模型同样基本上能够反映叉柱造式斗栱节点在往复荷载作用下的滞回性能，为传统木结构整体结构进行动力弹塑性时程分析提供了依据。

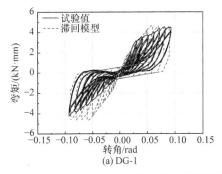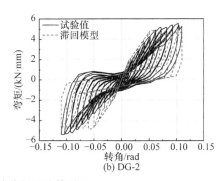

图 6.28　滞回模型计算值与试验值对比

6.5　本 章 小 结

本章以叉柱造式斗栱节点为研究对象，详细研究了其竖向荷载作用下的力学性能和水平荷载作用下的抗震性能，并建立了叉柱造式斗栱节点竖向刚度计算模型及恢复力模型，得到如下主要结论。

(1) 斗栱节点的竖向荷载传递规律。一部分竖向荷载通过叉柱肢直接传递至位于底部的栌斗，其余竖向荷载通过华栱、横栱、散斗组成的系统逐层传递至栌斗。两者承受竖向荷载比例关系因加载阶段的不同而变化，可分为三个传递规律(阶段)，由叉柱肢传递全部竖向荷载的弹性阶段；柱与华栱、横栱、散斗协同传递荷载的线性强化阶段；主要由华栱、横栱、散斗传递荷载的屈服破坏阶段。

(2) 叉柱造式斗栱节点的竖向压缩刚度与传力构件的有效承压面积、材料弹性模量及长度有关，且栌斗的压屈破坏控制着斗栱节点的极限竖向荷载，建立了斗栱节点的竖向荷载-位移压缩曲线,基本反映了实际结构中其竖向荷载随节点位移的发展变化趋势。

(3) 叉柱造式斗栱节点弯矩-转角滞回曲线呈S形,滞回环有明显的捏缩效应。

双枋斗栱节点的滞回曲线对称性好,而单枋斗栱节点的滞回曲线显著不对称。双朵斗栱组合节点的滞回曲线饱满且对称,捏缩效应小。其转动承载力与其连接枋的构造组成有关。单朵单枋斗栱节点比双枋斗栱节点的承载力低很多,且其正、反向承载力差别较大。双朵斗栱组合节点弹性转动刚度比单朵节点的 2 倍略大,说明实际结构中的斗栱节点能很好地协同工作。竖向荷载越大,抗转动承载力和刚度越大,但耗能能力基本不变。

(4) 叉柱造式斗栱节点具有空间受力特性,其水平转动弯矩性能与其枋的构造特点相关,根据其抗弯受力机理,建立了叉柱造式斗栱节点简化计算模型及恢复力模型,结果和试验结果基本吻合,便于实际工程应用。

第7章 榫卯连接木构架抗震性能

榫卯连接梁-柱木构架作为传统木结构的基本受力单元，承担上部竖向荷载，抵抗水平地震作用、风荷载等，构成了传统木结构稳固的受力体系。

为了掌握梁-柱木构架的抗震性能，对单向直榫连接梁-柱木构架进行了拟静力试验，建立木构架在水平反复荷载作用下的有限元模型，提出木构架在水平荷载作用下的变形计算方法。

7.1 木构架拟静力试验

7.1.1 试验试件的设计

按照宋《营造法式》[15]，根据木构架原型尺寸(表 7.1)，以 1∶3.52 的模型比例，考虑柱高、竖向荷载影响，制作了 3 个单向直榫连接木构架试件，各木构架试件尺寸见表 7.1、图 7.1。

表 7.1 木构架原型尺寸、试件尺寸

构件名称	尺寸类型	原型尺寸/份	GJ1(GJ2)尺寸/mm	GJ3 尺寸/mm
柱	柱径	42	210	210
	柱高	300	1700	2540
枋	枋高	36	180	180
	枋宽	24	120	120
	枋长(加榫头)	344	1720	1720
榫头	榫头高	36	180	180
	榫头宽	12	60	60
	榫头长	42	210	210

注：二等材的 1 份=17.6mm。

木构架试件 GJ1 和木构架试件 GJ2 分别施加 20kN 和 30kN 的竖向荷载，以研究不同竖向荷载对木构架抗震性能的影响；木构架试件 GJ1 和木构架试件 GJ3(竖向荷载与试件 GJ1 相同)的柱高分别为 1700mm 和 2540mm，以研究不同柱高引起的 P-Δ 效应对木构架抗震性能的影响。

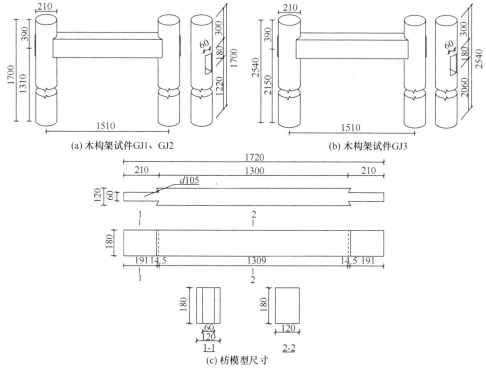

图 7.1　直榫木构架试件尺寸(单位：mm)

木构架梁、柱试件木材采用落叶松原木加工制作而成，木材的力学性能见表 7.2。

表 7.2　落叶松材力学性能

顺纹抗压强度/MPa	横纹抗压强度/MPa	顺纹抗拉强度/MPa	E_1/MPa	E_2/MPa	E_3/MPa	μ_{12}	μ_{13}	μ_{23}
35	5.7	79	15500	930	675	0.50	0.52	0.48

注：① E 为弹性模量，μ 为泊松比。
　　② 下标 1、2、3 分别指木材的顺纹、横纹径向和横纹弦向方向。

7.1.2　加载方案与测量方案

为了更好地模拟木构架实际受力情况，本次拟静力试验加载方案具体如下。

(1) 为模拟古建筑木结构柱脚与柱基的搁置特征并忽略柱脚承担的很小的弯矩，将木柱柱脚套于特制的钢柱帽中，钢柱帽与地槽通过铰连接。

(2) 为较真实模拟竖向荷载，避免采用千斤顶施加竖向荷载带来的作用位置变化、荷载变化等不足，本次试验采用混凝土配重块的方式施加恒定竖向荷载。

(3) 为避免木构架发生平面外变形，在枋的两侧布置侧向支撑，木构架加载如图 7.2 所示。

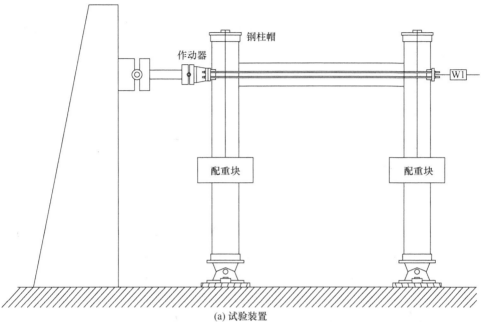

(a) 试验装置

(b) 测量仪器布置

图 7.2 木构架试件加载示意图

W*i*-位移计；Z*i*-转角仪

(4) 考虑到木构架所承担的水平荷载较小，本次试验采用变幅值位移控制加载，通过作动器施加水平反复荷载。

(5) 木构架变幅值位移控制加载试验具体为：①木构架试件 GJ1。先进行位移幅值为±1.76mm、±3.53mm、±7.05mm、±14.10mm 的加载，各循环 1 次；再进行位移幅值为±28.2mm、±56.4mm、±84.6mm、±112.8mm、±141.0mm、±169.2mm 的加载，各循环 3 次；循环完后继续正方向单调加载，直至木构架承载力下降，终止试验。②木构架试件 GJ2。循环加载与 GJ1 相同，循环结束后终止试验，不再进行正方向单调加载。③木构架试件 GJ3。先进行位移幅值为±2.80mm、±5.63mm、±11.25mm、±22.50mm 的加载，各循环 1 次；再进行位移幅值为±45mm、±90mm、±135mm、±180mm、±225mm、±270mm 的加载，各循环 3 次；循环完后终止试验。

试验的测量内容包括木构架水平侧向位移、榫头相对卯口拔出量、柱与枋转角。在与作动器水平的柱端布置一个量程为±30cm 位移计 W1，测量木构架水平侧移；在两榫卯上下端各布置两个量程为±5cm 位移计 W2～W5，测量榫头相对卯口拔出量；在每个节点相应的柱端、枋端处布置转角仪 Z1～Z4，测量柱、枋转角；如图 7.2 所示。数据均由静态数据采集仪自动采集。

7.1.3　试验过程及现象

试验前，将柱固定于实验室地槽的钢柱帽上，先通过作动器将构架固定，然后将配重块置于柱顶，模拟柱顶竖向荷载，再施加水平低周反复荷载直至试验结束。试验中观测构架的变形和破坏形式，图 7.3 为部分木构架的破坏情况。

(1) 加载初期，控制位移较小，节点区域变化不明显，伴随轻微吱吱的响声。随着榫卯节点转角的增大，榫卯节点吱吱声逐渐变得响亮，榫头和卯口开始出现挤压变形。加载过程中，卯口逐渐被挤紧，榫头逐渐被拔出，拔榫量随着转角的增大而增加，如图 7.3(a)～(b)所示。

(2) 所有试件破坏均发生在节点处，榫头颈部、最外侧与卯口处变形较大，柱和枋其余部分基本完好。

(3) 木构架 GJ1 加载过程中，卯口逐渐被挤紧，榫头拔出一侧的木纤维受拉。随控制位移的增大，受拉侧木纤维承受的拉力逐渐增大，最终木纤维被拉断，榫头受拉侧劈裂、卯口挤压变形，木构架承载力下降，试验结束，如图 7.3(c)～(d)所示。

(4) 由于木构架 GJ3 榫卯节点咬合较为紧密，控制位移较大时，拔出的榫头因榫卯间摩擦较大无法回至原位，使得未加固木构架 GJ3 的控制位移为 0 时，枋两端同时出现拔榫现象。

(a) 木构架GJ2的拔榫

(b) 木构架GJ3的拔榫

(c) 木构架GJ1榫头受拉破坏

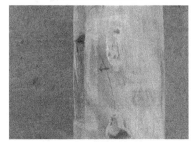
(d) 卯口的挤压变形

图 7.3　木构架破坏损伤情况

7.1.4　试验结果及分析

1. 滞回曲线

通过单向直榫连接梁-柱木构架的低周反复荷载试验,得到了木构架的水平承载力-转角(F-θ)滞回曲线,如图 7.4 所示。

(1) 滞回曲线形状呈反 Z 形,说明榫卯之间出现明显的滑移现象,且滑移量随着转角的增加而增大。

(2) 加载初期,滞回曲线基本重合,滞回环小,表明构架榫卯之间未充分接触,构架基本处于弹性阶段,残余变形小。随着转角的增大,曲线逐渐变陡,斜率逐渐增大,说明榫卯之间咬合程度越来越大,榫卯接触越来越充分,节点相互作用越来越强。加载转角在 0.04rad 附近时,曲线开始变缓,斜率逐渐降低。控制位移越大,现象越明显,这是因为加载过程中,榫头的拔榫、挤压变形和柱顶竖向荷载使构架的刚度逐渐降低。

(3) 同一位移幅值即同一转角下,首次滞回环的承载力较大,后两次滞回环基本一致且明显低于第一次滞回环;随着位移幅值的增加,滞回曲线承载力峰值逐渐增大。当位移幅值增加一级时,首次滞回曲线的上升段将沿前一位移幅值的后两个循环滞回曲线的上升段进一步发展,这是由于位移幅值增大前,其挤压变形前后一致。卸载时,构件承载力迅速下降,说明榫头产生了较大的挤压残余变形使得榫卯松动。

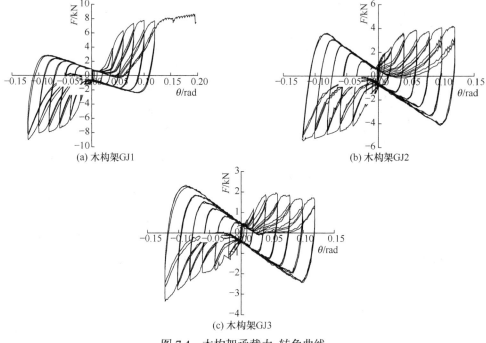

(a) 木构架GJ1　　　　　　　　　　　　　　(b) 木构架GJ2

(c) 木构架GJ3

图 7.4　木构架承载力-转角曲线

(4) 从图 7.4(c)可以看出，当构架转角大于 0.04rad，正向受推时，构架承载力随转角的增大而减少，这是由于构架 GJ3 枋两端同时出现拔榫，使榫卯挤压面减小，木构架承载力下降，滞回曲线不对称。

(5) 随着作动器控制位移的增大，构架卸载时，滞回曲线逐渐呈现出一个平台，且竖向荷载越大，平台斜率越小。

2. 骨架曲线

图 7.5 为各木构架的骨架曲线图，由图可知。

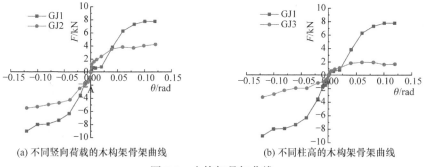

(a) 不同竖向荷载的木构架骨架曲线　　　　　(b) 不同柱高的木构架骨架曲线

图 7.5　木构架骨架曲线

(1) 与榫卯节点相似, 榫卯构架的受力过程可以分为四个阶段, 摩擦滑移阶段、弹性阶段、屈服阶段和破坏阶段。由于榫卯之间存在一定的缝隙, 加载初期, 控制位移较小, 榫头与卯口的受压面并未接触, 承载力仅由榫卯之间的摩擦提供, 承载力较小。当榫卯受压面接触时, 随着转角的增大, 榫卯挤压接触越来越充分, 曲线斜率增大, 刚度增加, 承载力随着转角线性增加, 此时构架处于弹性阶段。随着榫卯进入塑性变形阶段, 节点开始松动, 构架骨架曲线趋于平缓, 刚度有所下降, 构架开始屈服, 此阶段为屈服阶段。屈服后, 构架承载力仍可以缓慢增长, 直到榫头颈部外侧木纤维受拉断裂, 至此构架达到破坏阶段。

(2) 从图 7.5(a)可以看出, 构架 GJ2 的最大推承载力和拉承载力分别为 4.19kN 和 5.45kN, 分别是构架 GJ1 的 0.54 倍和 0.60 倍。这表明竖向荷载引起的 P-Δ 效应有降低构架承载力的影响, 且随竖向荷载的增大而增大。

(3) 从图 7.5(b)可以看出, 柱高对构架承载力影响显著, 构架 GJ3 最大拉承载力分别为 3.33kN, 是构架 GJ1 的 0.37 倍, 这说明构架承载力随柱高的增加而减小。

图 7.6 为构架承载力增量变化曲线, 从图 7.6 可以看出, 竖向荷载引起的 P-Δ 效应对构架承载力增量的影响为先增加后降低, 最后逐渐趋于稳定, 这是因为构架 GJ1 榫头存在一定的残损, 当控制位移较小时, 构架 GJ1 承载力较低。由于 P-Δ 效应, 构架 GJ1 承载力随着转角的增大而降低, 故竖向荷载引起的构架承载力增量先增加。随着控制位移的增大, 榫卯开始挤压接触, 构架 GJ1 承载力逐渐上升, 故竖向荷载引起的构架承载力增量逐渐降低。随着节点的屈服, 构架 GJ1 和 GJ2 承载力趋于稳定, 故竖向荷载引起的构架承载力增量趋于稳定。柱高引起的构架承载力增量随着转角的增大而减小, 最后逐渐趋于稳定。

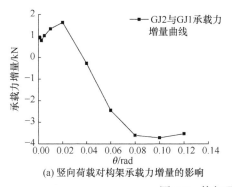

(a) 竖向荷载对构架承载力增量的影响

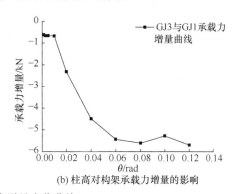

(b) 柱高对构架承载力增量的影响

图 7.6　构架承载力增量变化曲线

3. 刚度退化

图 7.7 为各构架的刚度退化曲线。

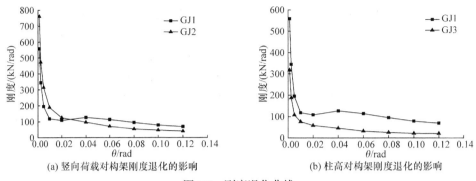

(a) 竖向荷载对构架刚度退化的影响　　　　　　(b) 柱高对构架刚度退化的影响

图 7.7　刚度退化曲线

(1) 从图 7.7(a)可以看出，当转角较大时，竖向荷载引起的 P-Δ 效应对构架刚度有显著的降低作用，且随竖向荷载的增大而增大。当转角最大时，构架 GJ2 的刚度为构架 GJ1 的 0.58 倍。加载初期，控制位移较小，竖向荷载引起的 P-Δ 效应较小，构架的刚度主要与榫卯的松紧程度有关，而构架 GJ2 的榫卯咬合程度比构架 GJ1 好，当转角较小时，构架 GJ2 的刚度大于构架 GJ1 的刚度。因此，加载初期，竖向荷载引起的 P-Δ 效应对构架刚度增量的影响较大；随着转角的增大，P-Δ 效应对构架刚度的影响越来越显著，由竖向荷载引起的 P-Δ 效应对构架刚度增量的影响逐渐趋于稳定，如图 7.7(a)所示。

(2) 从图 7.7(b)可以看出，柱高越高构架刚度越小。加载初期，构架 GJ3 的刚度是构架 GJ1 的 0.57 倍；转角最大时，构架 GJ3 的刚度是构架 GJ1 的 0.3 倍。

图 7.8 为构架刚度增量曲线。从图 7.8(b)可以看出，加载初期，柱高引起的构架刚度增量变化较大，随着节点的屈服，构架刚度趋于稳定，柱高对构架刚度增量的影响也逐渐稳定。

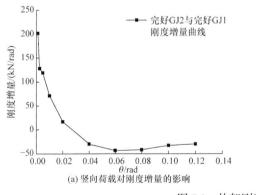

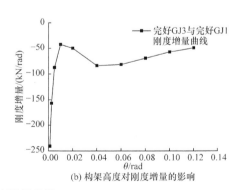

(a) 竖向荷载对刚度增量的影响　　　　　　　　　(b) 构架高度对刚度增量的影响

图 7.8　构架刚度增量曲线

4. 强度退化

强度退化为在相同控制位移下,结构承载力随着循环周数增加而降低的现象。结构的强度退化可用强度退化系数 λ_j 表示,即相同控制位移下所得峰值荷载与首次循环所得峰值荷载的比值。强度退化系数 λ_j 的计算公式为

$$\lambda_j = F_j^i / F_j^1 \tag{7.1}$$

式中, F_j^1 是第 j 次目标位移第 1 次循环对应的峰值荷载; F_j^i 是第 j 次目标位移第 i 次循环对应的峰值荷载。

构架的强度退化主要发生在控制位移的第二次循环。构架第一次到达控制位移时,榫卯挤压变形,构架的抗侧力能力较大,榫卯的挤压塑性变形积累。构架第二次到达控制位移时,榫卯节点出现残损,构架的抗侧力能力减小,强度退化,这是由于没有更大的变形,榫卯的塑性变形无法进一步积累。第二次循环后,榫卯的塑性变形没有进一步积累,结构承载力不会继续发生强度退化。图 7.9 为构架强度退化系数与转角的关系曲线。

(1) 从图 7.9(a)可以看出,竖向荷载引起的 P-Δ 效应对构架的强度退化系数有一定的影响。总体上,竖向荷载越大,P-Δ 效应越显著,构架的强度退化系数越小。

(2) 从图 7.9(b)可以看出,总体上,柱高越高,构架强度退化系数越小。

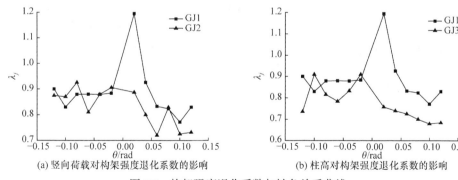

(a) 竖向荷载对构架强度退化系数的影响　　　　(b) 柱高对构架强度退化系数的影响

图 7.9　构架强度退化系数与转角关系曲线

5. 耗能能力

图 7.10 为各构架的等效黏滞阻尼系数随转角的变化规律,从图 7.10 可以得到以下规律。

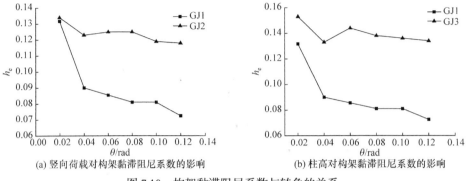

(a) 竖向荷载对构架黏滞阻尼系数的影响　　　　(b) 柱高对构架黏滞阻尼系数的影响

图 7.10　构架黏滞阻尼系数与转角的关系

(1) 由图 7.10(a)可以看出，加载初期，构架 GJ2 的黏滞阻尼系数是构架 GJ1 的 1.02 倍；转角最大时，构架 GJ2 的黏滞阻尼系数是构架 GJ1 的 1.63 倍。这说明竖向荷载引起的 P-Δ 效应对构架的耗能能力有一定的影响，竖向荷载越大，P-Δ 效应越显著，构架的耗能能力越强。这主要是因为构架的水平承载力随 P-Δ 效应的增大而减小。加载初期，构架 GJ1 黏滞阻尼系数较大，这是由于加载前构架 GJ1 有一定的残损，加载时，榫卯无挤压变形，构架承载力主要由榫卯的侧面摩擦提供。

(2) 从图 7.10(b)可以看出，加载初期，构架 GJ3 的黏滞阻尼系数是构架 GJ1 的 1.16 倍；当转角最大时，构架 GJ3 的黏滞阻尼系数是构架 GJ1 的 1.85 倍。这说明柱高对构架的耗能能力有一定的影响，柱高越高，构架的耗能能力越强。这主要是因为构架的水平承载力随着柱高的增高而减小。

图 7.11 为构架黏滞阻尼系数增量(Δh_e)曲线。从图 7.11 可以看出，加载初期，由于构架 GJ1 存在残损，其黏滞阻尼系数较大，使得竖向荷载引起的 P-Δ 效应与柱高对构架黏滞阻尼系数的影响不明显；随着控制位移的增大，θ 增大，榫卯产生挤压变形，构架黏滞阻尼系数趋于稳定，竖向荷载引起的 P-Δ 效应与柱高对构架 Δh_e 的影响基本随转角的增大而增加并趋于稳定。

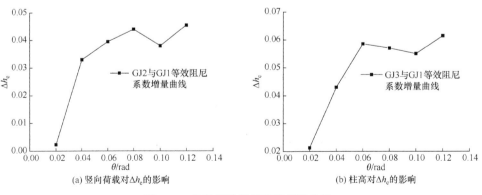

(a) 竖向荷载对Δh_e的影响　　　　(b) 柱高对Δh_e的影响

图 7.11　构架黏滞阻尼系数增量曲线

7.2　木构架水平往复荷载作用下的有限元分析

为了在有限元分析中充分考虑榫卯间木材的接触，提出了木材间的变接触模型，以梁-柱木构架试验模型为分析对象，建立了考虑木材间变接触有限元模型、普通有限元模型，与试验结果进行对比分析，并对比分析两种有限元模型的接触行为。

7.2.1　木材间变接触模型的建立

1. 木材间摩擦模型

1) 木材摩擦机理

木材间摩擦过程中，会产生阻碍物体产生相对滑动或相对运动趋势的作用力，一般认为这种摩擦作用来自物体间的黏着剪切作用或微凸体的犁沟作用。在产生摩擦接触的表面上，参与摩擦的微凸体一般经历三个阶段：①微凸体相继发生弹性变形和塑性变形；②微凸体发生黏着作用和犁沟作用；③微凸体黏着区发生剪切，留下永久变形或者完成弹性恢复。

摩擦过程中消耗的机械能，有三种转变方式：①可以通过弹性滞后转化为分子动能；②可以通过塑性变形转化为分子势能和分子动能；③可以通过微凸体间黏着连接的切断，同时发生上述两种转变，增加了表面能。来自不同机理的摩擦系数，虽然互相有所关联，但是作为一次近似，具有可加性。

根据 Bowen 和 Tabor 提出的简单黏着理论，也称剪切-变形摩擦理论，认为表面承载后，在微凸体的顶端(真实接触点)产生了很大的接触应力，导致两表面(接触点)焊接(黏着)在一起。两个表面相对滑动时，一方面，必然要将这些焊接或黏着连接剪断；另一方面，因表面的凸起部分穿入软表面，使软表面犁成沟槽，在滑动中推挤软材料，该阻力是摩擦力的组成部分。可以认为，剪断黏结点的力和在表面上犁沟的力之和，就是摩擦阻力。

2) 木材摩擦模型的建立

为了建立木材的摩擦模型，做如下基本假定：接触行为发生在微凸体上，相邻微凸体相互独立；微凸体峰顶为相同的圆锥体，且顶峰高度在均值附近服从高斯分布；将摩擦视为黏着与犁沟两种作用的总和。

下面分别求解摩擦系数的黏着分量和犁沟分量。

(1) 摩擦系数的黏着分量 μ_a。

在简单黏着理论中，有

$$\mu_a = \frac{\tau}{\sigma} \tag{7.2}$$

式中，τ 为材料的抗剪强度；σ 为材料的抗压强度。

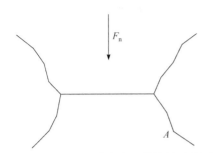

图 7.12 放大后的单个微凸体接触示意图

图 7.12 为放大后单个微凸体接触的模型，在接触区域内，峰点因压力和变形产生黏着，当两表面相对滑动时，摩擦力 f_a 等于剪断黏结所需的力，即

$$f_a = A\tau \tag{7.3}$$

式中，A 为实际接触面积。该式可以扩展到多个微凸体组成的整个接触表面中。

在接触问题中，实际接触面积很小，不到表面积的 10%，它与正压力 F_n 成正相关关系，即 $A \propto kF_n^{\beta}$。比例系数 k 和指数系数 β 的大小与材料的性质密切相关。由于实际的接触面很小，荷载作用下接触峰顶的应力达到受压的表面硬度而产生塑性变形，可近似认为实际接触面积 A 满足

$$A = \frac{F_n}{H} \tag{7.4}$$

式中，H 为变形表面材料的硬度(硬度指材料局部抵抗硬物压入其表面的能力，这里指的是压入硬度)，MPa。由式(7.3)和式(7.4)可得摩擦系数的黏着分量 μ_a 为

$$\mu_a = \frac{f_a}{F_n} = \frac{\tau}{H} \tag{7.5}$$

(2) 摩擦系数的犁沟分量 μ_p。

犁沟作用为较硬材料在较软材料上犁出沟壑,在接触问题的犁沟效应计算中,一般把接触微凸体简化为圆锥粗糙峰,其犁沟效应模型如图 7.13 所示。

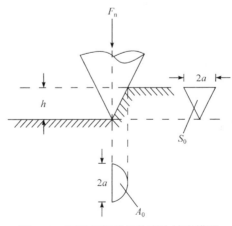

图 7.13 圆锥粗糙峰机构犁沟效应模型

a-接触半径；h-接触深度；F_n-法向压力，A_0、S_0-切向、法向投影面积

假定粗糙峰高度服从高斯分布，以粗糙峰高度均值位置为 r 轴，以竖直方向为 z 轴建立直角坐标系，有材料表面粗糙峰高度分布服从 $N(0, R_a)$，即概率密度 $p_N(z)$ 为

$$p_N(z) = \frac{1}{\sqrt{2\pi}R_a} e^{\frac{-z^2}{2R_a^2}} \tag{7.6}$$

式中，R_a 为压入材料表面在犁沟方向上的粗糙度。

设粗糙峰总数为 N_0，则在区间 $[z, z+\mathrm{d}z]$ 内出现最大粗糙峰的数量为

$$N_0 = p_N(z)\mathrm{d}(z) \tag{7.7}$$

单个微凸体压入半空间的模型，即圆锥压头与半空间的接触如图 7.14 所示。

压入深度 h_f 与接触半径 a 满足式(7.8)：

$$h_f = \frac{\pi}{2}a\tan\theta \tag{7.8}$$

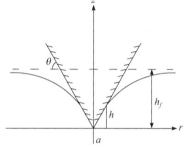

图 7.14 圆锥压头与半空间的接触示意图

式中，θ 为圆锥半顶角的余角，则

$$\theta = \arctan\left(\frac{2R_a}{\mathrm{RS}_m}\right) \tag{7.9}$$

式中，RS_m 为压入材料表面在犁沟方向上的粗糙峰轮廓单元平均宽度。

设两粗糙平面的初始接触距离为 h_0，是两个表面的整体粗糙度之和。当粗糙峰高度 $z \geqslant h_0$ 时产生接触，压入深度 h_f 为

$$h_f = z - h_0 \tag{7.10}$$

将式(7.10)代入(7.8)，则接触半径为

$$a = \frac{2(z-h_0)}{\pi\tan\theta} \tag{7.11}$$

因此，单个接触峰的接触面积 A_0 为

$$A_0 = \pi a^2 = \frac{4(z-h_0)^2}{\pi\tan^2\theta} \tag{7.12}$$

将所有接触粗糙峰求和，得总接触数目 N 和总接触面积 A 为

$$N = \int_{h_0}^{\infty} N_0 p_N(z)\mathrm{d}z \tag{7.13}$$

$$A = \int_{h_0}^{\infty} N_0 p_N(z) A_0 \mathrm{d}z = \int_{h_0}^{\infty} N_0 p_N(z) \frac{4(z-h_0)^2}{\pi \tan^2 \theta} \mathrm{d}z \tag{7.14}$$

因此，单个接触峰的平均接触面积 $\overline{A_0}$ 为

$$\overline{A_0} = \frac{\displaystyle\int_{h_0}^{\infty} N_0 p_N(z) \frac{4(z-h_0)^2}{\pi \tan^2 \theta} \mathrm{d}z}{\displaystyle\int_{h_0}^{\infty} N_0 p_N(z) \mathrm{d}z} \tag{7.15}$$

将式(7.6)代入可化简式(7.15)，$\overline{A_0}$ 只与 h_0 和 R_a 有关。

根据式(7.7)，等效接触粗糙峰数量 $\overline{N}$ 为

$$\overline{N} = \frac{A}{\overline{A_0}} = \frac{F_n}{H \overline{A_0}} \tag{7.16}$$

等效接触半径 $\overline{a}$ 为

$$\overline{a} = \sqrt{\frac{\overline{A_0}}{\pi}} \tag{7.17}$$

等效接触深度 $\overline{h}$ 为

$$\overline{h} = \overline{a} \tan \theta = \sqrt{\frac{\overline{A_0}}{\pi}} \tan \theta \tag{7.18}$$

犁沟深度 h_f' 为压入接触深度和啮合深度之和，即

$$h_f' = h + R_a' = \sqrt{\frac{\overline{A_0}}{\pi}} \tan \theta + R_a' \tag{7.19}$$

式中，R_a' 为啮合深度，指较光滑表面的粗糙度。

因此，犁沟面积 S 为

$$S = a h_f' = \frac{\overline{A_0}}{\pi} \tan \theta + R_a' \sqrt{\frac{\overline{A_0}}{\pi}} \tag{7.20}$$

得出因犁沟产生的阻力为

$$f_p = N \sigma S = \frac{F_n}{H \overline{A_0}} \sigma \left(\frac{\overline{A_0}}{\pi} \tan \theta + R_a' \sqrt{\frac{\overline{A_0}}{\pi}} \right) \tag{7.21}$$

式中，σ 为变形材料相对滑动方向上的受压屈服强度。

因此，摩擦系数的犁沟分量为

$$\mu_p = \frac{\sigma}{H \overline{A_0}} \left(\frac{\overline{A_0}}{\pi} \tan \theta + R_a' \sqrt{\frac{\overline{A_0}}{\pi}} \right) \tag{7.22}$$

(3) 木材间摩擦模型。

综合式(7.5)与式(7.22)，可得木材摩擦系数 μ 为

$$\mu = \mu_{\mathrm{a}} + \mu_{\mathrm{p}} = \frac{\tau}{H} + \frac{\sigma}{H\overline{A}_0}\left(\frac{\overline{A}_0}{\pi}\tan\theta + R_{\mathrm{a}}'\sqrt{\frac{\overline{A}_0}{\pi}}\right) \tag{7.23}$$

目前，摩擦接触的数值模拟中，主要运用的还是经典库仑摩擦定律，即摩擦力与接触面积间的法向荷载成正比，与名义接触面积大小和接触间的相对速度无关。真实的物体接触摩擦中，会发生相对速度的大小和方向的变化，接触状态也会发生黏着与滑动的相互转化等情况。根据摩擦定律，存在一个最大静摩擦力，而且动摩擦力与滑动速度有关，通常假定动摩擦力为常数，且等于最大静摩擦力。Kobayashi 提出了一种修正的库仑摩擦模型，用一个摩擦力与速度的连续函数来近似表示摩擦定律，一来方便将摩擦放到程序中实现，二来解决了摩擦力大小与方向突变引起的计算稳定性问题。

切向摩擦模型的表达式如式(7.24)所示：

$$f_{\mathrm{t}} = \mu f_{\mathrm{n}}\frac{2}{\pi}\arctan\left(\frac{v}{d}\right) \tag{7.24}$$

式中，f_{t} 是切向摩擦力；f_{n} 是法向接触力；μ 是摩擦系数；v 是相对滑动速度；d 是发生滑动时的临界相对速度。

需要指出的是，临界相对速度 d 比相对滑动速度小得多，其大小决定这个数学模型与实际摩擦力的接近程度，d 太大会导致摩擦力的降低，d 太小则求解的收敛性较差，一般取 $10^{-6}\sim10^{-4}$ 数量级。采用这个形式，就不需要区分静摩擦力和动摩擦力，均可通过 d 来实现。

将式(7.23)中的摩擦系数代入式(7.24)，则木材间摩擦模型为

$$f_{\mathrm{t}} = \left[\frac{\sigma}{H\overline{A}_0}\left(\frac{\overline{A}_0}{\pi}\tan\theta + R_{\mathrm{a}}'\sqrt{\frac{\overline{A}_0}{\pi}}\right) + \frac{\tau}{H}\right]f_{\mathrm{n}}\frac{2}{\pi}\arctan\frac{v}{d} \tag{7.25}$$

f_{n} 是法向接触力，对于整个表面来说就是正压力 F_{n}，在程序中对应的就是单元上的法向接触力，得到的切向摩擦力也是整个接触表面或者单个单元的力。

2. 木材间接触刚度模型

接触刚度是指在外力作用下，接触结合面抵抗变形的能力。假设接触区域和相对邻近接触区域的表面梯度很小，从而在一次模拟中，表面可近似看作平坦的，可考虑接触区域为一个弹性半空间平面，力作用在介质表面上，介质产生变形。把介质表面看作 xy 平面，填充区域作为 z 轴正半轴，作用在半空间体上的力 F 如图 7.15 所示。

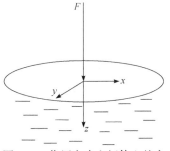

图 7.15　作用在半空间体上的力

力作用下介质表面 z 方向产生的位移 u_z 为

$$u_z = -\frac{1-v^2}{\pi E}\frac{1}{r^2}F \tag{7.26}$$

式中，$r = \sqrt{x^2 + y^2}$。

对于该近似半空间体，不考虑摩擦作用的影响，在法向压力 $p(x, y)$ 连续分布的情况下，表面位移可以按式(7.27)计算

$$u_z = \frac{1}{\pi E^*}\iint p(x', \ y')\frac{1}{r}\mathrm{d}x\mathrm{d}y \tag{7.27}$$

式中，$r = \sqrt{(x-x')^2 + (y-y')^2}$；等效弹性模量 $E^* = \dfrac{E}{1-v^2}$；v 为泊松比。

接触刚度即为产生单位法向位移所需的力，在压力分布为 $p = p_0\left(1 - \dfrac{r^2}{a^2}\right)^{-1/2}$ 的力作用在接触半径为 $\bar{a}$ 的圆域上，可以产生均匀的法向位移，此时，产生的法向位移为 $u_z = \dfrac{\pi p_0 \bar{a}}{E^*}$。因此，接触刚度为

$$K = \frac{F}{u_z} = \frac{\int_0^a p_0\left(1 - \dfrac{r^2}{a^2}\right)^{-1/2} 2\pi r\mathrm{d}r}{u_z} = 2E^*\bar{a} \tag{7.28}$$

其中，

$$E^* = \frac{E_1}{1-v_1^2} + \frac{E_2}{1-v_2^2} \tag{7.29}$$

式中，E_1、E_2、v_1、v_2 分别为两个接触面法向弹性模量与泊松比。$\bar{a}$ 可由(7.17)得到。

7.2.2　有限元模型的建立

1. 模型建立

为了与试验结果进行对比，有限元模型按照 7.1 节中木构件拟静力试验的试件 GJ1 进行建模，ABAQUS 有限元模型如图 7.16 所示。

为了兼顾结果准确性和运算效率，经过多次对比运算，最终确定柱的网格尺寸取 60mm、枋取 50mm、接触面取 30mm。单元类型为三维八单元缩减积分实体单元 C3D8R。

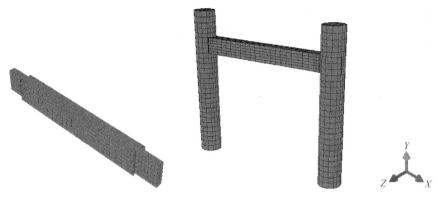

图 7.16　ABAQUS 有限元模型

　　试验采用的是拟静力加载，采用隐式分析，结果更加准确且计算效率高于显式分析。几何非线性开关皆为 ON。

2. 材料属性定义

　　木材是典型的各向异性材料，在 ABAQUS 中可以通过指定单元材料方向来定义材料的正交各向异性。定义材料属性时，弹性部分采用 9 个工程常数来模拟，塑性段采用试验数据。柱子在工作状况下主要是顺纹受力，塑性段数据则采用顺纹受压试验数据，枋主要是横纹受力，因此塑性段采用的是横纹受压试验数据。本小节将木材顺纹受压的本构设定为双折线模型，如图 7.17 所示，横纹顺纹受压本构模型设定为三段式塑性硬化本构模型，如图 7.18 所示。

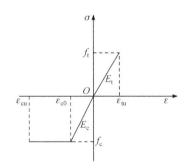

图 7.17　木材顺纹受力双折线模型图

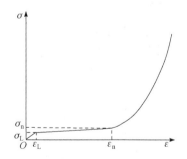

图 7.18　木材横纹受压本构模型图

　　图 7.17 中 f_c 为木材顺纹受压强度，ε_{c0} 为木材顺纹受压的屈服应变，ε_{cu} 为木材顺纹受压极限应变，E_c 为木材顺纹受压的弹性模量。图 7.18 中 σ_L 为木材横纹受压强度，ε_L 为木材横纹受压强度对应的应变，σ_n 为木材横纹线性强化阶段结束时的强度，ε_n 为 σ_n 对应的应变，E_1 为木材恒温受压弹性模量，E_2 为木材横纹受压线性强化阶段的切线模量。

根据材料性能试验,测得落叶松木材弹性工程常数见表 7.3。木材顺纹受压强度为 46.83MPa,弦向横纹受压强度为 7.00MPa,线性强化阶段切线模量取 70MPa。同时,测得木材端面、径面与弦面的硬度分别为 24.53MPa、14.38MPa、12.14MPa。

表 7.3 落叶松木材弹性工程常数

弹性模量/MPa			泊松比			剪切模量/MPa		
E_L	E_R	E_T	ν_{LR}	ν_{LT}	ν_{RT}	G_{LR}	G_{LT}	G_{RT}
9124.52	716.13	716.13	0.346	0.346	0.499	700	700	300

注:表中下标 L 表示木材纵向,R 表示木材径向,T 表示木材弦向。

3. 相互作用定义

接触部分采用表面与表面接触-有限滑动算法。由于柱的刚度较枋的刚度大,选择柱上卯口表面为主面,榫头的表面为从面。为了便于运算收敛,将不同的接触对建立在不同的分析步骤中。

(1) 普通有限元模型的相互作用属性切向行为定义取常摩擦系数,法向采用硬接触。《机械设计手册》[46]建议木材与木材间的摩擦系数取 0.2~0.6;陈志勇等[47]、邓大利等[48]、周蓉[49]和吕璇[50]取摩擦系数为 0.5 进行有限元分析,计算结果与分析结果比较接近,但误差仍较大,原因可能是没有考虑木材间变接触行为。以往的有限元分析中,摩擦系数取 0.5 的研究居多,因此本节中,普通有限元模型的摩擦系数选择 0.5。

(2) 本节建立的变接触有限元模型的接触属性定义为切向选择用户定义调用编写的摩擦子程序,法向定义接触刚度系数。由于试验采用的是拟静力加载,选择隐式分析算法,相应地用户自定义摩擦选择 FRIC 子程序。接触刚度系数在 ABAQUS 即接触属性中定义压力-过盈关系。如需进行用户自定义,可在 ABAQUS 的 inp 文件进行关键字的修改,对*Surface Behavior 项的 pressure- overclosure 进行修改。

*Surface Behavior 为定义压力-过盈的关系的关键字,使用 pressure-overclosure 参数选择接触压力-过盈关系。默认的 pressure-overclosure=HARD 为无物理上软化的压力-过盈关系,=EXPONENTIAL 定义指数压力-过盈关系。=LINEAR 定义线性压力过盈关系。=SCALE FACTOR 基于缩放默认的接触刚度来定义分段的线性压力-过盈关系,该选项只用于通用接触。=TABULAR 以表格形式定义分段线性压力-过盈关系。在 7.2.1 小节的接触模型中,推导出的接触刚度模型式(7.28)为线性压力-过盈关系,因此将关键字修改为

*Surface Behavior, pressure-overclosure=LINEAR

k 为压力与变形的比例系数,即接触刚度系数。

7.2.3　接触模型参数的设置

有限元模型接触问题主要在梁-柱-榫、卯之间，单向直榫节点如图 7.19 所示。在此类榫卯节点的接触情况中，相互接触的面有以下几对：①榫顶面与卯顶面的接触面、榫底面与卯底面的接触面；②榫两侧表面与卯两侧的接触面；③榫颈两侧的弧面与卯口两侧部分柱面的接触面。由于第③种接触对中弧形接触面的弧度及范围都很小，将此情况简化为横切面与弦切面接触，且滑动方向与弦切面纵向平行，算例中只包含顺纹方向相互垂直的弦切面与弦切面接触，横切面与弦切面接触且滑动方向与弦切面纵向平行这两种情况。

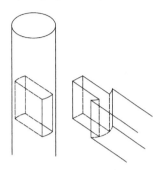

图 7.19　单向直榫节点示意图

将表面轮廓参数、木材材性参数代入接触模型中，并与图 7.19 所示单向直榫中相应接触对表面对应，可以得到摩擦模型用户子程序中参数 props(1)～props(8) 与接触刚度系数等模型参数数值选取如表 7.4 所示。

表 7.4　模型参数数值选取

程序代号	模型参数	弦-弦接触面	横-弦接触面
props(1)	σ	7.00	4.68
props(2)	τ	8.03	8.03
props(3)	H	24.53	24.53
props(4)	$\tan\theta$	0.04	0.04
props(5)	R'_a	8.49	8.49
props(6)	$\overline{A}$	$8.07e^5$	$8.64e^2$
props(7)	d	$5.00e^{-6}$	$5.00e^{-4}$
props(8)	π	3.14	3.14
—	k	$1.80e^6$	$3.30e^5$

在生成的 inp 文件中，INTERACTION PROPERTIES 的关键字修改为：

*Surface interaction, name=IntProp-xx
*Friction, user, properties=8

7.0, 8.03, 24.53, 0.042, 8.49, 807302, 0.0005, 3.14
*Surface Behavior, pressure-overclosure=LINEAR
1.8e6.,

*Surface interaction，name=IntProp-xh

*Friction，user，properties=8

4.68, 8.03, 24.53, 0.042, 8.49, 864, 0.0005, 3.14

*Surface Behavior，pressure-overclosure=LINEAR

3.3e5.,

其中 IntProp-xx 与 IntProp-xh 代表不同接触配对的情况，在这里 IntProp-xx 是弦-弦接触，IntProp-xh 是横-弦接触，建模时需一一对应。

7.2.4 有限元结果分析

1. 木构架荷载-位移滞回曲线图

用常摩擦-硬接触的普通有限元模型和本节推导的变接触有限元模型计算的构架加载端荷载-位移滞回曲线与试验结果进行对比。

图 7.20 为使用本节建立的变接触有限元模型(FEM-Model)模拟结果和普通有限元模型(FEM-μ=0.5)与试验结果的荷载-位移滞回曲线。

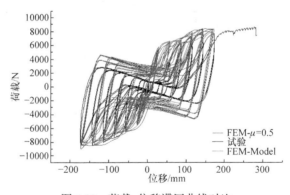

图 7.20　荷载-位移滞回曲线对比

(1) 有限元模型计算所得到的滞回曲线均呈现了从梭形，到反 S 形再到 Z 形的特点，捏缩效应明显。随着加载位移的增大，滑移现象越来越严重，与试验结果一致。其中，运用变接触有限元模型的有限元分析结果的滑移现象大于普通有限元模型，更接近试验结果。

(2) 加载初期，有限元模型滞回曲线斜率比试验滞回曲线斜率大，这主要是因为试件有一定制作和安装误差，节点之间存在初始间隙，而建模的时候并没有考虑这种初始间隙产生的差异。运用变接触有限元模型的分析结果的初期刚度，尤其是反向加载的初期刚度，小于普通有限元模型分析结果，更接近于试验结果。

需要指出的是，试验滞回曲线正向加载初期有一段明显的滑移，曲线斜率几乎为0，这是试验误差造成的。

(3) 加载中期和后期，有限元结果与试验结果都比较接近。正向加载后期，变接触有限元模型结果更接近试验结果。

综上所述，常摩擦系数的普通有限元模拟结果与运用本节建立的变接触有限元模型模拟结果的滞回曲线形状和趋势基本一致。两者的初期刚度相差不大，但变接触有限元模型的初期刚度小于普通有限元模型，更接近试验结果；普通有限元模型的后期荷载大于变接触有限元模型，变接触有限元模型分析正向加载后期荷载与试验结果更加吻合；有限元模型分析结果都体现了明显的捏缩效应，变接触有限元模型分析滞回曲线的滑移现象更加明显，更接近试验结果。可以说，采用变接触有限元模型的分析结果更接近试验结果，考虑变接触特性后的分析结果更加准确。

2. 木构架荷载-位移骨架曲线图

将有限元分析的构架荷载-位移骨架与试验结果进行对比，其荷载-位移骨架曲线如图 7.21 所示。

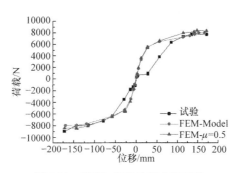

图 7.21　荷载-位移骨架曲线对比

(1) 有限元分析结果均表现为节点的荷载随位移增大而增大，随着位移的增大，荷载增大趋势减缓。与试验骨架曲线趋势基本一致。

(2) 加载初期，有限元模拟结果的骨架曲线斜率均大于试验结果，这是因为试件有一定制作和安装误差，节点之间会有初始间隙，刚度较小，而建模的时候并没有考虑这种初始间隙。从斜率上看，变接触有限元模型的斜率略小于普通有限元模型。需要指出的是，试验骨架曲线正向加载初期有一段明显的滑移，曲线斜率几乎为 0，这是试验误差造成的。

(3) 加载中期，曲线的斜率均有所减小，这是因为节点积压区的变形逐渐增大，变形区由弹性变形慢慢向塑性变形转变，变形不可恢复，节点的刚度逐渐减小。

(4) 从荷载角度比较，构架正向荷载试验值为 7.7kN，反向荷载试验值为 9.0kN；采用本节建立的变接触有限元模型分析，结果显示正向荷载为 7.98kN，误差为 3.64%，反向承载力 8.12kN，误差为 9.78%。普通有限元模型分析结果为，正向荷载 8.78kN，误差为 14%，反向荷载 8.48kN，误差为 6%。误差均在可接受范围内。变接触有限元模型整体误差小于普通有限元模型。

7.2.5　变接触有限元模型与普通有限元模型分析结果对比

从 7.2.4 小节的分析可以看出，基于变接触有限元模型的分析结果与试验结果吻合较好，为了掌握其与基于普通有限元分析结果的区别，将两种有限元分析结果进行对比分析。

　　1. 摩擦耗能比较

摩擦产生的能量损耗是可以随着往复作用的增加而积累的，长期作用下略微的差别也会造成巨大的差异。为了比较变接触和普通有限元模型摩擦耗能的区别，将两种模型的摩擦耗能历程变量提取出来，如图 7.22 所示。

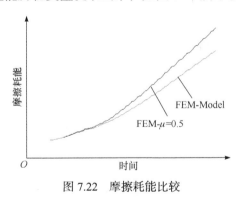

图 7.22　摩擦耗能比较

可以看出，采用变接触有限元模型和普通有限元模型摩擦耗能的差距随着时间越来越大。这种区别存在于更加复杂的接触结构中，考虑和不考虑变接触特性对摩擦耗能分析结果有较大影响。

　　2. 接触状态比较

为了便于分析接触面上的接触情况，可以选择输出相互作用面接触相关的变量。图 7.23 为两种有限元模型左侧榫头在位移为 28.8mm、172.8mm 时的接触状态云图比较。

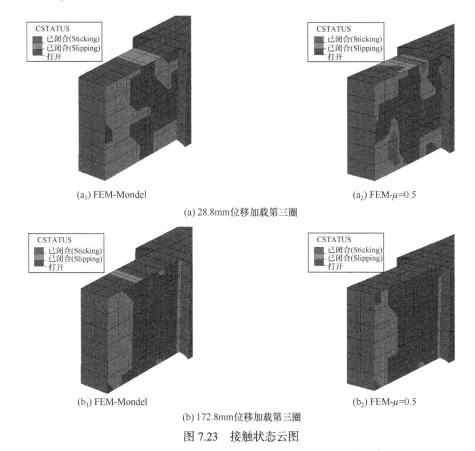

(a₁) FEM-Mondel

(a) 28.8mm位移加载第三圈

(a₂) FEM-μ=0.5

(b₁) FEM-Mondel

(b) 172.8mm位移加载第三圈

(b₂) FEM-μ=0.5

图 7.23　接触状态云图

图中可以看出，在不同时刻两者的接触状态有很大差别，两者的某些区域在加载到同一位移时会有 Sticking 和 Slipping 的区别。对于需要精细分析结果的结构，这些区别带来的影响是不能忽略的。

3. 接触面的接触应力比较

为了更加直观地比较这两种有限元模型计算的区别，对接触面上的接触应力状态进行比较，如图 7.24 所示。从图中可以看到，挤压最严重的部分均处于榫颈处，这是由于构架在施加水平荷载的时候，枋会以榫颈处为原点产生转动。

通过对比，可以看出在各时间点下，应力分布存在差别，应力大小也有不同。例如，在图 7.24 中，28.8mm 位移加载结束时，两者最大接触压应力相差 10%，1 方向的最大接触摩擦应力相差约 40%，2 方向的最大接触摩擦应力相差 34%。需要精细分析结果的结构中，这些差距的影响是不容忽略的。

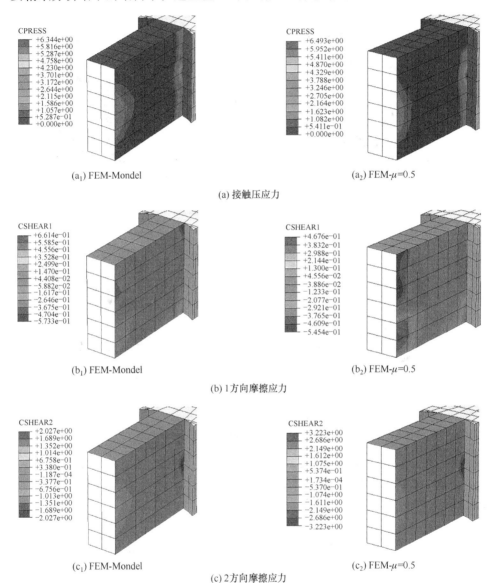

(a₁) FEM-Mondel

(a₂) FEM-μ=0.5

(a) 接触压应力

(b₁) FEM-Mondel

(b₂) FEM-μ=0.5

(b) 1方向摩擦应力

(c₁) FEM-Mondel

(c₂) FEM-μ=0.5

(c) 2方向摩擦应力

图 7.24　两种有限元模型在 172.8mm 位移结束时接触应力状态

4. 接触面的接触合力比较

可以将整个接触面在整个分析过程的接触力合力输出。将图 7.16 中左侧榫头一个侧面的接触压力合力和接触摩擦合力输出，见图 7.25 和图 7.26。

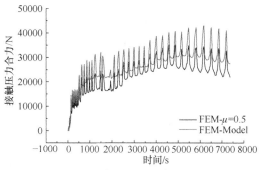

图 7.25　接触面压力合力比较

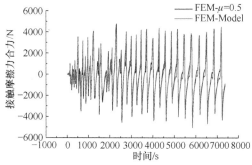

图 7.26　接触面 x 方向摩擦力合力

图 7.25 中，正压力合力大小区别明显，在变接触有限元模型中，法向接触定义了接触刚度系数，而普通有限元模型中，法向采用默认硬接触，应用变接触有限元模型后，接触压力合力整体大于普通有限元模型，嵌压作用更加明显。图 7.26 中，两种有限元模型摩擦力的正负变化趋势基本一致。因此，两种有限元模型表现出的节点性能势必存在区别。

变接触有限元模型中，切向接触调用了摩擦子程序，实现了变化的摩擦系数，普通有限元模型中，采用常摩擦系数。图 7.25 中变接触有限元模型的接触压力合力大于普通有限元模型，而图 7.26 中两者应用变接触模型的摩擦力合力不一定大于普通有限元模型摩擦力合力，说明摩擦系数为变量。

综上所述，两种有限元模型中同一个面的正压力合力和摩擦力合力存在较大区别。对于需要精细分析结果的结构，这些区别带来的影响是不能忽略的。

7.3　木构架水平力-转角关系模型

木构架水平荷载作用下的力-转角关系模型是分析木构架抗侧力的重要依据。本节将给出可考虑榫卯连接和柱脚连接半刚性的木构架非线性分析方法。

7.3.1　计算模型的确定

传统木构架体系的计算简图如图 7.27 所示。早期在尚未认识到柱脚节点和铰接点的半刚特征时，常用的计算简图有两种：第一，木结构建模时最直接的方式是将柱两端铰接计算，可得到木构架的计算简图[图 7.27(a)]，但此不稳定的机构体系，显然不合理；第二，随着研究的深入，逐渐认识到榫卯节点的半刚性特征，但是对柱脚的认识尚且处于铰接状态，如此可得到图 7.27(b)所示计算简图。

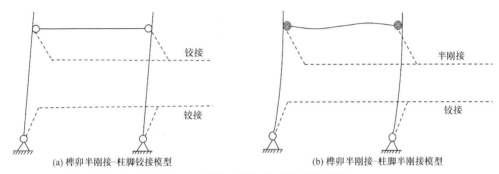

图 7.27　传统木构架体系的计算简图

考虑到柱脚节点的半刚性，形成了如图 7.28 所示的传统木结构计算简图。

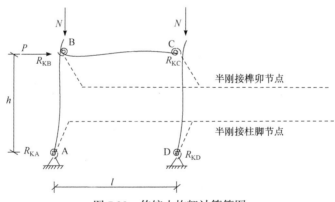

图 7.28　传统木构架计算简图

7.3.2　榫卯节点和柱脚节点弯矩-转角模型的选取

描述榫卯节点和柱脚节点转动性能的弯矩-转角关系是分析传统木构架抗侧性能的关键参数。基于榫卯节点低周反复试验结果，用 Kishi-Chen 提出的三参数模型描述其弯矩-转角关系[51]，参见图 7.29 所示榫卯节点模型和式(7.30)所示的计算模型。

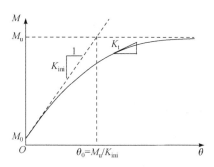

图 7.29 榫卯节点模型

$$M = M_0 + \frac{K_{ini}\theta}{\left[1+\left(\theta/\theta_0\right)^n\right]^{1/n}} \tag{7.30}$$

式中，M_0 为初始非零弯矩；K_{ini} 为节点初始转动刚度；$\theta_0 = M_u / K_{ini}$，为参考相对塑性转角；M_u 为对应于 Kishi-Chen 模型终点的关键弯矩；n 为形状参数。

对式(7.30)求关于相对转角 θ 的导数，得到榫卯节点切线刚度 K_t 的表达式如下：

$$K_t = \frac{\mathrm{d}M}{\mathrm{d}\theta} = \frac{K_{ini}}{\left[1+\left(\theta/\theta_0\right)^n\right]^{(n+1)/n}} \tag{7.31}$$

柱脚节点模型(M-θ)，由柱脚恢复力模型导出[52]。该模型由图 7.30 所示柱脚节点模型中的关键点 H、N 和 Q 的坐标确定，与柱高(l_C)和竖向荷载(N)有关；模型中弹性极限转角 $\theta_Q = 0.5 d_C l_C$，极限弯矩 $M_H = 0.375 N \cdot d_C$，d_C 为柱径。

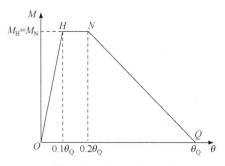

图 7.30 柱脚节点模型

据此，可得出柱脚节点刚度 K_t' 的表达式为

$$K_t' = \alpha_t' M_H / \theta_Q \tag{7.32}$$

式中，α_t' 为刚度影响系数，其取值如下：

$$\alpha'_t = \begin{cases} 10 & 0 \leqslant \theta < 0.1\theta_Q \\ 0 & 0.1\theta_Q \leqslant \theta < 0.2\theta_Q \\ 1.25 & 0.2\theta_Q \leqslant \theta \leqslant \theta_Q \end{cases} \tag{7.33}$$

7.3.3　带半刚性连接的梁单元刚度矩阵确定

根据梁-柱理论[53]，结构分析的核心在于单元刚度矩阵的确定，带有半刚性弹簧单元的梁单元如图 7.31 所示。图中 M_i 和 M_j 分别为 i 和 j 端的弯矩；θ_i 和 θ_j 分别为梁单元 i 和 j 端的转角；θ'_i 和 θ'_j 分别为变形前后梁 i 和 j 两端的初始转角。

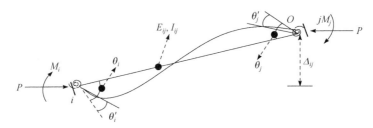

图 7.31　柱脚节点模型具有半刚性连接的梁单元

i=A,B,C；j=B,C,D

梁单元的线刚度 i_{ij} 定义如下：

$$i_{ij} = E_{ij}I_{ij} / L_{ij} \tag{7.34}$$

式中，E_{ij} 和 I_{ij} 分别为单元 ij 的弹性模量和惯性矩；L_{ij} 为梁单元 BC 的跨度 l 或者柱单元 AB 和 CD 的高度 h。

梁单元相对转角和弹簧刚度之间的关系如下：

$$\theta'_i = M_i / R_{Ki}; \quad \theta'_j = M_j / R_{Kj} \tag{7.35}$$

式中，R_{Ki} 和 R_{Kj} 分别为榫卯节点和柱脚节点的转动刚度，可由式(7.30)所示 M-θ 关系得到，即式(7.31)所示的弯矩-转角关系的切线刚度；对于柱脚节点，半刚性参数可由图 7.29 的斜率得到。

因此，带有半刚性弹簧单元的梁柱单元的弯矩表达式如下[54]：

$$\begin{cases} M_i = i_{ij}\left[s_{ij}\left(\theta_i - \theta'_i - \Delta_{ij}/L_{ij}\right) + s_{ij}\left(\theta_j - \theta'_j - \Delta_{ij}/L_{ij}\right) \right] \\ M_j = i_{ij}\left[s_{ji}\left(\theta_i - \theta'_i \Delta_{ij}/L_{ij}\right) + s_{ji}\left(\theta_j - \theta'_j - \Delta_{ij}/L_{ij}\right) \right] \end{cases} \tag{7.36}$$

式(7.36)所示单元的刚度矩阵可表达为

$$\left[\bar{k}\right]_{ij} = \begin{bmatrix} k_1 & 0 & 0 & -k_1 & 0 & 0 \\ & k_2 & k_3 & 0 & -k_2 & k_4 \\ & & k_5 & 0 & -k_3 & k_6 \\ & & & k_1 & 0 & 0 \\ \text{sym} & & & & k_2 & -k_4 \\ & & & & & k_7 \end{bmatrix}_{ij} \tag{7.37}$$

式中，$k_{r,ij}(r=1\sim7)$ 的表达式如式(7.38)～式(7.40)所示：

$$k_{1,ij} = A_{ij}/I_{ij}; \quad k_{2,ij} = \left[\left(a_{ii} + 2a_{ij} + a_{jj}\right) - \left(k_{ii}L_{jj}\right)^2\right]/L_{ij}^2 \tag{7.38}$$

$$k_{3,ij} = \left(a_{ii} + a_{ij}\right)/L_{ij}; \quad k_{4,ij} = \left(a_{ii} + a_{jj}\right)/L_{ij} \tag{7.39}$$

$$k_{5,ij} = a_{ii}; \quad k_{6,ij} = a_{ij}; \quad k_{7,ij} = a_{jj} \tag{7.40}$$

式中，参数 α_{ii}、α_{ij} 和 α_{jj} 的表达式如下：

$$\begin{cases} a_{ii} = \left[s_{ii} + i_{ij}\left(s_{ii}^2 - s_{ij}^2\right)/R_{Kj}\right]/R \\ a_{jj} = \left[s_{ii} + i_{ij}\left(s_{ii}^2 - s_{ij}^2\right)/R_{Ki}\right]/R \\ a_{ij} = a_{ji} = s_{ij}/R \end{cases} \tag{7.41}$$

$$R = \left(1 + i_{ij}s_{ii}/R_{Ki}\right)\left(1 + i_{ij}s_{jj}/R_{Kj}\right) - 4\left(i_{ij}\right)^2 s_{ij}^2 / R_{Ki}R_{Kj} \tag{7.42}$$

式中，

$$s_{ii} = s_{jj} = \left(m_{ij}\sin m_{ij} - m_{ij}^2\cos m_{ij}\right)/\left(2 - 2\cos m_{ij} - m_{ij}\sin m_{ij}\right) \tag{7.43}$$

$$s_{ij} = s_{ji} = m_{ij}^2 - m_{ij}\sin m_{ij}/\left(2 - 2\cos m_{ij} - m_{ij}\sin m_{ij}\right) \tag{7.44}$$

$$m_{ii} = \sqrt{\left(PL^2/EI\right)_{ii}}; \quad m_{ij} = \sqrt{\left(PL^2/EI\right)_{ij}} \tag{7.45}$$

式中，P 为梁端水平荷载；L 为梁净跨；EI 为梁抗弯刚度；m_{ii} 为因变量。

该模型能够用于变化弹簧单元的属性，可以用于计算榫卯节点残损引起的木构架性能退化情况，但因弹簧单元没有考虑榫卯节点的滞回规则，因此无法计算其滞回特性。

7.3.4　模型的验证

本小节通过四个木构架模型验证上述理论模型：第一个木构架选自 King 等[55]试验中的 F1 模型，其几何信息和材料属性如图 7.32 所示；其余三个木构架具有不同的柱高和竖向荷载作用，试验模型和结果选自课题组(Xie 等)研究成果[56]。所需转动弹簧的初始转动刚度 K_{ini}，极限弯矩 M_2，以及 Kishi-Chen 模型的形状参数 n，可根据 King 等[55]和 Xie 等[56]半刚性参数数据得到，如表 7.5 所示。

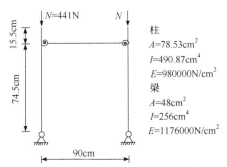

图 7.32　柱架模型 F1 的几何与材料信息

表 7.5　榫卯节点使用 Kishi-Chen 模型时的半刚性参数

文献	初始转动刚度 K_{ini}/(kN·m·rad^{-1})	极限弯矩 M_u/(kN·m)	形状参数 n
King 等[55]	5.831	0.223	1.550
Xie 等[56]	68.628	2.930	1.830

　　基于木构架计算模型对上述 4 个木构架进行计算，并将所得力-转角曲线分别与相应的试验结果对比分析，如图 7.33 和图 7.34 所示。可以看出，模型计算结果与试验结果的吻合度较好，一方面，验证了上述木构架计算模型的正确性。另一方面，再次深入理解木构架抗侧力机理，以及榫卯节点半刚性和几何非线性对其抗侧性能的影响。

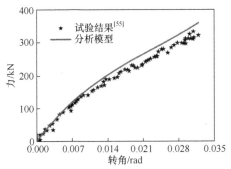

图 7.33　F1 力-转角曲线的试验与模型结果对比

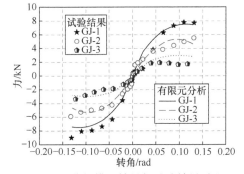

图 7.34　分析模型结果与试验结果对比

7.3.5　柱高及竖向荷载的影响

　　基于已验证正确的木构架非线性计算模型，本小节考察了竖向荷载和柱高对其抗侧性能的影响。采用了榫卯半刚性-柱脚铰接(SHF)模型和榫卯半刚性-柱脚半刚接(SSF)模型，分析了初始抗侧刚度、极限荷载、峰值转角和峰值承载力等指标。

1. 竖向荷载的影响

木构架抗侧力很大程度上也受到柱脚连接的影响。因此，分别基于 SHF 和 SSF 模型考虑在 1~40kN 之间变化的竖向荷载影响。使用了 GJ-1 试验模型，随竖向荷载变化柱角节点参数如表 7.6 所示。

表 7.6　随竖向荷载变化柱脚节点参数

指标	竖向荷载/kN				
	1	10	20	30	40
$\theta_H(0.05d_C/l_C)/\mathrm{rad}$	0.0060	0.0060	0.0060	0.0060	0.0060
$M_H(0.375N*d_C)/(\mathrm{kN\cdot m})$	0.7875	7.8750	15.7500	23.6250	31.5000

注：柱高 l_C=1700 m；柱径 d_C=210 m。

不同竖向荷载作用下，基于 SHF 和 SSF 两个柱架模型的力-转角分别如图 7.35 和图 7.36 所示。竖向荷载对初始刚度、极限承载力、峰值承载力和峰值转角的影响如图 7.37 和图 7.38 所示。

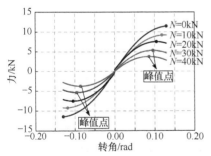

图 7.35　SHF 模型在不同竖向荷载作用下的
力-转角曲线

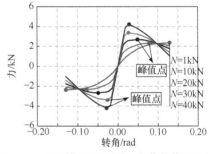

图 7.36　SSF 模型在不同竖向荷载作用下的
力-转角曲线

由图 7.37 和图 7.38 可知，竖向荷载对 SHF 和 SSF 两个模型的影响规律明显不同。基于 SHF 模型算得的初始刚度、极限荷载、峰值荷载和峰值应变随着竖向荷载的增加而降低，表明竖向荷载对柱脚连接较弱的木构架具有不利影响。然而，逐渐增加的竖向荷载将有效提高 SSF 型木构架的初始刚度，主要是在柱转角不超过 0.1rad 的情况下。一方面，这一点有效解释了大屋盖对具有半刚性连接榫卯和柱脚的传统木结构具有良好的抗震性能。另一方面，虽然在试验和分析时更多地应用了 SHF 模型，但更加适合于实际传统木结构的是 SSF 模型。

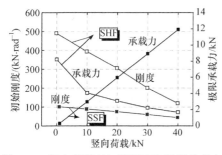

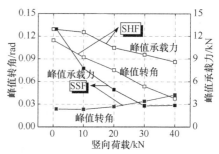

图 7.37　竖向荷载对初始刚度和极限承载力
的影响(SHF 模型和 SSF 模型)

图 7.38　竖向荷载对峰值承载力和峰值转角
的影响(SHF 模型和 SSF 模型)

2. 柱高的影响

本小节分别基于 SHF 和 SSF 模型考虑了柱高的影响,柱高范围为 1700～2960mm, 模型信息来自 GJ-1, 竖向荷载保持 20kN。柱脚节点参数依赖于模型的柱高, 因此需要进行相应地调整, 随柱高变化的柱脚节点参数如表 7.7 所示。

表 7.7　随柱高变化的柱脚节点参数

指标	柱高			
	1700mm	2120mm	2540mm	2960mm
$\theta_H(0.05d_C/l_C)$ / rad	0.006	0.005	0.004	0.0035
$M_H(0.375N \cdot d_C)$ / (kN·m)	1.575	1.575	1.575	1.575

注: 竖向荷载保持 N=20kN; 柱径保持 d_C=210mm。

不同柱高下 SHF 和 SSF 模型的分析结果分别如图 7.39 和图 7.40 所示。柱高对初始刚度、极限承载力、峰值承载力和峰值转角的影响分别见图 7.41 和图 7.42。

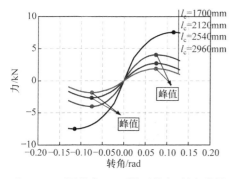

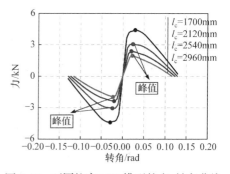

图 7.39　不同柱高 SHF 模型的力-转角曲线

图 7.40　不同柱高 SSF 模型的力-转角曲线

可以看出，柱高对 SHF 和 SSF 抗侧性能的影响明显不同，其初始刚度、极限承载力、峰值承载力和峰值转角随着柱高的增加而降低，意味着柱高对木构架抗侧性能的不利影响。SSF 的初始抗侧刚度比 SHF 大，意味着提高柱脚刚度有利于提高木构架的初始抗侧性能。

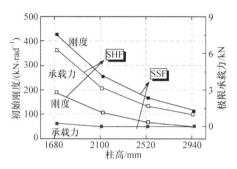
图 7.41　柱高对初始刚度和极限承载力的影响(SHF 模型和 SSF 模型)

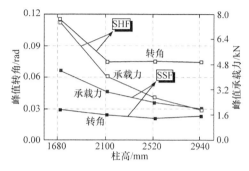
图 7.42　柱高对峰值承载力和峰值转角的影响(SHF 模型和 SSF 模型)

7.4　本章小结

本章首先以梁-柱木构架作为研究对象,分析了不同竖向荷载及不同柱高对木构架抗震性能的影响，研究发现构架的承载力随着柱顶竖向荷载的增大而减小，随着柱高的增高而降低。其次，建立了能够考虑木材间变接触的有限元模型，在摩擦耗能、接触状态、接触应力等方面，该模型与采用常摩擦系数的普通有限元模型模拟的结果存在明显不同，而这些差别在精细化分析时是不可忽略的。最后，建立了可以考虑榫卯连接和柱脚连接半刚性的木构架非线性分析方法，为分析不同参数对木构架受力性能的影响提供了有效途径。

第8章 带填充墙木构架的抗震性能

填充墙对于传统木结构建筑来说，既起到围护墙体作用，也增强了整体结构的刚度，可以承担一部分地震作用，减小木构架承担的地震作用。传统木结构中的填充墙主要包括两类，即木填充墙和砌体填充墙，从而形成木填充墙构架和砌体填充墙木构架。

8.1 木填充墙对木构架抗震性能的影响

传统木结构中经常使用木填充墙，有的是用作整个墙体[图 8.1(a)]，有的是木质门窗[图 8.1(b)]，但不管何种形式，带填充墙木构架的抗震性能，特别是抗侧刚度与单纯的木构架有较大区别。

(a) 整个墙体　　　　　　　　　　　　　　　　　　　　　(b) 木质门窗

图 8.1　木填充墙构架

8.1.1 试验试件的设计

1. 木填充墙试件设计

试验的原型为西安钟楼，对钟楼现场实测，并查阅相关资料，对各种构件的连接形式进行了考定。

为了便于试验，采用 1 : 2 的模型比例制作木填充墙 D-1 和木填充墙 D-2。填充墙主要由槛、框、裙板组成，忽略了主要起装饰作用的格栅。槛由上至下分为上槛、中槛、下槛。框由外往内分为抱框、立框。中抹与抱框、立框的内边中间剔凿槽口，以便安装裙板，裙板指隔扇下边的木板，即木填充墙镶嵌的木板[1]。木填充墙的原型、试件缩尺尺寸等设计参数如表 8.1 所示。

表 8.1　木填充墙设计参数　　　　　　　　(单位：mm)

构件名称	原始尺寸			模型尺寸		
	长度	宽度	高度	长度	宽度	高度
上槛	7240	270	180	3620	135	90
中槛	7240	270	180	3620	135	90
下槛	7240	270	150	3620	135	75
抱框	150	270	5010	75	135	2505
立框	210	270	5010	105	135	2505
中抹	2070	70	60	1035	35	30
裙板 1	400	40	1440	200	20	720
裙板 2	400	40	2358	200	20	1179

注：裙板每侧各 5 片。

　　木填充墙的构造如图 8.2 所示。抱框、立框与中槛通过十字交叉榫连接，裙板通过中抹和下槛的槽口固定，其他的榫卯节点都采用单向直榫的连接形式。填充墙各构件如图 8.3 所示。拼装后的木填充墙如图 8.4 所示。

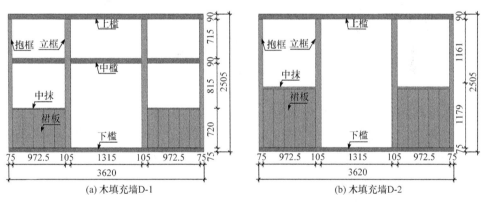

(a) 木填充墙D-1　　　　　　　　　　　　　　(b) 木填充墙D-2

图 8.2　木填充墙的构造示意图(单位：mm)

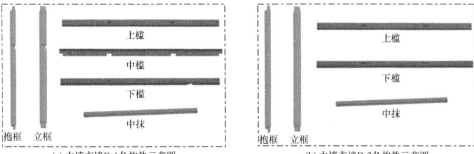

(a) 木填充墙D-1各构件示意图　　　　　　　(b) 木填充墙D-2各构件示意图

图 8.3　木填充墙构件示意图

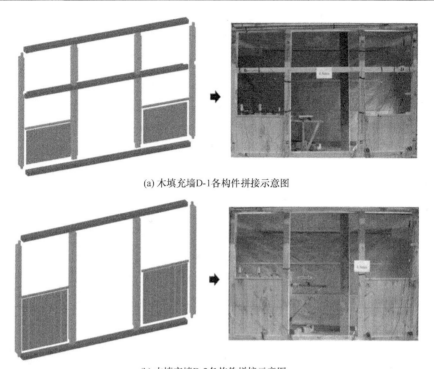

(a) 木填充墙D-1各构件拼接示意图

(b) 木填充墙D-2各构件拼接示意图

图 8.4　木填充墙各构件拼接示意图

2. 木填充墙构架试件设计

木填充墙构架中的木填充墙，与上面的木填充试件一致。木构架原型同样为西安钟楼，并与木填充墙在相同部位。按 1∶2 的模型比例制作了 3 榀一样的木构架，木构架试件的柱、枋及其榫卯(单向直榫)尺寸如图 8.5 所示。

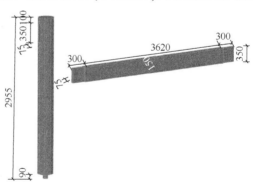

图 8.5　榫卯连接木构架构件尺寸(单位：mm)

制作好的 3 榀木构架，其中一榀直接为无填充墙木构架试件(SJ-0)，一榀木构架与之前的木填充墙 D-1 装配，形成一榀木填充墙构架试件(SJ-1)，一榀木构架与

之前的木填充墙 D-2 装配，形成另一榀木填充墙构架试件(SJ-2)。木填充墙构架
SJ-1、SJ-2 是采用栽销，通过溜销槽将木构架分别与木填充墙 D-1、D-2 连接而成。
栽销的尺寸为 20mm×20mm×100mm，位于木填充墙与抱框中间，材质与木填充
墙材质一致。与木填充墙装配后的木填充墙构架试件如图 8.6 所示。

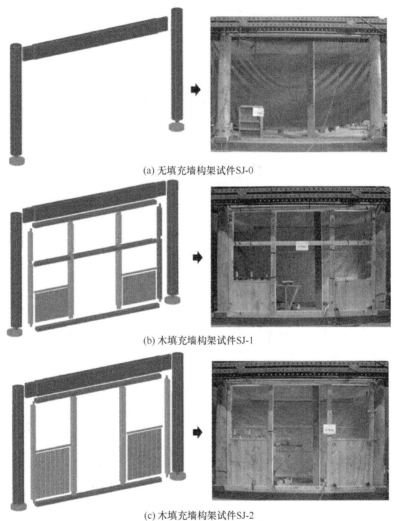

(a) 无填充墙构架试件SJ-0

(b) 木填充墙构架试件SJ-1

(c) 木填充墙构架试件SJ-2

图 8.6　木填充墙构架装配示意图

8.1.2　加载方案及测量方案

1. 加载装置

试验加载装置如图 8.7 所示。试验前，将木填充墙构架通过压梁固定在地面
上，用螺杆将加载端头与钢板连接，使木填充墙构架固定，加载端头和钢板搁置

在托板上，托板和柱帽通过细螺杆连接固定，需要注意以下几点：

(1) 为了梁、柱节点能按实际情况自由转动或拔榫、避免被紧固，作动器加载端与试件并没有完全紧密连接，留有 50mm 的空隙。

(2) 为使竖向荷载的施加不影响节点转动，柱顶部高于卯口 100mm。

(3) 柱础通过角钢固定于地梁上。

(4) 木构架柱顶的竖向荷载通过分配梁，由能保持稳压的液压千斤顶施加。

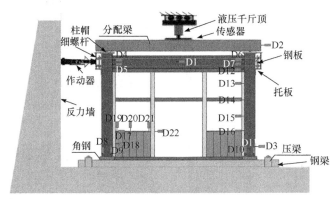

图 8.7　试验加载装置布置图

2. 加载制度

中国古建筑木结构的建筑特点显著，其大屋盖不仅在建筑造型上给人美的感觉，也满足了木构架整体稳定性的要求。试验根据原型结构和相似关系，确定通过千斤顶施加恒定竖向荷载 150kN，即每个柱顶承压为 75kN。

水平荷载采用变幅位移控制加载，试验加载制度如图 8.8 所示。根据《古建筑木结构维护与加固技术标准》(GB 50165—2020)[57]在罕遇地震作用下的层间变形要求，同时考虑已有研究中木构架的破坏形态，控制位移Δ取 90mm。

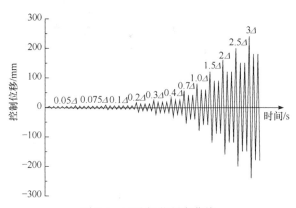

图 8.8　试验加载制度曲线

3. 测量方案

木填充墙、木填充墙构架的主要测量内容包括以下七个方面(未包含部件无测量数据)，木填充墙构架测点布置示意图如图 8.9 所示。

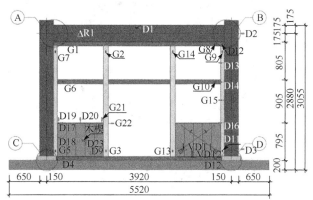

图 8.9　木填充墙构架测点布置示意图(单位：mm)

ΔR1-倾角仪；G*i*-应变片

(1) 在枋靠近榫头、柱底、填充墙布置应变片测量其应变分布情况。

(2) 在榫卯处布置位移计测量拔榫量，在柱脚底部左右两端各布置两个位移计测量柱脚翘起位移。

(3) 在抱框上布置位移计测量木填充墙与木构架相对位移的变化情况。

(4) 在裙板、中抹与抱框之间布置位移计，测量它们的相对位移。

(5) 在中抹上布置位移计，测量中抹栱起变形。

(6) 在裙板中部两裙板单元之间布置位移计测量裙板单元的相对位移。

8.1.3　试验过程及现象

1. 木填充墙试验现象

对于木填充试件 D-1，随着控制位移的加大，木填充墙骨架间榫卯节点挤紧变形，裙板单元开始发生转动且相互错动，挤压变形导致中抹两端出现细微的裂缝。控制位移达到 20mm 时，木填充墙开始出现微小的吱吱声。位移达到 47mm 时，出现明显清脆的响声，立框和中槛十字榫节点处出现微小的裂缝。位移达到 101mm 时，承载力下降。位移达到 135mm 时，层间位移角达到 1/40、承载力下降明显，试验结束。试验结束后拆开试件可观察到，十字榫榫头与卯口挤压变形导致立框卯口处产生竖向的裂缝，下槛卯口边缘出现剪切破坏，立框的榫头产生了挤压变形。木填充墙各构件破坏情况如图 8.10 所示。对于木填充墙试件 D-2，除裙板错动更明显外，其破坏形态与 D-1 类似，但出现破坏时的控制位移比 D-1 小。

(a) 中抹两端裂缝　　　　　(b) 立框裂缝　　　　　(c) 立框卯口裂缝

(d) 中槛十字榫节点裂缝　　　　(e) 下槛卯口剪切破坏　　　　(f) 裙板错动

图 8.10　木填充墙各构件破坏情况

2. 木填充墙构架试验现象

木填充墙构架内部填充墙的破坏形态与填充墙试件类似，各构件局部发生挤压变形、开裂，裙板错动。木构架的约束作用使得木填充墙发生了较大侧向变形，因此木填充墙破坏现象更加明显。

外部榫卯连接木构架的破坏主要发生在榫卯结合处，以及柱底、柱础结合处，梁、柱构件本身无明显破坏。经拆卸试件发现榫头颈部、最外部与卯口上下边缘处变形较大，柱底部管脚榫挤压明显。此外，木填充墙、木构架之间设置了栽销进行连接，由于两者间的相互错动，栽销会发生较大的剪切变形。木填充墙构架破坏形态如图 8.11 所示。

(a) SJ-1变形图　　　　　　　　　　　(b) SJ-2变形图

(c) 卯口下边缘挤压变形　　　　　(d) 柱脚抬升　　　　　　　(e) 栽销剪切变形

图 8.11　木填充墙构架破坏形态

8.1.4　试验结果及分析

1. 滞回曲线

往复荷载作用下，整体结构或者某个构件的荷载与水平位移之间的关系称为滞回曲线。由于木材本身的特性，结构发生位移达到弹性位移之后开始不断产生塑性变形且不可恢复，因此产生滞回效应，这是分析非线性地震的综合体现。木填充墙及木填充墙构架的滞回曲线如图 8.12 所示。

从木填充墙的滞回曲线可看出：

(1) 木填充墙的滞回曲线整体呈 Z 形且有不同程度的捏缩效应，表明木填充墙各构件接触区域有滑移产生，并且随着控制位移的不断增大，整体结构的滑移量也在不断增大。

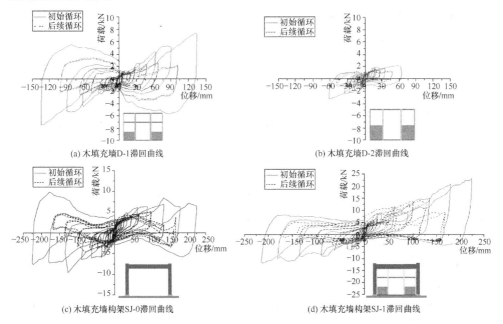

(a) 木填充墙D-1滞回曲线　　　　　　　　　　(b) 木填充墙D-2滞回曲线

(c) 木填充墙构架SJ-0滞回曲线　　　　　　　　(d) 木填充墙构架SJ-1滞回曲线

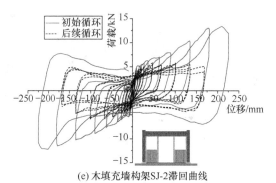

(e) 木填充墙构架SJ-2滞回曲线

图 8.12　木填充墙及木填充墙构架试件的滞回曲线

(2) 木填充墙的控制位移较小时，各个构件开始相互接触并产生微小的挤压变形，滞回曲线呈现饱满的纺锤形，滞回环包围面积较小且荷载卸载至 0 时结构的变形可恢复，这表明木填充墙基本处于弹性阶段。随着水平位移的不断增大，各个连接节点之间逐渐挤紧且产生不可逆的挤压变形，导致滑移摩擦力也逐渐增大，滞回曲线斜率增大，表明结构处于弹塑性阶段。控制位移进一步增大时，各连接节点产生的部分残余变形不能恢复且逐渐累积，曲线走势变缓，斜率逐渐降低。木填充墙 D-1 和 D-2 控制位移分别为 63mm 和 18mm 时，曲线开始变缓，斜率逐渐降低。

(3) 木填充墙从最大侧向位移处开始卸载时，虽然荷载迅速下降，但水平位移不能恢复。作动器反向作用拉动木填充墙时，木填充墙的水平位移不断减小，荷载先增大后减小，最后木填充墙恢复到平衡位置。

(4) 对两种木填充墙的滞回曲线进行对比，发现木填充墙 D-1 滞回环较 D-2 更为饱满，分析其原因可能是木填充墙 D-1 的门窗洞口布置与 D-2 有所不同，木填充墙 D-1 的中槛构件与其余构件相互作用使其耗能有所增加。

从各木填充墙构架的滞回曲线可以看出：

(1) 三榀木填充墙构架的滞回曲线整体均呈 Z 形，说明各个构件之间出现了明显的滑移现象。

(2) 试件 SJ-0 的滞回曲线如图 8.12(c)所示，位移加载幅值小于 10mm 时，滞回环呈梭形。位移加载幅值为 10～50mm 时，滞回环呈弓形。位移加载幅值大于 50mm 时，滞回环变为 Z 形，在相对较大的位移幅值出现明显的捏缩效应，这主要是由于榫卯连接处累积塑性变形，表明其耗能能力降低。试件 SJ-1 的滞回曲线如图 8.12(d)所示，位移幅值小于 30mm 的早期加载阶段，滞回环呈饱满的梭形。位移加载幅值超过 40mm 时，由于木填充墙的构件损伤及榫卯节点间的塑性变形，滞回环由梭形变为 Z 形，同样表现出明显的捏缩效应。试件 SJ-2 的滞回曲线如图 8.12(e)所示，与试件 SJ-1 相似，滞回环在相对较小的加载幅值下呈梭形。随着位移的增加，由于构件间的逐渐破坏和累积损伤变形，捏缩效应变得更加明显。达到较大的加载位移时，滞回环呈现 Z 形。

(3) 木填充墙构架并未和柱础进行有效连接导致产生的恢复力较小，正向水平加载位移较大时，将荷载卸为 0 之后，木填充墙构架的水平位移仍然较大。当作动器反向作用拉动木填充墙构架时，其水平位移不断减小同时荷载先增大后减小，最后木填充墙构架恢复到平衡位置。

(4) 控制位移大于 135mm 时，木填充墙构架 SJ-0 的荷载随位移增大而逐渐减小，而木填充墙构架 SJ-1 和木填充墙构架 SJ-2 的荷载逐渐增大；相较木填充墙构架 SJ-0，木填充墙构架 SJ-1 和 SJ-2 的滞回环较饱满，并且呈现良好的对称性，这表明木填充墙与木构架之间的相互摩擦及木填充墙本身都参与了耗能。

(5) 不同种类的木填充墙对于整体结构的影响不同。与木填充墙构架 SJ-2 相比，木填充墙木构架 SJ-1 滞回曲线走势更陡，同时荷载较高，这说明填有荷载较高、耗能较好的木填充墙，其整体构架的荷载、耗能都会比较高。

(6) 相较于木构架 SJ-0，木填充墙构架 SJ-1、SJ-2 的承载力明显较高，同时变形能力较好，这反映了木构架和木填充墙之间的共同协调作用，使得木填充墙构架的荷载和变形能力较好，也间接地说明木填充墙对整体强度起着很重要的作用。

2. 木填充墙对滞回性能的影响

滞回曲线上同向(拉或压)各次加载的荷载峰值点依次相连得到的包络曲线称为骨架曲线，骨架曲线是每次循环加载达到的水平力最大峰值的轨迹，反映了构件受力与变形的不同阶段及特性，是确定结构恢复力模型中特征点的重要依据。木填充墙与木填充墙构架试件的骨架曲线如图 8.13 所示。

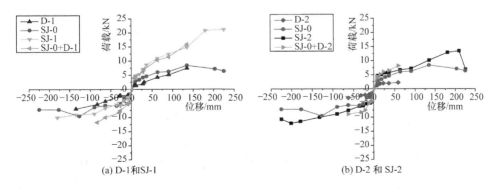

(a) D-1和SJ-1　　　　(b) D-2 和 SJ-2

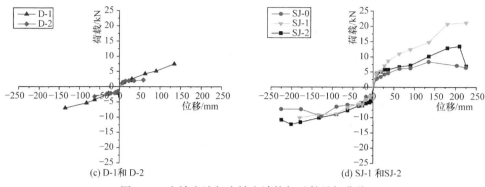

(c) D-1和D-2   (d) SJ-1和SJ-2

图 8.13   木填充墙与木填充墙构架试件骨架曲线

从图 8.13(c)可以看出，D-1 的荷载和变形能力明显优于 D-2，这是由于 D-1的中槛增加了结构的刚度，保证了整个结构的完整性，D-1 可以承受比 D-2 更高的荷载。从图 8.13(a)~(b)可以看出，当水平加载位移超过 135mm 时，试件 SJ-0的荷载随位移的增大而减小，而试件 SJ-1 和 SJ-2 的荷载随位移逐渐增大，主要原因是木填充墙增加了木构架的侧向刚度。与试件 SJ-0 相比，试件 SJ-1 和 SJ-2具有较高的荷载和较好的变形能力[图 8.13(d)]，这反映了木填充墙对木构架的荷载和变形能力有显著的贡献，能显著提高木构架的抗震性能。从图 8.13(a)~(b)也可以看出，正向位移作用下，木填充墙和木构架的荷载叠加与木填充墙构架的荷载几乎相等，但在反向位移作用下存在一定差异，这是由于存在木材劈裂等初始缺陷及制造和安装误差。

为了确定结构在加载过程中的屈服点，在此采用变形率的方法，即将骨架曲线出现的明显拐点作为屈服点，变形率方法如图 8.14 所示。此外峰值点及极限点的确定同样参考图 8.14。确定好屈服点和极限点之后，结构的延性系数 D 定义如下：

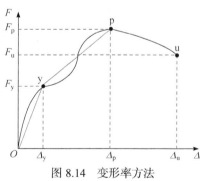

图 8.14   变形率方法

y-屈服点；p-峰值点；u-极限点

$$D = \Delta_u / \Delta_y \tag{8.1}$$

式中，Δ_u 和 Δ_y 分别是屈服荷载 F_y 和极限荷载 F_u 所对应的水平位移。

木填充墙和木填充墙构架的屈服荷载、峰值荷载、极限荷载和相应的水平位移、刚度及延性系数的试验结果如表 8.2 所示。从表中可以看出：①木填充墙和木填充墙构架的屈服位移分别约为 6mm 和 9mm，木填充墙 D-1 和 D-2 的初始刚度相差不大，但是与木构架 SJ-0 相比，木填充墙构架 SJ-1 和 SJ-2 的初始刚度明显大于试件 SJ-0，这表明木填充墙对木填充墙构架初始刚度的增加起着重要作用。②所有的木填充墙构架试件屈服后经过较大的位移达到峰值点，木填充墙构架 SJ-1 和 SJ-2 的峰值荷载和峰值位移均高于木填充墙构架 SJ-0，木填充墙构架的峰值荷载是木构架的 1.59~2.51 倍，木填充墙构架的峰值位移是木构架的 2~2.5 倍。以上分析表明，木填充墙可以显著提高木构架的承载能力和变形能力。③试件 SJ-1 比试件 SJ-2 具有更高的峰值荷载和极限荷载，原因可能是两类木填充墙门窗洞口的布置、群板的高度及接缝的构造(尤其是 D-1 的十字榫)有所不同。这也表明木填充墙 D-1 对木填充墙构架抗震性能的影响明显优于木填充墙 D-2。④木填充墙和木填充墙构架的延性系数分别在 9.13~22.06 和 24.44~25.16，表现出较好的延性。木填充墙 D-2 的正、反向延性系数的平均值最小(D_{mean}=9.92)，为木填充墙 D-1 的 46%。木填充墙构架与木填充墙的延性系数相差不大，说明不同形式的木填充墙对木填充墙构架的延性影响不大。

表 8.2　试件的荷载、水平位移、刚度和延性系数

试件	加载方向	屈服点		峰值点		极限点		D	D_{mean}	K_e/(kN/mm)	$K_{e,mean}$/(kN/mm)
		Δ_y/mm	F_y/kN	Δ_p/mm	F_p/kN	Δ_u/mm	F_u/kN				
D-1	正	6.11	1.29	134.76	7.48	134.76	7.48	22.06	21.66	0.21	0.26
	反	6.35	1.93	135.03	6.99	135.03	6.99	21.26		0.30	
D-2	正	6.43	1.21	58.68	2.21	58.68	2.21	9.13	9.92	0.18	0.23
	反	5.89	1.60	63.09	3.20	63.09	3.20	10.71		0.27	
SJ-0	正	9.00	2.93	134.56	8.45	224.77	6.45	24.97	24.96	0.33	0.33
	反	9.03	2.97	126.94	9.54	225.29	7.20	24.95		0.33	
SJ-1	正	9.01	4.90	225.04	21.22	225.04	21.22	24.44	24.71	0.54	0.45
	反	9.00	3.13	214.96	11.32	214.96	11.32	24.98		0.35	
SJ-2	正	8.96	4.71	209.32	13.46	225.44	6.96	25.16	24.98	0.53	0.54
	反	9.07	5.01	201.29	12.22	224.96	10.73	24.80		0.55	

注：D 为延性系数；D_{mean} 为正反向延性系数的平均值；K_e 为弹性段初始刚度；$K_{e,mean}$ 为正反向弹性段初始刚度的平均值。

3. 木填充墙对刚度退化的影响

水平低周反复荷载作用下，木填充墙及木填充墙构架的残余变形不断积累，结构整体刚度不断下降。刚度反映整个结构抵抗变形的能力，由于整个试验进程中，刚度与整个结构的应力水平和往复加载的次数有关，结构实际的刚度应该为曲线的切线刚度，并且切线刚度是不断变化的。为了便于评判结构抗震性能，采用割线刚度代替结构实际刚度，根据割线刚度变化的规律评判整个结构的抗震性能。割线刚度定义如式(2.1)所示。

木填充墙与木填充墙构架试件的刚度退化曲线对比如图 8.15 所示。从图中可以清楚地看出,随着循环幅值的增加,所有试样的刚度逐渐降低。如图 8.15(a)所示,随着侧向位移的增加,D-2 的刚度退化程度明显大于 D-1,木填充墙的刚度在加载早期急剧下降,主要原因是木填充墙与梁、柱挤压在一起,接触面产生不可逆的挤压变形。如图 8.15(b)所示,初始加载循环时,试件 SJ-1 和 SJ-2 的刚度分别为 0.52kN/mm 和 0.62kN/mm,且均大于试样 SJ-0(0.39kN/mm)。这主要是由于木填充墙对木构架初始刚度的贡献。试样 D-1 的初始刚度大于试样 D-2,其差值为 0.03kN/mm[图 8.15(a)]。然而,试件 SJ-1 的刚度小于试件 SJ-2 的刚度,这可能是由于手工制作和安装构件造成的误差或木材的离散性。循环幅值从 6.75mm(0.075Δ)增加到 27mm(0.2Δ)时,由于构件之间损伤和塑性变形的累积,所有试样的刚度急剧下降,其中试件 SJ-2 的整体刚度下降了 66%。循环幅值大于 90mm(1Δ)时,可以清楚地看到,试样 SJ-1 和 SJ-0 的侧向刚度分别保持在 0.08kN/mm 和 0.04kN/mm,试件 SJ-2 的割线刚度从 0.09kN/mm 逐渐下降到 0.04kN/mm,如图 8.15(b)所示,表明加载后期木填充墙对木填充墙构架的残余刚度影响不大。

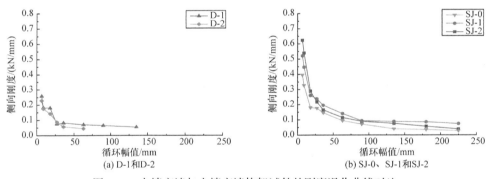

(a) D-1和D-2   (b) SJ-0、SJ-1和SJ-2

图 8.15   木填充墙与木填充墙构架试件的刚度退化曲线对比

4. 木填充墙对强度退化的影响

往复荷载作用下,结构产生的损伤会不断积累,在同一位移下峰值荷载呈下降趋势,因此结构会出现强度退化的现象。强度退化可以用来评价结构抵抗变形的能力,强度退化系数 $\lambda_{i,j}$ 公式如下:

$$\lambda_{i,j} = \left[\frac{F_j^+(X_i)}{F_i^+(X_i)} + \frac{F_j^-(X_i)}{F_i^-(X_i)} \right] \Big/ 2 \tag{8.2}$$

式中,i 为初始循环圈数;j 为后续循环圈数;X_i 为第 i 主循环幅值的 75%;$F_j^+(X_i)$、$F_j^-(X_i)$ 是在第 i 个初始循环的第 j 个后续动循环的最大位移 X_i 处对应的正、反向荷载；$F_i^+(X_i)$、$F_i^-(X_i)$ 是第 i 个初始循环在位移 X_i 处的正、反向荷载。

木填充墙与木填充墙构架的强度退化曲线如图 8.16 所示。

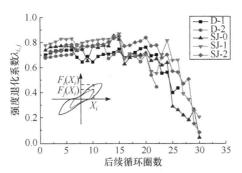

图 8.16　木填充墙与木填充墙构架强度退化曲线

(1) 总体上来看，随着控制位移的不断增大，各个试件的强度退化系数整体呈下降趋势，这是由于木填充墙及木填充墙构架中的各个构件之间相互摩擦、挤压变形、残余变形不断累积，致使结构强度下降。

(2) 木填充墙构架的整体强度退化系数明显高于木填充墙。后续循环圈数小于 20(0.7Δ)时，木填充墙和木填充墙构架的强度退化系数接近，分别保持在 0.70 和 0.75 左右，表明木填充墙和木构架的榫卯节点具有相似的抗累积损伤能力。随着后续循环圈数的增加(大于 0.7Δ)，木填充墙和木填充墙构架的强度退化系数急剧下降，这是因为循环幅值较大的情况下，榫卯节点在垂直于顺纹方向发生不可恢复的塑性变形，且失去了其紧密性，加上木填充墙构件间的严重开裂和损伤，使试件的整体强度明显降低。

(3) 木填充墙的刚度退化程度高于木填充墙构架，这是因为在较大位移情况下，木填充墙及其与木构架的相互作用对木填充墙构架强度有一定的贡献。此外，两种木填充墙构架(SJ-1 和 SJ-2)的强度退化系数略高于 SJ-0，说明木填充墙的存在可以减缓木填充墙构架的强度退化。

(4) 较高的位移循环幅值下，木填充墙 D-1 的强度下降程度低于木填充墙 D-2，这是由于试件 D-1 中的中槛与立框构成的十字榫对整体强度有一定的贡献。

5. 木填充墙对能量耗散的影响

水平低周反复荷载作用下，结构在不断吸收和释放能量，滞回环包围的面积即整个结构耗散的能量。如果整个结构耗散的能量较多，表明其耗能的能力越强，抗震性能越好，因此耗能能力对于结构抗震性能的评估尤为重要。本部分采用单圈滞回环能量和累积能量作为评估结构耗能的指标，若单圈滞回环越大，累积能量越多，说明整个结构的耗能越好。

　　如图 8.17 所示，循环圈数为 1~22 时，所有试样在每个加载循环时的能量耗散并没有显著差异。循环圈数大于 22 时，由于榫卯节点和构件之间非线性损伤的累积，各试件的耗能差异越来越显著。此外，初次循环耗散的能量总是大于尾循环。如图 8.18(a)所示，与试件 D-2 相比，试件 D-1 在每个加载循环中的累积能量贡献较大，这是因为试件 D-1 在结构上比 D-2 多了一个中槛，加载过程中十字榫的连续塑性变形及节点的严重损伤和开裂都对木填充墙的能耗有重要影响。从图 8.18(b)可以清楚地看出，试件的累积能量耗散随着加载循环圈数的增加而增加，循环圈数大于 22 时，木构架与木填充墙构架的累积能量耗散差异越来越大，说明木填充墙在累积能量耗散中起着越来越重要的作用。试件加载到最大循环圈数时，SJ-1 和 SJ-2 的累积能量耗散相差不大，约为 $2.6 \times 10^7 \mathrm{N \cdot mm}$，SJ-0 的累积耗能为 $1.6 \times 10^7 \mathrm{N \cdot mm}$，木填充墙构架的累积能量耗散约为木构架的 1.6 倍，木构架和木填充墙的能量耗散比例分别为 62%和 38%，说明木填充墙在木填充墙构架的累积耗能过程中起着重要作用，显著提高了木填充墙构架的能量耗散。因此，木填充墙在木构架结构耗能中的作用不容忽视。如图 8.18(c)~(d)所示，除上述现象外，还可以看出木构架的累积能量耗散明显小于木填充墙构架，但木填充墙和木构架的累积能量耗散总量与木填充墙构架一致，表明由于木填充墙构件间的不可逆的累积损伤和变形，木填充墙对木填充墙构架的总能量耗散有着显著贡献。

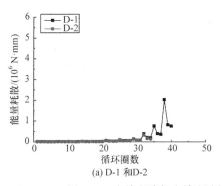

(a) D-1 和 D-2

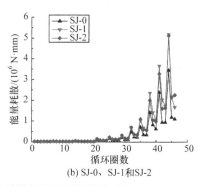

(b) SJ-0、SJ-1 和 SJ-2

图 8.17　木填充墙与木填充墙构架试件的单滞回环环耗能曲线对比

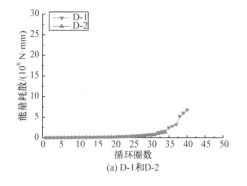

(a) D-1 和 D-2

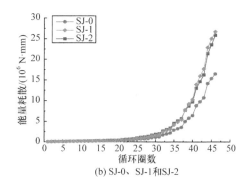

(b) SJ-0、SJ-1 和 ISJ-2

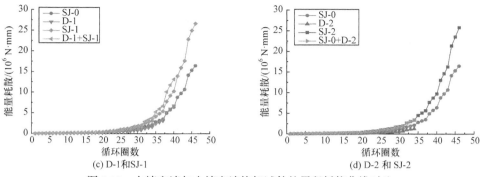

图 8.18　木填充墙与木填充墙构架试件的累积耗能曲线对比

6. 局部应变分析

为了了解木填充墙与木构架之间的相互作用,定量地分析木填充墙各个构件的应力分布情况,试验之前在木填充墙各构件端部及中间粘贴应变片,同时应变片离受力区域 10cm,以防止各个应变片受力不均匀。为避免赘述,这里只对木填充墙构架 SJ-1 中木填充墙 D-1 布置的应变片进行分析,其应变片布置如图 8.19 所示。

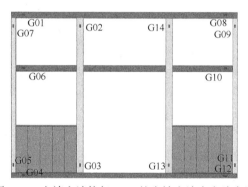

图 8.19　木填充墙构架 SJ-1 的木填充墙应变片布置

木填充墙上槛、中槛及下槛左右两端应变对比如图 8.20 所示。

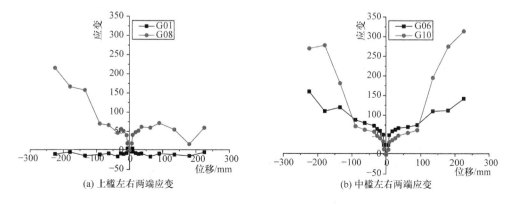

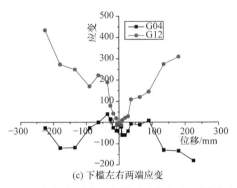

(c) 下槛左右两端应变

图 8.20　木填充墙上槛、中槛及下槛左右两端应变对比

(1) 在不断推拉的过程中，木填充墙上槛、中槛和下槛的单个应变片的应变基本对称，但布置在对称位置上的应变片 G01 和 G08、G06 和 G10、G04 和 G12 的应变却存在一定差异，原因可能是木构架左右两端的柱对木填充墙横向构件的约束作用不同，木构架与木填充墙之间的间隙不对称，木材本身存在不一致的干缩裂缝。

(2) 上槛两端的应变片为 G01 和 G08，其中 G01 的应变一直为负值，这表明木填充墙上槛左端受到了木构架的挤压，并且挤压作用比较稳定。然而 G08 的应变恒为正值，这表明木填充墙上槛右端受到了拉力，并且推拉方向不对称，木填充墙上表面和枋的摩擦作用使得上槛右端受拉；中槛两端应变片 G06 和 G10 的应变恒为正值且在推拉方向上较为对称，随着控制位移的不断增大，中槛两端的应变不断增大，并且控制位移达到 90mm 时，其应变增长的速度加快，G10 的应变超过了 G06 的应变；下槛两端应变片 G04 和 G12 的应变不对称，其中 G04 的应变基本为负值，G12 的应变基本为正值，并且控制位移大于 90mm 时，其应变不断增大，这说明木构架对于下槛的挤压作用在不断增强。

木填充墙上槛、中槛及下槛左端和右端应变对比如图 8.21 所示，从中可以看

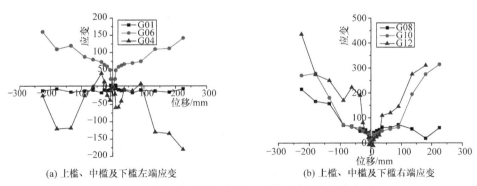

(a) 上槛、中槛及下槛左端应变　　　　(b) 上槛、中槛及下槛右端应变

图 8.21　木填充墙上槛、中槛及下槛左端和右端应变对比

出，中槛左端整体处于受拉状态，上槛和下槛左端整体处于受压状态，其中下槛受压变形最严重；上槛、中槛和下槛右端整体处于受拉状态，并且从上往下受拉应变不断减小。经分析，木填充墙两侧受力不对称，并且从上至下其受力也存在差异。

木填充墙左右抱框和立框上下两端应变对比如图 8.22 所示。

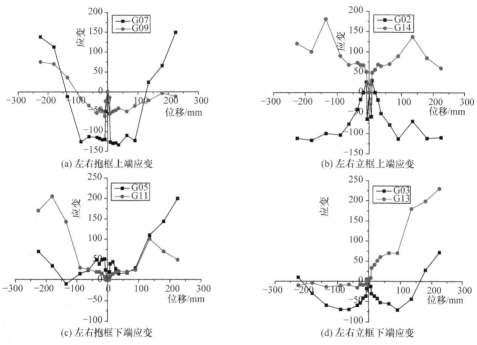

图 8.22　木填充墙左右抱框和立框上下两端应变对比

(1) 木填充墙抱框和立框左右两端的单个应变片的应变在推拉方向上基本对称，然而处于对称位置处应变片 G07 和 G09、G02 和 G14、G03 和 G13、G05 和 G11 的应变却有较大的差别，这表明木构架的枋对于木填充墙竖向构件的作用不同。

(2) 控制位移未达到 90mm 时，木填充墙两侧抱框上端应变片 G07 和 G09 的应变恒为负值且不断减小，说明抱框容易承受枋的挤压，同时挤压力不断减小。随着控制位移不断增大，应变片 G07 应变变为正，这说明抱框上端由纯受压状态转变为压弯状态。然而，对于木填充墙两侧立框上端的应变片 G02 和 G14 来说，G02 的应变基本呈不断增大且为负值，G14 的应变增大到一定值呈现下降的趋势且恒为正值，这说明木填充墙的两立框受力不对称，变形协调不一致。

(3) 木填充墙两侧抱框下端应变片 G05 和 G11 的应变基本为正值，但在推拉方向上并不对称。对于木填充墙两侧立框下端的应变片 G03 和 G13 来说，G03

在推拉两个方向呈现了良好的对称性，控制位移小于 90mm 时，G03 应变为负值且大小随着位移的增大而增大；控制位移大于 90mm 时，G03 应变为负值，但其大小随着位移的增加而减小，这表明立框从纯受压状态逐渐地转为压弯状态。

8.2　约束木填充墙恢复力模型

木填充墙种类繁多，构造各不相同，其具体计算分析模型需根据具体情况确定。但木填充墙都是由木质填充墙单元、立框、上下槛组成，可在木质填充墙单元基础上考虑立框、上下槛的影响，确定木填充墙的分析模型。因此，仅对木质填充墙单元在水平荷载作用下的变形进行分析。

8.2.1　受力机理分析

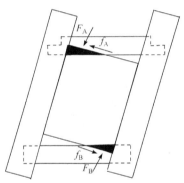

图 8.23　木质填充墙受力示意图

在水平力的作用下，木质填充墙单元受到木框、槛的约束，在摩擦力的作用下发生侧向变形，随着水平侧移的增加，木质填充墙与枋之间发生挤压，产生挤压力。在挤压力和摩擦力共同作用下，木质填充墙产生了抵抗水平变形的荷载，其受力机理如图 8.23 所示。

1. 基本假定

(1) 将木质填充墙假定为一个匀质的墙面板，忽略窗花孔洞及边框杆件的作用。

(2) 不考虑额枋和柱的弯曲变形，木材横纹受压本构采用理想弹塑性模型，如图 2.19 所示。

(3) 尽管木材之间的摩擦系数通常受到木材种类、含水率及接触面粗糙度等因素的影响，为简化计算，取木材间的摩擦系数为定值[58]，同时木质板与约束柱之间的摩擦忽略不计。

(4) 在水平力作用下，木质板产生转动的转动中心为其形心。

2. 几何条件

木质填充墙的长、宽、高分别用 l、w、h 表示，约束木质填充墙转动的上、下枋的厚度为 h_t、h_b，其各部分尺寸及变形状态如图 8.24 所示。

木质填充墙的总转角 θ 由两部分构成，即木质填充墙(C 区域或者 D 区域)的挤压角 α 和约束枋(A 区域或者 B 区域)的嵌入角 β。

$$\theta = \alpha + \beta \tag{8.3}$$

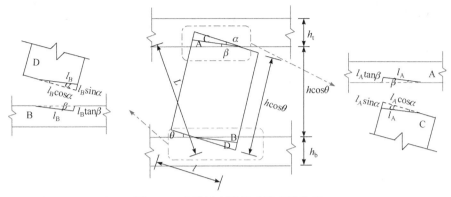

图 8.24　木质填充墙尺寸及变形状态

根据图 8.24 的几何关系可得挤压变形关系为

$$l_A \cos\alpha \sin\theta + l_B \cos\alpha \sin\theta = L\sin(\varphi+\theta) - h\cos\theta$$
$$= l\sin\theta \tag{8.4}$$

式中，$L = \sqrt{l^2 + h^2}$；$\varphi = \arctan\dfrac{h}{l}$。

3. 物理条件

对于约束枋上、下枋处的埋置嵌入区域，沿埋置方向的最大应变可以表示为

$$\varepsilon_{\mathrm{max,A}} = \frac{l_A \tan\beta}{h_t / \cos\beta} \tag{8.5}$$

$$\varepsilon_{\mathrm{max,B}} = \frac{l_B \tan\beta}{h_b / \cos\beta} \tag{8.6}$$

式中，$\varepsilon_{\mathrm{max,A}}$、$\varepsilon_{\mathrm{max,B}}$ 分别表示约束上、下枋埋置嵌入 A 区和 B 区木材的最大应变；l_A、l_B 为对应的埋置嵌入 A 区和 B 区的接触面长度。

木材的弹性模量在不同转角 θ 作用下具有不同的数值，依据 Hankinson 的定义，其增大系数可用式(8.7)表示[59]：

$$\chi(\beta) = \frac{E_\parallel}{E_\parallel \cos^{3.1}\beta + E_\perp \cos^{3.1}\beta} \tag{8.7}$$

即

$$E(\beta) = E_\perp \chi(\beta), \quad 0 \leqslant \varepsilon_{\mathrm{max}} \leqslant \varepsilon_y \tag{8.8}$$

$$E(\beta) = 0, \qquad \varepsilon_y < \varepsilon_{\mathrm{max}} \leqslant \varepsilon_u \tag{8.9}$$

式中，$E_\parallel$ 和 $E_\perp$ 分别为木材顺纹和横纹的弹性模量。

根据基本假定，受压区应力-应变满足胡克定律，节点挤压处的最大应力 $\sigma_{\max}$ 满足关系：

$$\sigma_{\max} = E(\beta) \cdot \varepsilon_{\max}, \quad 0 \leqslant \varepsilon_{\max} \leqslant \varepsilon_{y} \tag{8.10}$$

$$\sigma_{\max} = \sigma_{y}, \qquad\qquad \varepsilon_{y} < \varepsilon_{\max} \leqslant \varepsilon_{u} \tag{8.11}$$

4. 平衡条件

木质填充墙在弹性受力阶段[图 8.25(a)]，F_A 和 F_B 分别表示约束枋 A 和 B 两处的挤压力，作用点位于应力分布图的形心，f_A 和 f_B 表示相应的摩擦力。进入弹塑性阶段后，各挤压处的应力分布图由三角形转变为梯形，如图 8.25(b)所示。

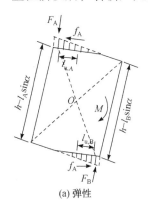
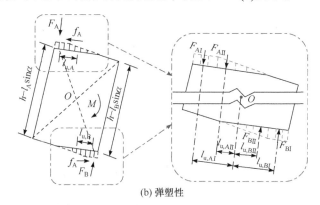

(a) 弹性　　　　　　　　　　　　　　　　　　　(b) 弹塑性

图 8.25　木质填充墙受力状态

由力平衡条件可得

$$F_A = F_B = F_C = F_D \tag{8.12}$$

$$f_A = f_B \tag{8.13}$$

8.2.2　约束木质填充墙力-位移关系的推导

为简化计算并结合木质填充墙的受力情况，将其受力过程分为两个阶段：
(1) 墙面板上下受挤压区域均处于弹性阶段。
(2) 墙面板上下受挤压区域均处于塑性阶段。

1. 弹性阶段

A、B 处挤压力 F_A、F_B 和摩擦力 f_A、f_B 的表达式分别如下：

$$F_A = \frac{l_A^2 E_{\perp,枋} \chi(\beta)}{2h_t} w \tan\beta \tag{8.14}$$

$$F_B = \frac{l_B^2 E_{\perp,枋}\chi(\beta)}{2h_b}w\tan\beta \tag{8.15}$$

$$f_A = \mu F_A \tag{8.16}$$

$$f_B = \mu F_B \tag{8.17}$$

同理，C 处挤压力 F_C 的表达式为

$$F_C = \frac{l_A^2 E_{\parallel,墙}}{2h}w\sin\alpha\cos\alpha \tag{8.18}$$

弹性转角范围内转角较小，可取 $\chi(\beta)=1$，同时由式(8.15)和式(8.18)可得

$$\alpha = \frac{1}{2}\arcsin\frac{2hE_{\perp,枋}\tan\beta}{h_t E_{\parallel,墙}} \tag{8.19}$$

由式(8.3)、式(8.12)~式(8.15)可得接触面长度 l_A、l_B 分别为

$$l_A = \frac{\sqrt{h_t}}{\sqrt{h_t}+\sqrt{h_b}}\cdot\frac{l}{\cos\alpha} \tag{8.20}$$

$$l_B = \frac{\sqrt{h_b}}{\sqrt{h_t}+\sqrt{h_b}}\cdot\frac{l}{\cos\alpha} \tag{8.21}$$

由几何关系变形可得挤压部位的力臂 $l_{u,A}$、$l_{u,B}$ 分别为

$$l_{u,A} = \sqrt{\left(\frac{l}{2}\right)^2+\left(\frac{h}{2}-l_A\sin\alpha\right)^2}\cdot\cos\left(\frac{\pi}{2}+\alpha-\arctan\frac{l}{h-2l_A\sin\alpha}\right)-\frac{l_A}{3} \tag{8.22}$$

$$l_{u,B} = \sqrt{\left(\frac{l}{2}\right)^2+\left(\frac{h}{2}-l_B\sin\alpha\right)^2}\cdot\cos\left(\frac{\pi}{2}+\alpha-\arctan\frac{l}{h-2l_B\sin\alpha}\right)-\frac{l_B}{3} \tag{8.23}$$

对木质板的形心点 O 取距，根据弯矩平衡条件可得

$$M = Fh\cos\theta = F_A\left(l_{u,A}+l_{u,B}\right)+\mu F_A(l\sin\alpha+h\cos\alpha) \tag{8.24}$$

则由式(8.24)可得抗侧力 F。

2. 屈服位移

在挤压力作用下，木材在横纹方向的屈服应变可以用式(8.25)表示：

$$\varepsilon_y = \frac{l_A\sin\beta}{h_t} = \frac{l_B\sin\beta}{h_b} \tag{8.25}$$

即

$$\varepsilon_y = \frac{\sqrt{h_t}}{\sqrt{h_t}+\sqrt{h_b}}\cdot\frac{l\sin\beta}{\cos\alpha} = \frac{\sqrt{h_b}}{\sqrt{h_t}+\sqrt{h_b}}\cdot\frac{l\sin\beta}{\cos\alpha} \tag{8.26}$$

由于 α、β 较小，为了简化计算取 $\cos\alpha = 1$，则

$$\beta_{y,1} = \arcsin \frac{\varepsilon_y \sqrt{h_t}\left(\sqrt{h_t} + \sqrt{h_b}\right)}{l} \tag{8.27}$$

$$\beta_{y,2} = \arcsin \frac{\varepsilon_y \sqrt{h_b}\left(\sqrt{h_t} + \sqrt{h_b}\right)}{l} \tag{8.28}$$

按式(8.29)计算约束枋挤压屈服转角：

$$\beta_y = \min\left\{\beta_{y,1}, \beta_{y,2}\right\} \tag{8.29}$$

由式(8.3)和式(8.19)，可得整个木质填充墙的屈服转角 θ_y，则屈服位移 Δ_y 可由式(8.30)计算：

$$\Delta_y = h\sin\theta_y \tag{8.30}$$

3. 塑性阶段

A、B 处挤压力 F_A、F_B 表达式如下：

$$F_A = F_{A\,I} + F_{A\,II} = \frac{E_{\perp,枋}w\chi(\beta)}{h_t/\cos\beta}\left(\frac{l_A\delta_y}{\cos\beta} - \frac{\delta_y^2}{\sin\beta\cos\beta}\right) + \frac{E_{\perp,枋}w\chi(\beta)}{h_t/\cos\beta}\cdot\frac{\delta_y^2}{2\sin\beta\cos\beta} \tag{8.31}$$

$$F_B = F_{B\,I} + F_{B\,II} = \frac{E_{\perp,枋}\chi(\beta)}{h_b/\cos\beta}\left(\frac{l_B\delta_y}{\cos\beta} - \frac{\delta_y^2}{\sin\beta\cos\beta}\right) + \frac{E_{\perp,枋}\chi(\beta)}{h_b/\cos\beta}\cdot\frac{\delta_y^2}{2\sin\beta\cos\beta} \tag{8.32}$$

由式(8.3)、式(8.12)、式(8.31)和式(8.32)可得接触面长度 l_A、l_B 分别为

$$l_A = \frac{l}{2\cos\alpha} + \frac{\sigma_y}{4E_{\perp,枋}\sin\beta}\left(h_t - h_b\right) \tag{8.33}$$

$$l_B = \frac{l}{2\cos\alpha} + \frac{\sigma_y}{4E_{\perp,枋}\sin\beta}\left(h_b - h_t\right) \tag{8.34}$$

由几何变形关系可得挤压部位力臂 $l_{u,A\,I}$、$l_{u,A\,II}$、$l_{u,B\,I}$、$l_{u,B\,II}$ 为

$$l_{u,A\,I} = \sqrt{\left(\frac{l}{2}\right)^2 + \left(\frac{h}{2} - l_A\sin\alpha\right)}\cdot\cos\left(\frac{\pi}{2} + \alpha - \arctan\frac{l}{h - 2l_A\sin\alpha}\right) - \frac{l_A}{2}\left(1 - \frac{\sigma_y h_t E_{\perp,枋}}{l_A\sin\beta}\right) \tag{8.35}$$

$$l_{u,A\,II} = \sqrt{\left(\frac{l}{2}\right)^2 + \left(\frac{h}{2} - l_A\sin\alpha\right)}\cdot\cos\left(\frac{\pi}{2} + \alpha - \arctan\frac{l}{h - 2l_A\sin\alpha}\right) + \frac{2l_A}{3}\cdot\frac{\sigma_y h_t E_{\perp,枋}}{l_A\sin\beta} - l_A \tag{8.36}$$

$$l_{u,B\,I} = \sqrt{\left(\frac{l}{2}\right)^2 + \left(\frac{h}{2} - l_A \sin\alpha\right)} \cdot \cos\left(\frac{\pi}{2} + \alpha - \arctan\frac{l}{h - 2l_B \sin\alpha}\right) - \frac{l_B}{2}\left(1 - \frac{\sigma_y h_b E_{\perp,\text{枋}}}{l_B \sin\beta}\right)$$

$$(8.37)$$

$$l_{u,B\,II} = \sqrt{\left(\frac{l}{2}\right)^2 + \left(\frac{h}{2} - l_B \sin\alpha\right)} \cdot \cos\left(\frac{\pi}{2} + \alpha - \arctan\frac{l}{h - 2l_B \sin\alpha}\right) + \frac{2l_B}{3} \cdot \frac{\sigma_y h_b E_{\perp,\text{枋}}}{l_B \sin\beta} - l_B$$

$$(8.38)$$

对木质板的形心点 O 取距，根据弯矩平衡条件可得

$$M = Fh\cos\theta = F_{A\,I}\left(l_{u,A\,I} + l_{u,B\,I}\right) + F_{A\,II}\left(l_{u,A\,II} + l_{u,B\,II}\right) + \mu F_A\left(l\sin\alpha + h\cos\alpha\right)$$

$$(8.39)$$

则由式(8.39)可得抗侧力 F。

8.2.3　力–位移关系的验证

对不同高宽比的模型比例为 $1:6$ 的 2 个木质填充墙模型(样式和尺寸取自西安钟楼)进行低周反复加载试验，模型详细尺寸见图8.26。

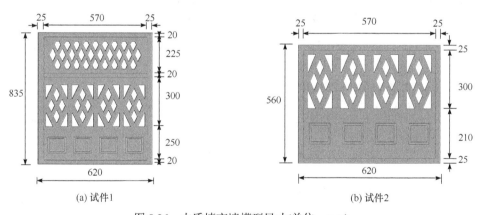

(a) 试件1　　　　　　　　　　　　　　　　(b) 试件2

图 8.26　木质填充墙模型尺寸(单位：mm)

试验用约束枋及木墙边框木材为樟子松；木墙采用胶合木板，其顺纹抗压弹性模量为 1228MPa。根据式(8.3)～式(8.39)及试验参数，计算所得模型的力–位移曲线见图8.27，也给出了相应的试验结果。从图中可以看出，理论计算结果与试验结果吻合较好，验证了力学模型的有效性。

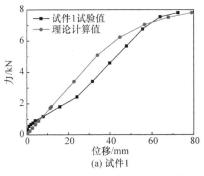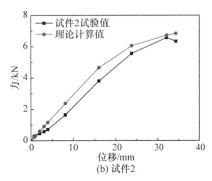

(a) 试件1　　　　　　　　　　　　　　　(b) 试件2

图 8.27　理论计算与试验力-位移曲线对比

8.2.4　力学模型简化与验证

根据上述理论力学模型，结合工程实际需要，提出一个更方便运用的木质填充墙力-位移双折线模型，如图 8.28 所示。

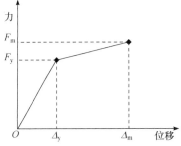

(1) 第 1 阶段，弹性工作阶段：木质填充墙与约束枋接触并发生挤压，随着木质填充墙水平位移的不断增大，相互挤压越来越紧密，直至木材局部达到屈服强度 σ_y，此时对应的木质填充墙的位移为 Δ_y，相应的屈服荷载 F_y 可由式(8.30)求得。

图 8.28　木质填充墙力-位移模型

(2) 第 2 阶段，塑性强化阶段：挤压区屈服后，木质填充墙的转动弯矩增长幅度变缓，相应抗侧力增幅也变缓，直至达到峰值荷载 F_m，则相应的侧移为峰值位移 Δ_m。

将式(8.39)对 α 求导，可得峰值转角 θ_m 为

$$\theta_m = \frac{3\sqrt[3]{-q/2}}{5} \tag{8.40}$$

$$q = \frac{h_t(\mu h + 2l/3)\sqrt{h_t h_b}}{2E_\perp wl\delta_y} + \frac{4(\mu l - h)^3}{27l^3} \tag{8.41}$$

将式(8.40)代入式(8.19)和式(8.3)可得木质板峰值转角 θ_m，可求得其对应的峰值位移，同时根据式(8.39)可得结构的最大抗侧力 F_m。

木质填充墙的最终破坏是木质填充墙与约束木构架之间缺少必要的连接导致其平面外倾斜倒塌，承载力突然下降接近于 0。很难确定这种情况下的极限位移，而且木质填充墙在峰值荷载阶段结构对应的位移角已经很大，几乎超过了传统木结构有倒塌的限值(试件 1 和试件 2 对应的峰值位移角分别为 0.078rad 和 0.063rad，

而传统木结构的倒塌层间位移角最大值为 1/16[60]），因此暂不考虑结构超过峰值荷载以后的破坏阶段，即只存在弹性阶段和塑性阶段。

将试验中木质填充墙试件的材料参数和尺寸参数代入上述简化力学模型，可得到 2 个试件简化后的力-位移双折线曲线，将其与试验曲线的对比图绘制于图 8.29。由图可知，简化的双折线力学模型计算得到的曲线与试验曲线在各阶段的发展趋势均吻合良好，可以较合理地反映木质填充墙在侧移过程中力随位移的变化特点。因此，本章提出的简化力学模型具有一定的适用性，可为传统木结构的抗震性能研究及加固修缮提供理论依据。

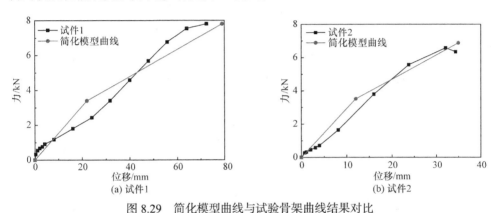

图 8.29　简化模型曲线与试验骨架曲线结果对比

8.2.5　恢复力模型的验证

木质填充墙试件水平力-位移关系滞回曲线如图 8.30 所示。2 个试件的滞回环开始均为梭形，随后逐渐发展为 Z 形，具有明显的捏缩滑移现象。试件 2 的滞回曲线明显不对称，主要是因为木质填充墙与约束装置缺少必要的连接。试验过程中，随着加载位移的增大，试件 2 出现了一定的平面外扭转，正反向加载时受力不对称。结构整个阶段的变形过程表现出明显的非线性，初始弹性阶段刚度较大，

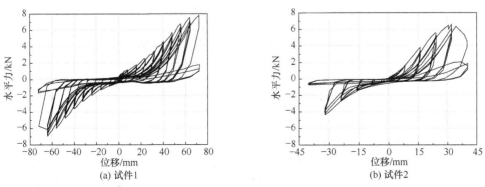

图 8.30　木质填充墙水平力-位移滞回曲线

屈服后，滞回曲线的斜率逐渐降低，最终木质填充墙因为平面外倾斜倒塌，失去承载力，水平力几乎下降为 0。在一定范围内，随着结构侧移的增大，滞回环的面积不断增大，耗能能力增强，卸载时，水平力下降较快，而变形恢复较少，说明木质填充墙在摩擦挤压过程中产生了较大的塑性变形。

木质填充墙滞回曲线同样具有与榫卯节点相似的滞回特点，因此可以采用榫卯节点的恢复力模型(图 4.14)来反映木质填充墙的滞回性能。参照木质填充墙的简化力学模型可以得到恢复力模型各阶段的关键参数，如表 8.3 所示。结合榫卯节点恢复力模型，将反复荷载作用下木质填充墙试验的滞回曲线及计算的滞回曲线绘制于图 8.31。从图可以看出，试件 1 的理论曲线与试验曲线能够很好地吻合，试件 2 试验数据具有明显的不对称性，导致滞回曲线在反向相差较大。除此之外，该恢复力型能够较好地模拟木质填充墙在反复荷载作用下的捏缩效应、强度退化及刚度退化，为传统木结构整体结构进行动力弹塑性时程分析提供合理的依据。

表 8.3 木质填充墙恢复力模型特征参数

木质填充墙	k_1/(kN·m)	k_2/(kN·m)	Δ_y/mm	Δ_m/mm
试件 1	0.15	0.09	17.29	68
试件 2	0.29	0.15	12.00	35

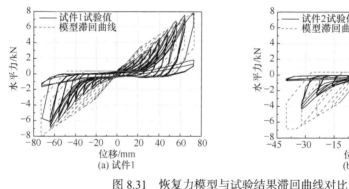
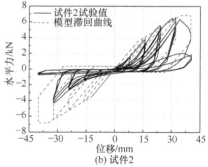

图 8.31 恢复力模型与试验结果滞回曲线对比

8.3 砌体填充墙木构架拟静力试验

砌体填充墙在我国传统木结构中应用广泛，具有很好的保温、隔热、隔声及分隔水平空间等功能。其中，砖砌填充墙占大多数，如图 8.32 所示，但也不乏土墙、石墙。地震作用下木构架整体受损较轻，但填充墙体常会发生平面外倒塌，即呈现墙倒屋不塌的破坏特征。填充墙体未发生倒塌前，填充墙体平面内刚度较大，对木构架稳定性具有很好的辅助作用。

(a) 南禅寺　　　　　　　　　　　　　　　　　(b) 佛光寺

图 8.32　砖砌填充墙木构架结构

8.3.1　试件设计与制作

以西安钟楼一层和二层的围护墙体作为试件原型，如图 8.33 所示，按照 1:2 的模型比例制作了四榀带不同类型砌体填充墙的木构架试件。其中试件 1 为无填充墙的榫卯连接木构架试件，用作对比试验；试件 2 为槛墙木构架试件；试件 3 为带窗槛墙木构架试件；试件 4 是满填砖墙木构架试件。

图 8.33　西安钟楼及其砌体填充墙木构架

根据对西安钟楼的调研并结合文献可知，木构架的梁柱榫卯连接采用直榫连接，柱与柱础间采用管脚榫连接(榫长为 90mm，榫径为 100mm)，试件各部件尺寸见表 8.4，试件各部件由熟练的工匠制作而成，制作过程如图 8.34 所示。

表 8.4   填充墙木构架试件尺寸

构件名称	尺寸类型	原型尺寸/mm	试件尺寸/mm	备注
金柱	柱径	600	300	梁柱节点采用直榫节点,榫头长度与柱直径相等、高度为枋高、宽度为枋宽的1/2。卯口的尺寸与榫头尺寸一致
	柱高	4000	2000	
檐枋	枋高	700	350	
	枋宽	300	150	
	枋长	4920	2460	
满砌墙	墙高	3100	1550	墙青砖 240mm×115mm×53mm;糯米灰浆砌筑(石灰∶黏土∶砂=3∶5∶2,糯米浆浓度为3%)
	墙宽	3720	1860	
矮墙	墙高	810	405	
	墙宽	3720	1860	
木窗	窗宽	3720	1860	木窗高为整体墙高减去槛墙高和木榻高
	窗厚	45	实取 20	

(a) 木塌板节点

(b) 木塌板组装过程

(c) 组装成型图

(d) 现场砌筑填充墙

图 8.34   试件制作过程

各试件置于长 3760mm、截面尺寸为 400mm×400mm×10mm 的矩形钢梁基础上进行安装和墙体砌筑。各试件结构及尺寸如图 8.35 所示。

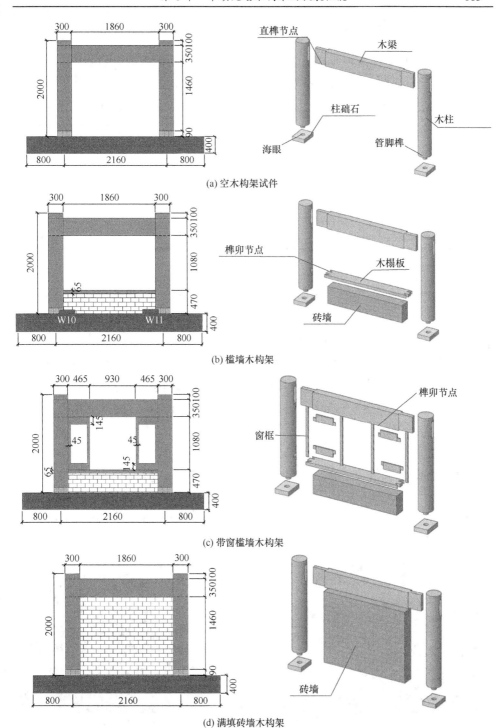

(a) 空木构架试件

(b) 槛墙木构架

(c) 带窗槛墙木构架

(d) 满填砖墙木构架

图 8.35 试件结构及尺寸详图(单位：mm)

8.3.2　材料力学性能试验

木材的各向异性体现在其强度和弹性模量在各个方向有很大的差异。根据木材力学性能测试标准，测得木材顺纹、横纹主要力学性能结果见表 8.5。

表 8.5　木材力学性能

指标	含水率/%	密度/(g/cm³)	顺纹/MPa			横纹/MPa		
			受压强度	受拉强度	弹性模量	受压强度	弹性模量(T)	弹性模量(R)
平均值	11.2	0.52	48.2	86.6	10870	4.52	663	1043
变异系数/%	2.67	7.33	4.89	4.86	17.21	2.70	13.37	19.28

注：T 表示横纹切向；R 表示横纹径向。

糯米灰浆在我国古建筑中应用广泛，砌筑所用糯米灰浆成分(体积比)为石灰：土：砂=3：5：2，用质量分数为 3%的糯米浆代替水做溶剂。每千克固态三合土加入 0.35kg 浆体，并搅拌均匀。

根据《建筑砂浆基本力学性能试验方法标准》(JGJ/T 70—2009)[61]制定了 6个边长为 70.7mm 的糯米灰浆立方体试件，并通过试验测定其力学性能。试验设备为 DNS2000 电子万能试验机，加压速度控制为 3mm/min，测得糯米灰浆平均抗压强度为 1.07MPa。

古代砖料名称繁多，因其规格、工艺、产地的不同而派生出许多名称。本节采用旧青砖，采用《砌墙砖试验方法》(GB/T 2542—2012)[62]测定砖的抗压强度及弹性模量，如图 8.36 所示。试样砖置于 WAW-1000 微机控制电液伺服万能试验机上进行，试验机精度为±0.5%，加载速度为 0.3mm/min。砖块单轴抗压试验结果见表 8.6。

(a) 砖抗压试块　　　　　　　　　　　(b) 砖抗压破坏形态

图 8.36　砖块抗压试验

表 8.6　砖块单轴抗压试验结果

试件编号	受压面面积/mm²	最大压力/kN	抗压强度/MPa	平均抗压强度/MPa	标准差	变异系数/%	弹性模量/MPa
1	13224	97.7	7.390				
2	13225	82.5	6.238	7.040	0.617	8.76	544
3	13220	100.9	7.636				
4	13235	91.3	6.895				

8.3.3　试验装置及加载制度

试件底梁通过压梁固定于实验室台座上。试验通过一台最大荷载为 250kN、最大行程为 ±250mm 的电液伺服作动器施加水平荷载。为了不影响节点的摩擦耗能及其拔榫量，作动器与节点两侧留有 50mm 的空隙。经计算，每个柱顶施加 70kN 竖向荷载，先通过量程为 100kN 的千斤顶施加于分配梁上，然后施加于柱顶。为防止木构架产生平面外失稳，在木构架梁的两侧加设侧向支撑。侧向支撑固定在反力架上，与木构架接触处设置滚轮。图 8.37 为木构架填充墙试验加载示意图。

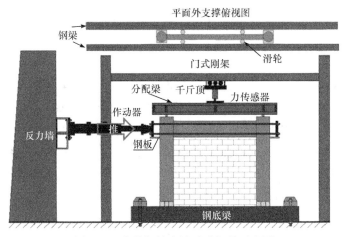

图 8.37　木构架填充墙试验加载示意图

根据文献[63]规定的木结构拟静力试验加载方法，试验采用位移控制加载方式，其中 Δ 引自《古建筑木结构维护与加固技术标准》(GB 50165—2020)[57]，抗震变形验算中，罕遇地震作用下木构架的位移角限制为极限位移角的 1/30，取 60mm。试验加载分为预加载和正式加载两个阶段。

(1) 预加载：在正式加载之前，需要对试件进行预加载。预加载时，首先预加水平往复荷载 1～2 次，位移为 3.00mm(0.05Δ)。其次，检查各部分的连接情况，包括位移计的支座等；检查各仪器设备的工作状况，转角仪、位移计等是否正常读数。最后，检查螺栓是否有松动，整个试验装置是否可靠。

(2) 正式加载：采用位移控制加载方式。加载制度引用文献[63]中的加载方式，每个循环由两个部分组成，第一部分是主循环，第二部分是从循环。主循环分别为 0.075Δ、0.1Δ、0.2Δ、0.3Δ、0.4Δ、0.7Δ、1Δ 等，之后的主循环按 0.5Δ 递增，从循环的位移是主循环的 0.75 倍。每一级主循环都对应着一级从循环，0.075Δ 和 0.1Δ 的主循环对应着 6 次从循环，0.2Δ 和 0.3Δ 的主循环对应 3 次从循环。之后的主循环则对应 2 次从循环，低周反复加载制度如图 8.38 所示。

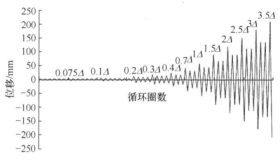

图 8.38 低周反复加载制度

8.3.4 测量方案

为了测量构件在低周反复试验下的实际水平位移，沿着柱高度方向布置 4 个水平位移计。试件的顶部即枋的中心位置设置 1 个位移计 W1 来测定构件的侧向位移，同时此位移计用作磁力位移计，作为位移控制的标准；为了消除构架整体位移对结果的影响，在地梁设置 1 个位移计 W4，底部位移与顶部位移的差值即试验过程中构件的实际位移；木窗与砖分界线处，即木槛板中心线设置 1 个位移计 W3；在位移计 W1 和 W3 之间布置一个 W2，分析构架的整体变形。

在榫头接近上下端面处布置 2 个位移计，两侧均布置，命名为 W5～W8，测量榫头相对卯口的拔出量。在柱脚处布置竖向位移计，柱左右均布置两个，命名为 W9～W12。LW1、LW2 是拉线式位移计，以获得填充墙的剪切变形，LW3～LW6 是拉线式位移计，用于测量木窗的剪切变形。具体测量仪器布置如图 8.39 所示。

为了进一步了解填充墙与木构架之间的相互约束作用，在每个节点相应的柱端与梁端布置转角仪 Z1~Z4，测量柱及梁的转角，进而得到榫卯节点的转角进行分析。为确保试验数据的准确性，加载前对测量仪器进行了测试，确认无误后开始加载。

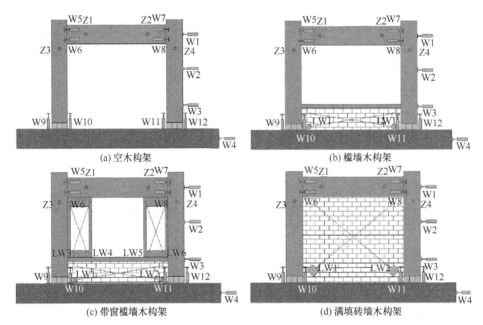

(a) 空木构架

(b) 槛墙木构架

(c) 带窗槛墙木构架

(d) 满填砖墙木构架

图 8.39　测量仪器布置示意图

Wi-位移计；LWi-拉线式位移计；Zi-转脚仪

8.3.5　试验结果及分析

结构节点具有特殊性，试件榫卯节点的加工误差及初始损伤会使试验数据存在一定的偏差，导致滞回曲线不对称。此处规定作动器正向加载方向为推方向，符号为"+"，反之为拉方向，符号为"−"。试验加载现场如图 8.40 所示。

(a) 空木构架试件

(b) 槛墙木构架试件

(c) 带窗槛墙木构架试件

(d) 满填砖墙木构架试件

图 8.40　试验加载现场图

1. 试验现象

1) 空木构架

空木构架试件加载至作动器的极限位移 210mm 时停止。试验过程中，能听见榫卯节点摩擦的声音。木梁与木柱并没有发生开裂。随着加载位移的增大，榫头和卯口开始出现挤压变形。由于梁柱相对转角的变形增加，位移为 18mm 时，榫头出现拔出现象[图 8.41(a)]。加载后期，能明显观察到拔榫量增大，随着梁柱的转角增大，挤压变形严重[图 8.41(b)]，卯口上部挤压开裂，柱底的混凝土被压碎。卸载之后，观察到节点处有一条 8mm 的空隙，说明榫头和卯口之间存在不可恢复的变形。

榫头拔出

(a) 榫头拔出

挤压变形

(b) 挤压变形

图 8.41　空木构架主要破坏模式

2) 槛墙木构架

槛墙木构架试件加载至作动器的极限位移 210mm 时停止。前期因木构架与墙体之间存在空隙，处于木构架受力阶段，墙体本身裂缝发展不明显。位移施加到 6mm 时，墙体中部砂浆处出现第一条竖向裂缝。随后，在墙体两侧角落出现 45°左右的初始裂缝，墙体开始出现开裂破坏。位移达到+42mm 时，两侧斜裂缝慢慢发展，墙体中部裂缝发展成水平砂浆裂缝。位移增加到 120mm 时，墙体出现第一条通缝，如图 8.42(a)所示。试验过程中，木榻板与砖墙顶部摩擦，导致顶层砂浆有被挤出的现象。随着位移的增大，墙体变形，一侧的木榻板与墙体挤压严重，如图 8.42(b)所示。另一侧木榻板与墙体脱离，形成大缝隙，如图 8.42(c)所示。

(a) 墙体通缝

(b) 木榻板与墙体挤压

(c) 木榻板与墙体脱离

(d) 裂缝发展

(e) 填充墙主要裂缝

(f) 最终裂缝

图 8.42　槛墙木构架主要破坏模式

　　加载至位移为 150mm 时，可看见墙体裂缝发展增多，主要集中于上部角落，如图 8.42(d)所示。墙体偏下部分并没有出现严重的破损。木构架下部位移小，根据相似关系可知其约为控制位移的 1/4，墙体整体变形小。由于构架与墙体的接触面积小，力传递不到墙体下部。

　　加载至作动器极限位移时，试验停止。木构架保持完好，主要的破坏集中于榫卯节点的挤压变形、墙体的开裂破坏，柱脚混凝土未见破坏。由于砂浆的脱落，砖块在平面内相互错动，未见砖块有明显破坏，最终裂缝如图 8.42(f)所示。填充墙主要裂缝如图 8.42(e)所示。

3) 带窗槛墙木构架

带窗槛墙木构架试件在位移施加到 180mm 时停止,此时榫头与加载端接触的地方破坏严重,继续加载没有意义。带窗槛墙木构架试件位移达到+24mm 时,出现窗与木构架的分离,直到试验后期,窗框出现严重的损坏,直至全部脱离出连接柱,如图 8.43 所示。

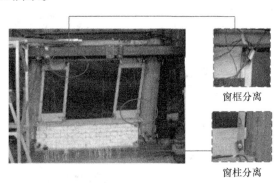

窗框分离

窗柱分离

图 8.43　窗破坏图

试验过程中,发现带窗槛墙木构架的试验现象与槛墙木构架试件几乎一致。不同之处在于带窗槛墙木构架的窗户下面有一些小的垂直裂缝。墙体直至 150mm 位移处形成贯穿裂缝,比槛墙木构架试件晚一级加载位移,裂缝同样集中于上部角落,如图 8.44(a)～(b)所示。和槛墙木构架试件类似,构件变形导致木榻板与墙体之间的挤压与脱离,如图 8.44(c)～(d)所示。

4) 满填砖墙木构架

满填砖墙木构架试件加载的停止位移为 150mm,此时墙体出现严重的平面外倾斜,不适宜继续加载。试验过程中一直伴随着砂浆脱落,初始裂缝位于墙体上部角落。在位移为 12mm 处,沿墙体对角线在墙体中形成两个对角线裂缝,倾斜约 45°。随着位移的增加,裂缝的扩展也越来越大。上部和下部的裂缝逐渐相连,

(a) 试件左侧局部裂缝图

(b) 试件右侧局部裂缝图

(c) 木构架与墙体挤压图　　　　　　　　　　(d) 木构架与墙体脱离图

图 8.44　带窗槛墙木构架主要破坏模式

形成一道锯齿缝，此斜裂缝的开展验证了许多学者提出的等效斜杆机制。随着斜裂缝的产生，可以明显在靠近墙第二排砖的地方看到一条竖向裂缝，如图 8.45(a)所示，这是因为梁与墙的接触面积很大，墙竖向相互作用力的合力点位于第二排砖附近。不同于等效斜杆受力模式的是斜杆的顶点并不位于墙体角落处，而处于第二排砖附近。

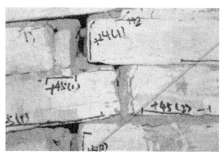

(a) 墙体左下角裂缝图　　　　　　　　　　　(b) 砖的挤压错动

(c) 墙平面外倾斜　　　　　　　　　　　　(d) 满填砖墙主要裂缝图

图 8.45　满填砖墙木构架主要破坏模式

加载到位移为 42mm 时，可以清楚地看到墙体在荷载作用下变形。位移为 90mm 时，填充墙开始在墙体各部位产生水平裂缝和垂直裂缝。大部分裂缝发生在砂浆中，少数砖块出现了劈裂现象。随着位移的增加，裂缝不断扩展，榫卯节点也出现挤压变形，由于砂浆的不断掉落，砖与砖之间形成大空隙，如图 8.45(b)所示，后期裂缝布满整片墙体，原因是墙体受荷时，砖之间的挤压错动，带动其他部位形成裂缝。加载过程中，可见墙框的分离与挤压明显。当墙体出现严重的平面外倾斜，如图 8.45(c)所示，试验停止加载，木构架未见明显损伤，主要破坏集中于榫头挤压变形及墙体的开裂。图 8.45(d)大致展示了墙体的主要裂缝发展情况。

试验结果表明，填充墙的破坏是剪切裂缝开展完全后引起的，高宽比大的墙更容易出现平面外倒塌现象。木构架未见明显损伤，破坏集中于榫卯节点的挤压变形、拔榫。从试验结果对比中不难发现，墙体的破坏路径与墙体的高宽比有很大联系。对于高宽比大的墙体，其破坏主要沿墙体斜对角 45°开展，形成一条沿着砂浆层开展的锯齿缝。高宽比小的墙体，其中部会沿着砂浆层形成一条贯通的水平剪切裂缝。

填充墙不承受竖向荷载导致其几乎不承受竖向压应力，从试验结果看，砌体墙的裂缝破坏均集中于灰缝，破坏是剪切裂缝开展完全后引起的。因此，槛墙和满填砖墙的破坏模式均属于剪切破坏。

2. 抗震性能分析

1) 滞回曲线

4 个试件的荷载-位移滞回曲线如图 8.46 所示。空木构架试件的滞回曲线如图 8.46(a)所示。加载到位移为 18mm 时，由于结构处于弹性阶段，可以明显看出曲线呈梭形，说明整个构件的塑性变形能力很强，构件几乎没有发生残余变形。随着位移的增加，结构由弹性阶段向弹塑性阶段转变，此时的曲线特点是荷载上升缓慢，滞回曲线斜率逐渐变小，即结构的刚度降低，结构有着明显的残余变形。滞回曲线的形状逐渐变为反 S 形，最终变为 Z 形，可以看到明显的滑移现象。随着位移增加，滞回曲线的封闭面积变大，耗能增大。

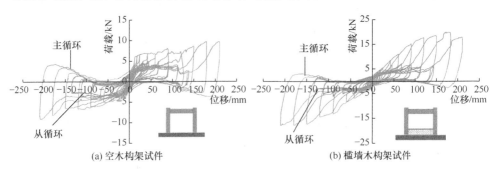

(a) 空木构架试件　　　　　　　　(b) 槛墙木构架试件

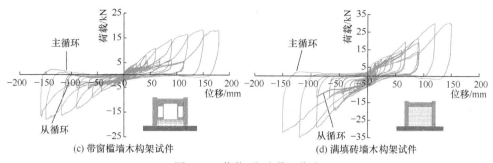

(c) 带窗槛墙木构架试件　　　　　　　　(d) 满填砖墙木构架试件

图 8.46　荷载–位移滞回曲线

图 8.46(b)~(d)分别是槛墙木构架、带窗槛墙木构架、满填砖墙木构架的滞回曲线。从曲线上看，可以将其大致分为三个阶段，即弹性阶段、屈服阶段、平台阶段。在弹性阶段，随着荷载的增加，试件滞回曲线由最开始的梭形逐渐向弓形转变。在屈服阶段，试件在荷载作用下的滞回曲线发生滑移现象，表现出明显的捏缩效应，这是因为此阶段墙体发生严重的剪切变形及节点的滑移。随着位移的增加，填充墙裂缝增多，剪切变形程度增大，破坏加重，捏缩效应更加明显，曲线最后呈 Z 形。到后期的平台阶段，荷载随位移的增加基本不变。

4 个试件的滞回曲线比较类似，都呈现 Z 形，滞回环的面积比较小，耗能较差，滑移现象严重。无论是否有墙体存在，弹性阶段滞回曲线的斜率较大，试件的恢复能力较强，即初始刚度为整个过程的最大值。随着位移的增加，构架的节点破坏，使其半刚性能越来越差。同时，墙体的裂缝开展，使得构件的滑移现象越来越严重，曲线趋于平缓。对于带墙木构架试件，满填砖墙木构架的滞回曲线要比槛墙木构架、带窗槛墙木构架饱满，捏缩效应稍小于另两个试件，说明填充墙在结构中有着优越的耗能能力。

2) 骨架曲线

图 8.47 显示了 4 个试件的骨架曲线，空木构架试件、槛墙木构架试件、带窗槛墙木构架试件和满填砖墙木构架试件依次为试件 1~4。通过曲线可以看出，4 个试件的骨架曲线在正、反两个方向加载时具有较好的对称性，个别数值存在差异。主要原因是构件是由工人制作，不同榫卯节点的松紧不一致。同时，砖墙与木构架之间有一定的间隙，并没有保证砖墙紧贴木柱，导致加载时出现不对称现象。

从图中可以清楚地看到，带墙的三榀木构架相比空木构架来说，试件强度有很大的提高。试件 2 的屈服荷载比试件 1 提高了 6%，试件 4 的屈服荷载比试件 1 提高了 81%左右。试件 2 的峰值荷载是试件 1 的 2 倍，试件 4 的峰值荷载是试件 1 的 3 倍。其中，试件 2、试件 3 表现出相似的骨架曲线，其荷载及各段刚度均相差不多，说明窗的存在作用效果不明显。

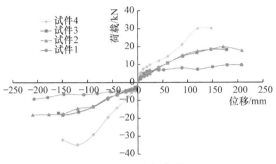

图 8.47　骨架曲线

从骨架曲线上可以看出，带填充墙的 3 个木构架试件有明显的荷载转折点，大致可分为三个阶段特征。定义砌体填充墙出现初始裂缝为第一阶段，即加载起始点到屈服荷载之间。此阶段，结构受力变形将荷载传递给墙体，墙体产生裂缝，由于结构变形小，木构架也未出现显著损伤，整个结构基本处于弹性状态，也可称为弹性阶段。此阶段骨架曲线呈现线性特征，此时的曲线斜率即初始刚度，其刚度是三个阶段中最大的。

第二阶段为墙体裂缝开展到沿整个墙体连续贯通，此时构架的榫卯节点已出现挤压变形，但仍然能提供弯矩承担部分水平荷载。此阶段墙体不断出现裂缝，砌体剪切变形明显，刚度不断下降。此阶段构件的荷载主要由木构架和砌体填充墙共同提供，结构的非线性明显，可称为屈服阶段。墙面裂缝连续贯通以后的阶段为第三阶段。在第三阶段，荷载增量依旧由木构架和砌体填充墙来承担。此时填充墙有较大滑移，由于木构架的约束作用，填充墙仍然承担荷载，随着位移的增加，荷载基本不再上升，后期填充墙逐渐退出工作，结构趋于破坏。此阶段可作为结构破坏的标志，用于确定结构的承载能力及变形能力。

表 8.7 总结了荷载和变形的核心参数，其中正、负值表示试验的加载方向。F_y、F_p 和 F_u 分别代表屈服荷载、峰值荷载和极限荷载。屈服荷载为曲线第一个拐点处的荷载。峰值荷载为加载过程中出现荷载的最大值。试验中极限位移所对应的荷载为极限荷载，并将 K_e 定义为初始刚度。

表 8.7　试件各阶段荷载、位移、初始刚度

试件	加载方向	F_y/kN	Δ_y/mm	F_p/kN	Δ_p/mm	F_u/kN	Δ_u/mm	K_e
	正向	2.79	5.24	9.80	179.00	9.70	207.50	0.53
试件 1	反向	−3.16	−5.24	−9.10	−207.30	−9.10	−207.30	0.60
	平均值	2.98	5.24	9.45	193.15	9.40	207.40	0.57
	正向	2.96	5.27	19.90	171.40	17.80	208.20	0.56
试件 2	反向	−3.30	−5.24	−17.90	−210.10	−17.90	−210.10	0.63
	平均值	3.13	5.26	18.90	190.75	17.85	209.15	0.60

续表

试件	加载方向	F_y/kN	Δ_y/mm	F_p/kN	Δ_p/mm	F_u/kN	Δ_u/mm	K_e
	正向	2.12	5.25	18.40	147.00	18.20	178.20	0.41
试件 3	反向	−2.64	−5.26	−18.20	−150.00	−17.00	−158.00	0.50
	平均值	2.38	5.26	18.30	148.50	17.60	168.10	0.46
	正向	5.04	5.24	30.20	147.40	30.20	147.40	0.96
试件 4	反向	−4.53	−5.20	−34.80	−120.00	−32.00	−150.00	0.87
	平均值	4.79	5.22	32.50	133.70	31.10	148.70	0.92

3) 刚度退化

从滞回曲线中可以看出，加载过程中刚度为变量。计算各点刚度时，研究人员常用割线刚度代替切线刚度。低周反复加载试验中，有加卸载和正反重复试验，割线刚度用式(2.1)表示。

图 8.48 显示了 4 个试件的刚度退化曲线，可以看出，四榀构架随着位移的增加，刚度退化都比较明显。在加载初期，满填砖墙木构架试件(试件 4)的刚度下降最快，刚度从 1.10kN/mm 下降到 0.58kN/mm，对应的位移为 4.5～12mm，构件的刚度退化现象明显。填充墙为结构的主要抗侧力构件，而砌体墙为脆性构件，因此刚度下降快。随后，墙体裂缝逐渐扩展，结构也随之呈现出脆性破坏，刚度从 0.58kN/mm 减小到 0.31kN/mm，位移从 12mm 增加到 45mm，刚度的退化速率变缓。位移大于 45mm 之后，刚度从 0.31kN/mm 减小到 0.21kN/mm，相对于位移变化来说，构件的刚度变化不大。

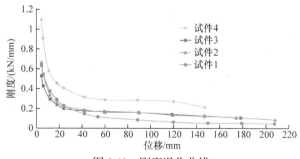

图 8.48　刚度退化曲线

试件 1～3 的刚度在加载初期很相近，此阶段变形小，木构架承受的荷载并不能有效传递给墙体，导致墙体的开裂荷载小，与空构架的刚度差不多。在加载初期，试件的刚度相对于整条曲线来说下降得很快，刚度平均值从 0.61kN/mm 减小到 0.34kN/mm，对应的位移为 4.5～12mm，构件的刚度退化现象明显。随着位移的增大，墙体为主要的荷载承担者，使得后期刚度高于空木构架的刚度。试件 2、试件 3 的刚度从 0.34kN/mm 减小到 0.19kN/mm，而试件 1 的刚度则减小到 0.14kN/mm，此时位移从 12mm 增加到 45mm，刚度的退化速率变缓。位移大于 45mm 之后，试件 2、试件 3 的刚度从 0.19kN/mm 减小到 0.12kN/mm，试件 1 的刚度从 0.14kN/mm 减小到 0.05kN/mm，相对于位移变化来说，构件的刚度变化不大。

从图中不难看出，各个试件的刚度存在明显差异，且在大位移下，砌体填充墙木构架试件的刚度均大于空木构架试件，表明填充墙的存在提高了构件的刚度。其中满填砖墙木构架的初始刚度是空木构架试件的 1.6 倍，是槛墙木构架试件的 1.5 倍。带窗槛墙木构架试件的初始刚度略小于槛墙木构架试件的初始刚度，甚至低于空木构架，这是试件的构造及试验误差导致的，之后两个试件的刚度呈现一致性，曲线基本重合。

4) 强度退化

试件随着位移循环圈数的增加，会出现强度降低的现象，即强度退化或强度衰减。本节采取的加载模式存在两组循环，即主循环和从循环。从循环的控制位移为主循环的 75%。本小节以从循环的控制位移为标准，用各试件在从循环的各位移下荷载与对应主循环在此位移下的荷载之比作为强度退化系数 λ_{ij} 来评价结构的强度衰减[64]，$\lambda_{i,j}$ 应用式(8.2)计算。

图 8.49 展示了 4 个试件的强度退化情况。从曲线中可以明显看出 4 个试件的强度退化系数差异很大。空木构架试件、槛墙木构架试件、带窗槛墙木构架试件的强度随着位移的增加一直处于下降趋势，退化较明显。其中，位移加载到 20mm 之前，空木构架的强度退化系数最大，说明空木构架前期恢复能力较强，损伤不严重。满填砖墙木构架在此阶段是裂缝开展剧烈的时期，使得结构产生不可恢复的损伤，导致每一级位移加载完之后就产生荷载的大幅下降。之后，满填砖墙的强度退化系数增加至最大，说明榫卯节点此时破坏严重，但是由于填充墙的存在，受到木构架的约束作用，结构的强度有所提升，使得整体构架的强度退化系数反而有增大趋势。位移到 120mm 之后，由于累积损伤严重，试件强度开始直线下降。

5) 耗能能力

耗能能力指试件或者结构在地震作用下吸收地震能量的大小，通常通过试件滞回曲线所包围的面积来表示。此外，可通过等效黏滞阻尼系数 h_e 来衡量结构的耗能能力，h_e 越大，耗能能力越好。试件每一级循环能量耗散见图 8.50，每个试件的累积耗能计算结果见图 8.51。从图 8.50 中能明显看出到达第 25 圈($\Delta=18$mm)时，曲线开始出现明显的分离，原因是填充墙贡献明显，能量耗散急剧上升。

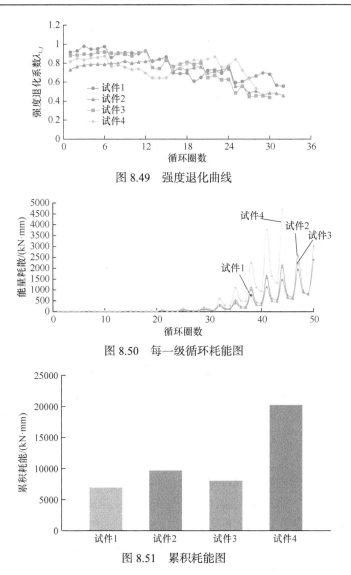

图 8.49　强度退化曲线

图 8.50　每一级循环耗能图

图 8.51　累积耗能图

　　表 8.8 为各木构架主循环耗能及等效黏滞阻尼系数，从表 8.8 可以看出，空木构架试件、槛墙木构架试件、带窗槛墙木构架试件和满填砖墙木构架试件在屈服之前的耗能分别占总耗能的 0.75%、0.70%、0.43%和 0.43%。屈服荷载之前，构件主要依靠木构架的节点摩擦和墙体裂缝的开展耗能，可以看出这部分摩擦占的比例很小。经过屈服点之后，墙体迅速开展裂缝，砌体之间的相互滑移，榫卯节点的摩擦挤压等都吸收了大量能量。相比空木构架试件来说，槛墙木构架试件、带窗槛墙木构架试件和满填砖墙木构架试件的耗能能力分别提高了 44%、30%和202%，说明填充墙可以极大地吸收地震能量，减小地震对整体结构的损伤。

表 8.8　各木构架主循环耗能及等效黏滞阻尼系数

加载等级/mm	空木构架		槛墙木构架		带窗槛墙木构架		满填砖墙木构架	
	耗能/(kN·mm)	等效黏滞阻尼系数 h_e	耗能/(kN·mm)	等效黏滞阻尼系数 h_e	耗能/(kN·mm)	等效黏滞阻尼系数 h_e	耗能/(kN·mm)	等效黏滞阻尼系数 h_e
4.5	12.60	0.158	17.95	0.213	10.16	0.164	23.28	0.177
6	19.30	0.158	25.41	0.205	13.95	0.153	31.79	0.171
12	55.77	0.169	69.61	0.237	42.22	0.161	86.11	0.184
18	91.88	0.160	107.42	0.206	70.45	0.152	143.84	0.150
24	120.21	0.146	145.88	0.182	94.77	0.132	207.22	0.142
42	262.24	0.174	332.51	0.167	259.44	0.134	598.00	0.172
60	376.21	0.187	539.38	0.149	475.73	0.126	1107.89	0.173
90	747.21	0.197	1121.49	0.14	996.07	0.126	2256.28	0.161
120	1125.01	0.224	1658.72	0.138	1547.45	0.126	3776.74	0.154
150	1463.10	0.207	2153.16	0.13	2043.52	0.12	4676.70	0.161
屈服前耗能/(kN·mm)	31.9		43.36		24.11		55.07	
屈服后耗能/(kN·mm)	4241.62		6128.17		5529.66		12852.77	
总耗能/(kN·mm)	4273.52		6171.53		5553.77		12907.84	

6) 节点拔榫

众所周知,结构的耗能减震能力标志着结构抗震性能。对古建筑结构来说,独特的榫卯连接方式具有重要的耗能减震作用。在地震持续或反复作用下,节点榫、卯之间的相互挤压,导致节点的松动、柔性化、滑移变形和脱卯等基本破坏。对于任何建筑来说,节点的破坏也意味着整个结构的失效,古建筑结构也不例外。因此,试验在榫卯节点靠近梁上下边缘处布置了位移计,观测节点的拔榫量。

许多学者已经对节点进行了研究,其中,Xie 等[65]针对拔榫量提出了理论公式,认为榫卯节点拔榫量 d_p 可以理想地表示为榫高 h 和转角 θ 的线性函数,即 $d_p = 0.5h\tan\theta$。图 8.52 显示了拔榫量的试验结果与计算结果的比较。从中不难看出,空木构架拔榫量的试验结果也呈现线性递增,试验数据与计算结果吻合较好。因此,我们可以认为此测量方法合理。图 8.53 则显示了 4 个试样随着控制位移增加的拔榫量。拔榫量随位移的增加而增大。由于填充墙的约束,满填砖墙木构架试件的拔榫量要明显低于其他三个试件。槛墙木构架试件和带窗槛墙木构架试件填充的部位远离榫卯节点,其拔榫量与空木构架试件几乎一致。

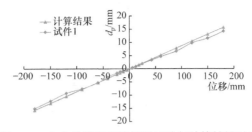

图 8.52　空木构架直榫拔榫量试验与计算结果对比

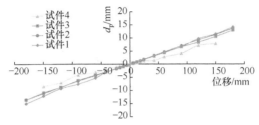

图 8.53　各直榫拔榫量对比

为了测得各柱脚拔榫量与位移之间的关系，在柱左右侧均布置位移计进行测量。柱脚拔榫量测试结果如图 8.54 所示，当构件处于推阶段，控制位移为正时，柱一侧受拉(正值)，一侧受压(负值)。从图中不难看出，柱的受拉比受压大得多，主要是因为受压受到柱本身及柱础的限制。对比 4 个试件来看，图 8.54(a)中柱的受压明显大于图 8.54(b)~(d)，主要原因是柱受压侧受到了墙体的约束，限制了柱的变形，同时限制了受拉侧。因此，墙体能在一定程度上限制节点的转动。

7) 填充墙剪切变形

通过对填充墙布置拉线式位移计测得墙体对角线上的长度变化，换算可得墙体的剪切变形 γ。剪切变形机理如图 8.55 所示，具体的计算方法为：取墙体对角线上的平均长度变化 $\Delta = |\Delta_{x1} + \Delta_{x2}| / 2$，式中 Δ_{x1} 和 Δ_{x2} 分别是填充墙沿对角线方向的变形。根据墙体剪切变形机理可得 $\Delta_x = \Delta \cdot (h^2 + b^2)^{0.5} / b$，式中 h 和 b 分别为墙体的高度和宽度，因此墙体的剪切变形可用式(8.42)表示。

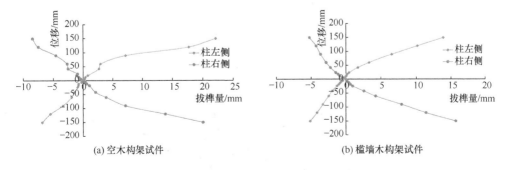

(a) 空木构架试件　　　　　　　　　(b) 檻墙木构架试件

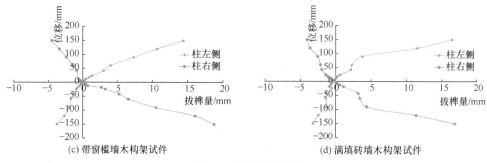

(c) 带窗槛墙木构架试件   (d) 满填砖墙木构架试件

图 8.54   柱脚拔榫量

$$\gamma = \frac{\Delta_x}{h} = \frac{\sqrt{h^2 + b^2}}{bh} \Delta \tag{8.42}$$

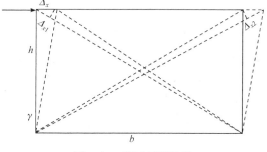

图 8.55   剪切变形机理

通过对墙体对角线及窗体对角线的变形测量，经公式换算可得墙体的整体剪切变形随位移的变化如图 8.56 所示。明显可以看出墙体发生了严重的剪切滑移破坏。对于满填砖墙来说，试件变形过大，墙体出现严重的平面内挤压变形，导致平面外倾斜。对于两堵槛墙来说，由于高宽比过小，墙体的变形不严重，且主要集中于角落处。

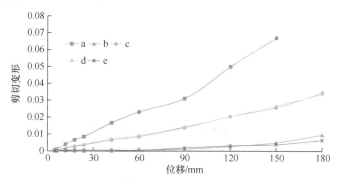

图 8.56   墙体剪切变形随位移变化关系图

a-满填砖墙；b、c-两扇开洞的木窗；d、e-两堵 405mm 高的槛墙

曲线从上到下依次是 1550mm 高的满填砖墙，两扇窗及两堵 405mm 高的槛墙。从图中可以明显看出，墙体以及窗体的变形均随着加载位移的增大而增大，基本呈线性递增。其中，1550mm 高的满填砖墙的剪切变形最为明显。两扇窗的变形相同，两堵 405mm 高的槛墙变形基本相同。

8) 柱、木构架节点转角

通过测量柱转角及梁转角，不仅可以得到节点的转角，而且有助于了解填充墙对木柱及节点转动的影响。于靠近节点处的梁端与柱端分别布置转角仪，测得试验过程中梁、柱的转角。节点的转角即梁柱节点所测转角的差或和。

图 8.57 分别显示了 4 个试件中两个柱的转角与试件水平荷载的关系。从图中可以明显看出，同一个试件的两侧柱的转角与荷载关系基本一致，即柱的位移呈现一致性。位移增加后期，存在部分点的分离，曲线上最后两三个点，说明此时柱的转动受到了阻碍，直榫节点拔出。从图中看出空木构架试件的正向转角是最大的，其最大值达到了 0.125rad，满填砖墙木构架试件的正向最大转角达 0.074rad，约为空木构架试件的转角的 60%，说明填充墙大大降低了构件的转动。

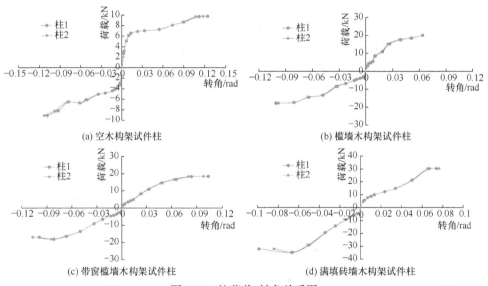

(a) 空木构架试件柱 (b) 槛墙木构架试件柱
(c) 带窗槛墙木构架试件柱 (d) 满填砖墙木构架试件柱

图 8.57 柱荷载-转角关系图

图 8.58 分别显示了 4 个试件的两侧节点的转角与试件水平荷载的关系。转角由转角仪数据矢量和求得。从图中可以明显看出此时节点的转动并不像柱转动那样具有一致性，而是存在点的分离，符合节点变形特征。空木构架试件的节点转角是最大的，正向最大转角达到 0.125rad，和柱的转角呈现相似的规律。满填砖墙木构架试件的正向最大转角达到了 0.074rad，约为空木构架试件的转角的 60%，说明填充墙会限制节点的转动。

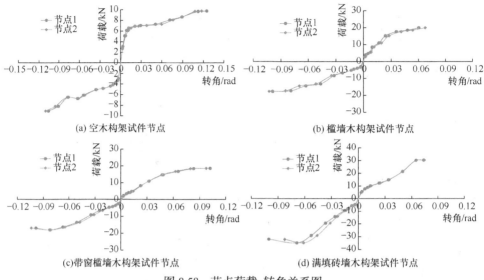

图 8.58 节点荷载-转角关系图

对比柱荷载-转角关系图和节点荷载-转角关系图,柱的转角和节点的转角相差不多。整个加载过程中,节点的转角是柱转角的 0.85~1.16 倍。说明相对于柱的转动来说,梁的转动略小。槛墙木构架试件柱和节点荷载-转角关系图均呈现了正反向数据不对称的现象,而其他三个试件的对称性良好,除了试验数据误差外,不排除节点做工误差的影响。对于满填砖墙木构架试件而言,正向加载时柱 1、柱 2 转角和节点 1、节点 2 的转角均比反向加载时小。出现这种现象的主要原因是正向加载时填充墙砂浆开裂出现裂缝,墙体刚度降低,墙体出现一定的变形,反向加载时,墙体对木构架的约束作用减弱,转动变大。

8.4 构架约束砌体填充墙水平荷载-变形分析模型

8.4.1 受力机理分析与模型假设

根据已有试验的研究结果,砌体填充墙木构架初期水平承载力由填充墙承担,直到墙体开裂[66-67]。砌体填充墙木构架与钢、钢筋混凝土构架有明显不同,虽然填充墙开裂后墙体刚度开始下降,木构架本身刚度相对较小,难以为填充墙提供足够的刚度支撑,但是填充墙依然承担大部分水平力。由于等效正压力及木构架的约束影响,承载力仍然在上升,最终墙体出现贯通的斜裂缝,承载力达到最大值。此后,填充墙裂缝逐渐变多变宽,结构刚度也迅速下降,最终墙体被斜裂缝分割成多块甚至局部墙体出现平面外倾[66]。通过对带填充墙木构架受力原理及试验结果分析，将木构架约束砌体填充墙力-位移曲线分为 3 个阶段的三折线模型，即弹性阶段、裂缝发展阶段和破坏阶段，如图 8.59 所示，其中 A 点为屈服点(Δ_y，P_y)；B 点为峰值点(Δ_m，P_m)；C 点为极限点(Δ_u，P_u)。

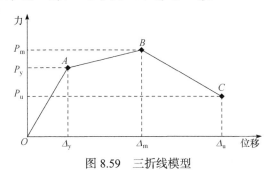

图 8.59　三折线模型

根据已有试验失效原理分析做出以下基本假设：

(1) 砌体为均匀的各向同性材料。

(2) 砌体填充墙的开裂首先产生于墙中和轴附近[68]。

(3) 墙体开裂后，弹性模量的降低取决于填充墙的高宽比及填充墙与木构架的约束程度。

8.4.2　屈服荷载及屈服位移的推导

1. 屈服荷载

根据假设(2)可知，外荷载作用下墙中部应力状态如图 8.60 所示，应力分量 σ、τ 产生主拉应力，最终导致墙体受拉破坏，其中

$$\sigma = N / A_w \qquad (8.43)$$

$$\tau = \gamma P / A_w \qquad (8.44)$$

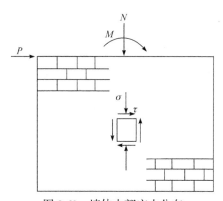

式中，A_w 为填充墙水平截面面积；$\gamma = 1.5$ (中和轴处剪应力取平均值的 1.5 倍[68])。

根据莫尔强度理论，

图 8.60　墙体中部应力分布

$$\sigma_{1,3} = -\frac{\sigma}{2} \pm \sqrt{\left(\frac{\sigma}{2}\right)^2 + \left(\frac{3\tau}{2}\right)^2} \qquad (8.45)$$

式中，$\sigma_{1,3}$ 为第一或第三主拉应力。结合第一强度理论，式(8.43)可以表述为

$$f_{t,w} = -\frac{\sigma}{2} + \sqrt{\left(\frac{\sigma}{2}\right)^2 + \left(\frac{3\tau}{2}\right)^2} \qquad (8.46)$$

式中，$f_{t,w}$ 为砌体墙的抗拉强度。

虽然传统木结构的砌体填充墙并不承受竖向荷载，但是在侧向力的作用下，枋和砌体填充墙的相互作用会在接触处产生局部压应力，为了简化计算，将这种不规则的应力分布等效简化为三角形分布，如图 8.61 所示(虚线为实际受力图，实线为等效应力图)。根据力矩平衡，相互作用力的等效竖向力 N^* 可以按式(8.47)计算。

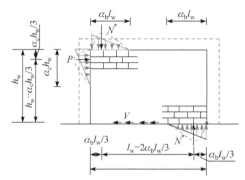

图 8.61　填充墙与木构架之间相互作用力示意图

$$N^* = \frac{\left(1 - \dfrac{\alpha_c}{3}\right)h_w}{\left(1 - \dfrac{2\alpha_b}{3}\right)l_w} \cdot P \tag{8.47}$$

式中，α_c 和 α_b 为木构架与填充墙相互作用力的位置系数，根据试验破坏形态可知 $\alpha_c = 1/3$，$\alpha_b = 1$[68]；l_w 为应力范围。

由相互作用引起的局部压应力不是均匀分布的，因此引入应力均布系数 β，一般取 $\beta = 0.6$[69]，同时由式(8.43)和式(8.47)可知等效正应力 σ^* 为

$$\sigma^* = \frac{P\beta}{A_w} \cdot \frac{\left(1 - \dfrac{\alpha_c}{3}\right)h_w}{\left(1 - \dfrac{2\alpha_b}{3}\right)l_w} \tag{8.48}$$

将式(8.44)和式(8.48)代入式(8.46)，可得屈服荷载 P_y 为

$$P_y = \frac{2\beta A_W}{9} \cdot \frac{\left(1 - \dfrac{\alpha_c}{3}\right)h_w}{\left(1 - \dfrac{2\alpha_b}{3}\right)l_w} \cdot f_{t,w} \left[1 + \sqrt{\left(3\beta \frac{\left(1 - \dfrac{\alpha_c}{3}\right)h_w}{\left(1 - \dfrac{2\alpha_b}{3}\right)l_w}\right)^2 + 1}\right] \tag{8.49}$$

式中，$f_{t,w} = \alpha\sqrt{f_{c,m}}$，对于普通烧结砖，$\alpha$ 取 0.141[70]，$f_{c,m}$ 为砂浆抗压强度。

2. 屈服位移 $\varDelta_y$

在屈服前，将砌体填充墙看作剪切悬臂杆，则其开裂前的抗侧刚度 k_1 可按式(8.50)计算：

$$k_1 = \left(\frac{h_w^3}{3E_w I_w} + \frac{\kappa h_w}{G_w A_w} \right)^{-1} \tag{8.50}$$

式中，I_w 为墙体等效惯性矩；κ 为剪力不均匀分布系数，对矩形截面取 $\kappa = 1.2$。

因此，可得到砌体填充墙的屈服位移 $\varDelta_y$ 为

$$\varDelta_y = \frac{P_y}{k_1} \tag{8.51}$$

8.4.3　峰值荷载及峰值位移的推导

1. 峰值荷载

对于受约束的砖砌体墙，在边界约束的对角压力作用下，裂缝大多沿着对角发展，表现出典型的剪压破坏模式。砖墙的破坏路径经常受砌体砖及砖墙整体尺寸、砖与砂浆的特性等影响，即不同高宽比的填充墙，可能会产生不同的破坏路径[71]。不同于现代水泥砂浆黏结的砌体结构，糯米砂浆强度极低(基本为现代砌体结构常使用的 M5 混合砂浆的 1/3)。因此，裂缝基本沿灰缝层发展形成了锯齿阶梯状的破坏路径，砖本身并没有发生劈裂破坏，如图 8.62 所示。

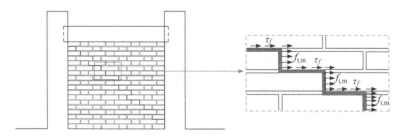

图 8.62　墙体破坏示意图

此时，砌体墙的极限抗剪强度将由水平破裂面(横缝破坏)的界面摩擦强度(τ_f)和垂直破裂面(竖缝破坏)的砂浆劈裂强度($f_{s,m}$)两部分组成。因此，可根据砖墙破坏界面的强度特性得到约束砖墙的水平峰值荷载 P_m 的计算公式：

$$P_{\mathrm{m}} = t_{\mathrm{w}} \left(\eta_1 l_{\mathrm{w}} \tau_f + \eta_2 h_{\mathrm{w}} f_{\mathrm{s,m}} \right) \tag{8.52}$$

式中，η_1、η_2 为强度修正系数；t_{w} 为墙厚。

传统木结构中，砖墙顶部一般缺少必要的约束作用，水平界面的摩擦强度由于等效垂直压应力的减少而降低。此外，由于砖墙破坏时，$f_{\mathrm{s,m}}$ 在破坏界面处易受到先前裂缝影响而丧失部分强度，且破坏路径上各点应力不同，无法同时达到最大值，对 τ_f 和 $f_{\mathrm{s,m}}$ 进行强度折减，η_1、η_2 分别取 0.7 和 0.45[72]。

砖与砂浆界面摩擦强度 τ_f 通常可依据库仑破坏理论求得

$$\tau_f = \tau_0 + \mu \cdot \sigma_{\mathrm{N}} \tag{8.53}$$

式中，τ_0 为无垂直应力状态下界面的抗剪强度，$\tau_0 = 0.088\sqrt{f_{\mathrm{c,m}}}$ [73]；μ 为摩擦系数，与建筑物所用墙体材料有关；σ_{N} 为作用在破坏面上的垂直压应力，在这里取砌体墙开始出现裂缝时的压应力。

台湾大学的陈清泉教授[74]通过交叉砖试验法得出了砖与砂浆界面的黏结抗拉强度，与砂浆抗压强度存在如下关系

$$f_{\mathrm{s,m}} = 0.232 \left(f_{\mathrm{c,m}} \right)^{0.338} \tag{8.54}$$

将式(8.53)和式(8.54)代入式(8.52)即可求得约束砌体墙的峰值荷载。

2. 峰值位移

墙体是由砂浆和砌体组成的复合结构，虽然根据破坏路径可以有效地求得砖墙的峰值荷载，但是裂缝在不断的发展、扩大，在结构刚度分析上，显得更为复杂。为了简化计算，借鉴陈奕信[72]和黄国彰[75]根据应力函数关系建立的弹性段砖墙变形关系，类比得到砖墙的峰值水平位移 $\varDelta_{\mathrm{m}}$，即

$$\varDelta_{\mathrm{m}} = \frac{P_{\mathrm{m}}}{E_{\mathrm{m}} t_{\mathrm{w}}} \left[\left(2 + \frac{7}{4} \upsilon \right) \frac{h_{\mathrm{w}}}{l_{\mathrm{w}}} + \left(2 + \frac{3}{2} \upsilon \right) \frac{h_{\mathrm{w}}^3}{l_{\mathrm{w}}^3} \right] \tag{8.55}$$

式中，υ 是砌体的泊松比，与砖墙的应力比有关，在正常使用阶段，可取 $\upsilon = 0.15$，而在应力比为 0.6、0.7 及大于 0.8 时，分别取 $\upsilon = 0.2$，0.24 及 0.32[76]，其他应力比情况下的 υ 可以通过线性插值方法得到；E_{m} 为峰值点割线的弹性模量，根据假设(3)可用式(8.56)表示：

$$E_{\mathrm{m}} = \alpha_1 \alpha_2 E_{\mathrm{w}} \tag{8.56}$$

式中，α_1、α_2 为墙体弹性模量降低因子，其中 α_1 与砖墙的高宽比($h_{\mathrm{w}}/t_{\mathrm{w}}$)有关，满

足关系式(8.57)[72]，α_2 与约束条件相关，对于木构架约束砌体一般取 $\alpha_2 = 0.367$ [74]。

$$\eta_1 = 1.67 - 0.64\left(\frac{h_w}{l_w}\right), \quad 0.5 \leqslant \frac{h_w}{l_w} \leqslant 2 \tag{8.57}$$

8.4.4　极限荷载和极限位移的确定

对于无筋砌体，在极限状态以后，剩余的剪切强度主要是分离的墙块由于竖向荷载引起的摩擦力提供[69]，因此只考虑木构架与填充墙相互作用的垂直压应力，则墙体的极限抗侧力 P_u 为

$$P_u = \mu \sigma_y^* A_w \tag{8.58}$$

式中，σ_y^* 表示屈服荷载对应的等效正应力。

根据台湾地震工程研究中心的研究结果，无约束砌体填充墙的极限位移 Δ_u 是峰值荷载位移的 2 倍，即

$$\Delta_u = 2\Delta_m \tag{8.59}$$

8.4.5　模型验证

为了验证模型的有效性，以颜江华[66]及许清风等[67]研究中的木构架砌体填充墙为对象，具体试验模型的尺寸如图 8.63 所示，砖的抗压强度分别为 19.03MPa 和 12.9MPa，砂浆的抗压强度分别为 3.18MPa 和 5MPa。

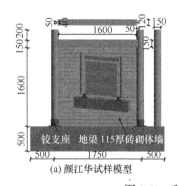
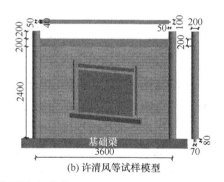

图 8.63　砌体填充墙试验模型尺寸(单位：mm)

带填充墙的木构架的结构承载力可以认为是由填充墙和木构架两部分承载力叠加而成[77-78]，因此整个木构架填充墙的结构抗侧力也可近似的认为是木构架和约束填充墙两部分抗侧力之和，如图 8.64 所示。木构架的水平力-位移关系参考徐明刚等[79]提出的计算方法。将试验结果与理论计算结果进行对比分析，对比结

果如图 8.65 所示。从图中可以看出，本节所提出的木构架约束砌体填充墙抗侧力的计算方法满足已有试验模型。不同结构的计算结果相差较大，主要是由于试验样本较少，存在一定的偶然性误差。

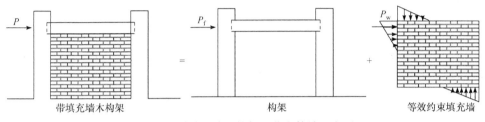

图 8.64　带填充墙木构架承载力等效示意图
P-结构抗侧力；P_f-木构架抗侧力；P_w-填充墙抗侧力

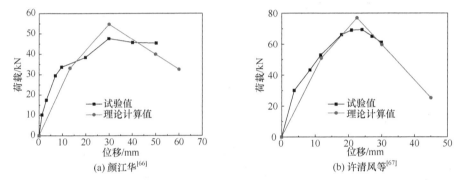

(a) 颜江华[66]　　　　　　　　(b) 许清风等[67]

图 8.65　砌体填充墙木构架试验值与理论计算值对比

8.5　本 章 小 结

本章首先分别以木填充墙木构架和砌体填充墙木构架为研究对象，分析了木质填充墙及砌体填充墙对木构架受力性能的影响，并探讨了两种不同填充材料木构架的受力机理及破坏形态，最终建立了填充墙力-位移关系简化力学模型，并通过试验结果验证了模型的有效性，得到如下结论：

(1) 带木填充墙的木构架的滞回曲线均呈 Z 形，同时竖向荷载使得木填充墙构架产生不同程度的 P-Δ 效应。木填充墙和木构架的协同工作，使得带木填充墙的木构架拥有较高的承载力、刚度及耗能能力。

(2) 根据木质填充墙双折线简化力学模型得到的计算结果与试验结果吻合良好，可以较好地反映木质填充墙的水平力学性能。借鉴榫卯节点的恢复力模型，得到了木质填充墙滞回曲线，与相关的试验结果吻合较好，表明榫卯节点的恢复力模型同样适用于木质填充墙，为传统木结构整体结构动力计算分析提供了基础。

(3) 四个带砌体填充墙的木构架试件滞回曲线的形状从小位移时的梭形逐渐变为反 S 形，最后变为 Z 形。四个试件的捏缩效应均很严重，在耗能方面，满填砖墙木构架最好，空木构架最差，其余两个试件介于两者之间。填充墙对木构架的承载力影响很大，但是窗的作用不明显。

(4) 根据砌体填充墙三折线简化力学模型得到的计算结果与相关试验结果吻合良好，可为带砌体填充墙的传统木结构抗震性能研究及保护修缮工作提供理论依据。

第9章　传统木结构振动台试验

传统木结构的受力体系与抗震性能跟现代建筑及西方古建筑截然不同，是一种多重隔震、减震的结构体系。目前已有的传统木结构整体抗震性能试验研究大多局限于单层木构架及部分楼层，然而完整的传统木结构中节点连接复杂多变，梁架、斗栱等交错层叠，在地震作用下，各构件间协同变形，结构的传力路径更加复杂，目前的研究尚不足以全面反映传统木结构抗震性能。因此，为了更系统地研究此类结构的抗震性能，以西安钟楼(两层三重檐四面攒尖结构)为研究对象，制作了一个模型比例为 1∶6 的缩尺模型，并对其进行振动台试验，观察模型结构在地震作用下的破坏形态，定量研究其结构特性及动力反应，同时为了考虑填充墙的影响，模型在其中一个方向内嵌木质隔墙，分析木质隔墙对其结构动力特性及动力反应的影响。

9.1　模型的设计与制作

9.1.1　模型尺寸及制作

如图 9.1 所示，西安钟楼为楼阁式建筑，整体呈典型的重檐三滴水建筑艺术

图 9.1　西安钟楼

风格。其底层平面为正方形 (21.24m×21.24m)，面阔进深各三间，四周出廊；楼身主体高 27.4m，分为两层，下层为一重屋檐，上层有两重屋檐，顶部为四面攒尖顶结构。钟楼木结构共由内金柱、外金柱及外檐柱 3 圈 56 根柱承重(内金柱 4 根，外金柱 12 根，外檐柱每层 20 根)。柱之间由较大高跨比的梁通过 20 多种榫卯节点连接，内金柱延伸至对应的攒尖屋顶处，外檐柱和外金柱上部和斗栱层相连，斗栱各自承托重檐屋盖。木柱下端与石柱础相连，柱础设有海眼，木柱底部管脚榫榫头插入海眼，一方面起定位的作用，保证柱的定位准确；另一方面可在一定程度上限制木柱的水平滑移。

　　根据西安钟楼现场测绘结果和相关文献[5-7,29-80]，最终确定了其结构的节点构造细节和尺寸。考虑到实验室振动台的尺寸(台面尺寸 4.1m×4.1m)，采用 1∶6 的几何比例制作缩尺模型，所有的构件和节点都依照原结构的制作方法。模型结构的柱脚通过管脚榫与青石柱础连接。柱础底部四周砌筑砖砌体，限制其移动。模型结构安放在钢制的底座上。由于缩尺模型具体加工制作限制，对模型进行了适当简化。不考虑天花(承托楼板的枋木)对结构抗震性能的影响，取消了天花，但适当增加了楼板厚度以便后期施加配重；传统木结构的屋面构造比较复杂，考虑到试验的实际需求，屋面只做到椽层；门窗按照比例制作了边框骨架并内嵌有窗花的木工板。模型缩尺后的整体、局部尺寸详见图 9.2 和表 9.1。

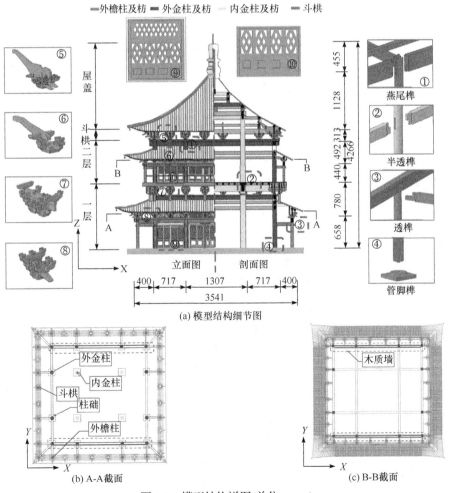

图 9.2　模型结构详图(单位：mm)

表 9.1　主要部件尺寸参数

构件	截面形式	截面尺寸/mm	长度/mm	数量
内金柱	圆形	120	2888	4
外金柱	圆形	100	2328	12
外檐柱	圆形	58/68	410/625	20/20
梅花柱	矩形	54×54/44×44	410/625	8/8
内金柱额枋	矩形	78×53	1307	4
外金柱额枋	矩形	147×63	717/1307	8/4
一层外檐柱额枋	矩形	77×55	400/717/1307	8/8/4
二层外檐柱额枋	矩形	58×42	217/717/1307	8/8/4
内金柱普拍枋	矩形	93×65	1307	4
外金柱普拍枋	矩形	42×72	717/1307	8/4
一层外檐普拍枋	矩形	58×63	400/717/1307	8/8/4
二层外檐普拍枋	矩形	30×53	217/717/1307	8/8/4
枋	矩形	136×78	717/1307	8/4

9.1.2　材性试验及相似比

　　钟楼原结构所用木材为红松[80]，是松属的树种，综合考虑各种因素，从具有相似物理属性的松属树种中选取模型材料。查阅相关文献[81-82]发现樟子松的弹性模量跟红松的弹性模量较接近，因此选择樟子松作为模型材料。按照标准木材物理力学性质试验方法[83]得到相关的力学性能参数指标，详见表 8.5。

　　通过材性试验可知结构模型所用的樟子松的顺纹抗压弹性模量为 10870MPa(钟楼木材顺纹抗压弹性模量为 10792MPa[81])，因此近似取弹性模量相似常数 $S_E=1$。考虑振动台的台面尺寸和原型结构尺寸，模型比例设定为 1∶6。同时考虑振动台的性能参数，加速度比定为 1∶1.5。根据上述 3 个控制参数及相似关系确定模型结构的相似常数见表 9.2[84]。

表 9.2　模型主要相似关系及其相似常数

物理量	相似关系	相似常数	备注
长度	S_l	1/6	控制参数
位移	$S_{\mathrm{A}}=S_l$	1/6	—

续表

物理量	相似关系	相似常数	备注
弹性模量	S_E	1	控制参数
应力	$S_\sigma = S_E$	1	—
加速度	S_a	3/2	控制参数
质量密度	$S_\sigma / (S_a \cdot S_l)$	4	—
质量	$(S_a \cdot S_l^2) / S_a$	1/54	—
集中力	$S_\sigma \cdot S_l^2$	1/36	—
频率	$S_l^{-0.5} \cdot S_a^{0.5}$	3	—
时间	$S_l^{0.5} \cdot S_a^{-0.5}$	1/3	—

依据相似理论，需要对模型施加附加质量。试验选用钢块作为附加质量，模型各区域的附加质量见表 9.3。钢块通过钢带、螺栓按面积比例均匀、对称地固定在楼面和屋盖处，如图 9.3 所示。

(a) 试验模型

(b) 楼面附加质量

(c) 外檐柱屋盖附加质量

图 9.3　试验模型及附加质量布置

表 9.3　模型各区域附加质量　　　　　　　　　(单位：kg)

配重区域	一层外檐屋盖	二层楼面	二层外檐屋盖	顶层屋盖
附加质量	1584	1740	1056	1920

9.2　试　验　方　案

9.2.1　地震波的选用及加载方案

　　根据西安钟楼原型结构设防烈度和场地类型(位于 8 度设防烈度区，场地土为二类场地，设计地震分组为第一组)确定地震反应谱。按照《建筑抗震设计规范》(GB 50011—2010)[85]要求选择 3 条地震波，对所选地震波进行反应谱分析，并与规范谱比较，满足结构各控制周期的包络与设计反应谱差值不超过 20%。最终试验选定兰州波(人工波)、汶川波及 Kobe 波(2 条天然波)作为输入激励。图 9.4 为峰值加速度为 0.07g 的地震波加速度反应谱。

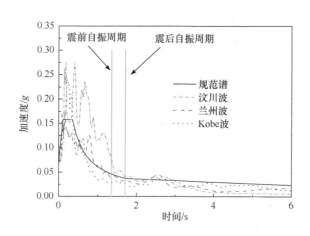

图 9.4　地震波加速度反应谱

　　试验采用逐级增大峰值加速度的加载方法，峰值加速度为 0.053g～0.930g。各试验阶段地震作用前后，采用峰值加速度为 0.035g 的白噪声双向扫频，进行动力性能测试。模型结构试验具体工况及加载顺序见表 9.4。

表 9.4　试验工况及加载顺序

阶段	序号	工况	峰值加速度/g	备注	阶段	序号	工况	峰值加速度/g	备注
I	1	WN-I-XY	0.035		IV	21	W-IV-Y	0.210	9度
	2	K-II-X				22	WN-IV-X	0.035	多遇
	3	K-II-Y		7	V	23	K-V-X		
	4	L-II-X	0.053	度		24	K-V-Y		8
II	5	L-II-Y		多		25	L-V-X	0.300	度
	6	W-II-X		遇		26	L-V-Y		基
	7	W-II-Y				27	W-V-X		本
	8	WN-II-XY	0.035			28	W-V-Y		
	9	K-III-X				29	WN-V-X	0.035	
	10	K-III-Y		8	VI	30	K-VI-X		
	11	L-III-X		度		31	K-VI-Y		8
III	12	L-III-Y	0.105	多		32	L-VI-X	0.600	度
	13	W-III-X		遇		33	L-VI-Y		罕
	14	W-III-Y				34	W-VI-X		遇
	15	WN-III-XY	0.035			35	W-VI-Y		
	16	K-IV-X				36	WN-VI-XY	0.035	
	17	K-IV-Y		9	VII	37	K-VII-X		9
IV	18	L-IV-X	0.210	度		38	L-VII-X	0.930	度
	19	L-IV-Y		多		39	W-VII-X		罕
	20	W-IV-X		遇		40	WN-VII-XY	0.035	遇

注：K 表示 Kobe 波；L 表示兰州波；W 表示汶川波；WN 表示白噪声。

9.2.2　测点布置

振动台控制室通过程序输入预定强度的地震波。由于控制精度、作动器工作状态等，实际的地震波输入通过在振动台台面布置的加速度传感器测量。实际试验中，在振动台台面两个水平方向各布置一个加速度传感器(A)和一个位移计(D)。在结构的外围(外檐柱柱顶、二层楼面、外金柱柱顶及顶部屋盖)布置加速度传感器，测量结构的加速度反应，通过两次积分，可以推导出楼层位移反应。同时，在相应位置布置位移计，与加速度传感器得出的数据互相印证。外檐柱和外金柱竖向不连续，柱顶设有斗栱，为研究铺作层及木构架相对刚度对层间位移的影响，在栌斗标高处布置加速度传感器，测量顶层栌斗处的加速度反应和位移反应。通过测量不同强度地震作用下的变形情况，与相邻木构架测量数据做对比分析，研究构件刚度变化、位移变化，评价填充结构与铺作层的性能。试验中共布置加速度传感器 15 个，位移计 10 个，其布置方式如图 9.5 所示。

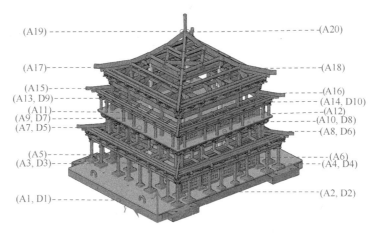

图 9.5　加速度和位移测点东立面布置图

9.3　试验现象及破坏模式

地震波加载过程中，模型结构不断发出嘎吱嘎吱的响声，随着地震峰值加速度的逐渐增大，响声也越来越大，这主要是因为传统木结构采用榫卯连接，试验过程中会在榫卯及斗栱的连接部位发生摩擦和挤压变形。

试验中可以观察到在汶川波的作用下，结构的位移响应最大，Kobe 波最小。由图 9.4 可知，汶川波加速度反应谱在结构周期变化范围内(根据模型频率及相似关系得原型结构在地震加载期间的周期)最大，Kobe 波加速度反应谱最小，引起结构位移响应的差异。在其他峰值加速度条件下的反应谱表现出相同的规律。此外，随着地震峰值加速度的增大，模型的位移响应也逐渐增大，层间错动越来越明显，但振动结束后模型仍能恢复到平衡位置。由于在 X 方向布置木质隔墙，提供了额外的侧向刚度，X 方向的位移响应明显小于相同峰值加速度下 Y 方向的位移响应。

每个试验阶段结束后，检查模型结构的破坏情况。X 与 Y 两个方向的破坏没有明显差别，输入地震峰值加速度小于 $0.210g$ 时，模型仅出现轻微的振动，结构摆动幅度较小，未发现明显破坏。在峰值加速度为 $0.210g$ 的地震作用下，一层檐柱的额枋出现轻微拔榫，其余构件未发现损伤。峰值加速度为 $0.300g$ 的地震作用后，外金柱斗栱栌斗及一层檐柱斗栱的散斗出现横纹劈裂裂缝，二层外檐柱额枋也出现拔榫现象。峰值加速度达到 $0.600g$ 时，外金柱和内金柱榫卯节点相继出现拔榫，斗栱出现滑移且横栱被压弯，雀替也由于相互的挤压作用逐渐被压弯。峰值加速度超过 $0.930g$ 后，X 向布置的木质填充墙部分出现倒塌，主要是因为木质门窗与相邻的柱及枋在地震作用下相互挤压，逐渐产生了不可恢复的变形，各构件之间产生了间隙，接触不再紧密。直至试验结束，梁、柱等主要构件均未出现明显损伤，模型结构仍具有较好的恢复变形的能力。此外，由于柱脚采用管脚榫连接，具有一定的限位作用，整个试验过程中柱脚并未发生滑移。模型具体的破坏形态如图9.6所示。

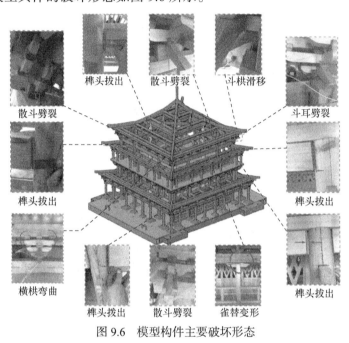

散斗劈裂

榫头拔出　　散斗劈裂　　斗栱滑移

斗耳劈裂

榫头拔出

榫头拔出

横栱弯曲

榫头拔出　　散斗劈裂　　雀替变形

图 9.6　模型构件主要破坏形态

9.4　无填充墙模型结构地震反应及分析

9.4.1　动力特性

在振动台试验中，通常利用白噪声激励试验来确定模型的动力特性。以测点的白噪声反应信号对台面白噪声信号作传递函数。传递函数即频率响应函数，其模等于输出振幅与输入振幅之比，其相角为输出与输入的相位差，分别表示振动系统的幅频特性与相频特性。利用传递函数可得模型加速度响应的幅频特性图和相频特性图。幅频特性图上的峰值点对应的频率为模型的自振频率(第一、二个峰值点分别对应结构的一、二阶频率)。在幅频特性图上，采用半功率带宽法可确定该自振频率下的临界阻尼比。根据模型各测点在加速度反应幅频特性图中同一自振频率对应的幅值比，再依据对应的相角判断其相位，经归一化后，就能够得到该频率对应的振型曲线[86]。

1. 频率

图 9.7 给出了在工况 WN-I-*XY* 下 *Y* 向幅频特性曲线。表 9.5 列出了各工况结束后模型 *Y* 向的自振频率及阻尼比。模型的自振频率约为 2.23Hz，明显低于钢筋混凝土结构和钢结构(一般都大于 4Hz)，在 0.150*g* 峰值加速度地震作用后模型前 2 阶频率较试验前降幅较小(分别降低了 5%和 2%)，结构基本没有损伤。随后频率下降较为明显，经历了峰值加速度为 0.600*g* 的地震作用后，模型结构的前 2 阶频率与试验前相比分别下降了 21%和 8%，下降幅值与其他结构相比较小(钢筋混凝土结构和钢结构在经历强烈的地震作用后自振频率一般会下降约 50%)。从图 9.8 可看出，随着峰值加速度的提高，模型频率逐渐降低，周期逐渐增大，表明地震后模型结构受到损伤，主要是因为反复地震作用下结构节点内部产生了不可恢复的挤压塑性变形和累积损伤。结构的刚度大致与自振频率的平方成正比，因此模型频率的降低反映了结构刚度的不断退化。另外，0.210*g* 地震作用时模型的 1 阶频率稍有增大，这可能是结构模型在地震作用下构件间挤压变紧导致的。

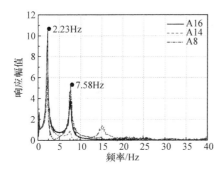

图 9.7　幅频特性曲线(*Y* 向)

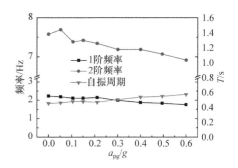

图 9.8　模型结构频率、周期变化趋势(*Y* 向)

a_{pg}-峰值加速度；*T*-周期

表 9.5　*Y* 向模型自振频率及阻尼比

白噪声工况	频率/Hz		阻尼比/%	
	f_1	f_2	ξ_1	ξ_2
WN-Ⅰ-*XY*	2.23	7.58	6.91	3.32
WN-Ⅱ-*XY*	2.19	7.70	7.14	2.68
WN-Ⅲ-*XY*	2.11	7.38	7.20	2.76
WN-Ⅳ-*XY*	2.15	7.34	8.13	2.60
WN-Ⅴ-*XY*	1.99	7.19	9.35	3.69
WN-Ⅵ-*XY*	1.76	6.91	11.20	4.36

注：f_1、f_2 分别为模型沿振动方向(*Y* 向)的前 2 阶频率；ξ_1、ξ_2 分别为模型沿振动方向(*Y* 向)的前 2 阶阻尼比。

2. 阻尼比

阻尼比 ξ 是结构耗能能力的度量指标之一，一般采用半功率法计算，其基本原理为结构频率响应函数(此处为传递函数曲线)的振动响应幅值降至原来的 $1/\sqrt{2}$ 时，在其对应的频率条件下，输入功率为响应峰值功率的一半[87]，符合如下关系式：

$$\xi = \frac{f_L - f_R}{f_L + f_R} \tag{9.1}$$

式中，f_L 和 f_R 分别为振动体系平谱曲线中基频 f_0 对应峰值 A_{max} 和 $A_{max}/\sqrt{2}$ 对应的频率，如图 9.9 所示。

模型结构在不同峰值加速度地震作用后的前 2 阶阻尼比见表 9.5。0.105g 峰值加速度地震作用后，结构的 1 阶阻尼比增幅较小(提高 4%)，与频率表现出的规律相似。随后 1 阶阻尼比急剧增加且增幅较大，0.600g 峰值加速度地震作用后，结构的 1 阶阻尼比相较试验前提高了 62%，其波动范围在 7%～11%之间，明显比其他结构的高(钢筋混凝土结构阻尼比约为 5%，钢结构为 2%，混合结构为 3%)，说明古建筑木结构具有很好的耗能能力。

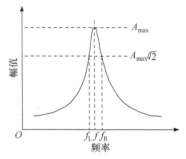

图 9.9　阻尼比计算方法

模型结构阻尼比的变化如图 9.10 所示，随着地震峰值加速度的增加呈增大趋势，这是因为随着地震峰值加速度的增加，模型结构局部构件(榫卯节点和斗栱)逐渐进入弹塑性状态，滞回耗能越来越大，结构的阻尼系数越来越大。节点的累积损伤导致节点刚度的退化，引起整体刚度的减小。根据黏滞阻尼理论，结构的阻尼比与阻尼常数成正比，和结构的整体刚度成反比。输入地震峰值加速度为 0.210g 时，结构未出现明显破坏，但是阻尼比却上升了 35%，虽然在 0.210g 的地震作用下，整体结构没有出现明显损伤(外观能看到的)，但是节点(榫卯和斗栱)构件间已经发生了塑性挤压变形并出现松动，滞回耗能增大，引起结构的阻尼系数变大。此外，在部分地震作用下模型结构的前 2 阶阻尼比都出现了波动，主要是由于试验中采集得到的加速度信号存在噪声干扰，使频率响应函数曲线不够光滑，造成识别的阻尼比可能存在一定误差。

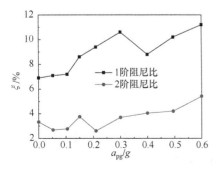

图 9.10　模型结构阻尼比变化趋势(Y向)

3. 振型

地震作用前后模型结构前两阶振型变化曲线见图 9.11，从图中可以看出模型结构的 1 阶振型基本属于剪切型，且地震作用后模型结构一层和二层刚度在不断退化，二层结构刚度退化相对一层较小。图 9.12 是模型结构 Y 向在 WN-Ⅱ-XY 白噪声工况下，沿楼层高度 3 个测点加速度响应的幅频特性曲线。由图可知，在 1 阶频率点，二层楼面的幅值与其他测点相比是最小的，而在 2 阶频率点，其幅值却是最大的，说明模型结构中，二层楼面的 1 阶振型反应最小，以 2 阶振型为主。

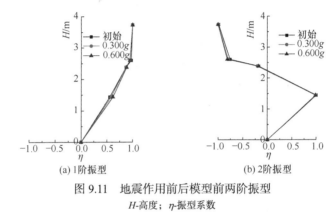

(a) 1 阶振型　　　　　　　　(b) 2 阶振型

图 9.11　地震作用前后模型前两阶振型

H-高度；η-振型系数

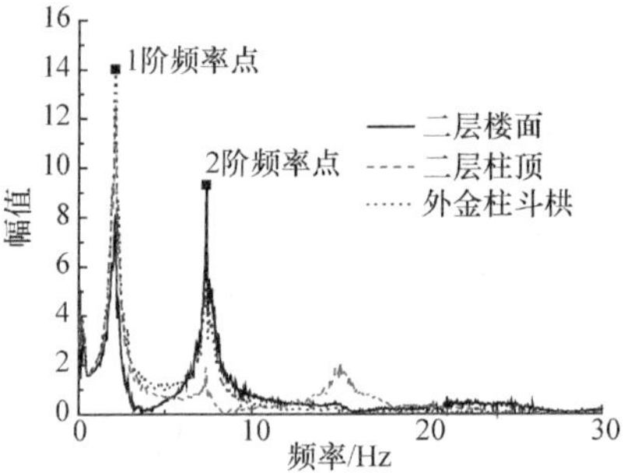

图 9.12　WN-Ⅱ-XY 白噪声工况下模型结构的幅频曲线(Y 向)

9.4.2　加速度响应

采用动力放大系数来分析结构的隔震减震作用[88]。第 i 层动力放大系数 β_i 的计算公式为

$$\beta_i = |a_i / a_0| \tag{9.2}$$

式中，a_i 为结构第 i 层绝对峰值加速度；a_0 为模型基础绝对峰值加速度。

图 9.13 为不同地震作用下结构各层的动力放大系数及变化趋势。从图可以看出，在不同地震波作用下，动力放大系数表现出的规律基本一致。整体上，模型

结构的动力放大系数在二层柱顶处最小，表明各层的绝对加速度响应在二层柱顶处最小，基础和屋盖层大，呈 K 形分布，与呈倒三角形分布的现代建筑加速度响应不同。各测点的动力放大系数均小于 1，远远小于混凝土结构等刚性结构的一般动力放大系数(2～4)，说明古建筑木结构可以衰减地面运动，而不是放大激励。随着地震激励强度的增加，模型结构各层的动力放大系数均表现出减小的趋势，主要是因为模型结构在地震反复荷载作用下，塑性变形(一般发生在榫卯节点榫头和斗栱处，榫头产生挤压变形，斗栱横栱压弯)不断增加，结构损伤不断累积，阻尼比逐渐增加，耗能减震的能力增强。

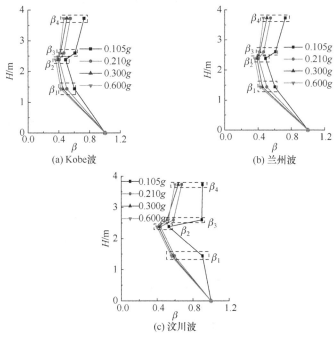

图 9.13　不同地震作用下模型动力放大系数分布

β_1-一层柱顶处动力放大系数；　β_2-二层柱顶处动力放大系数；　β_3-外金柱斗栱层动力放大系数；
β_4-屋盖层动力放大系数

一层柱顶的动力放大系数 (β_1) 小于1，二层柱顶的动力放大系数 (β_2) 小于 β_1，说明梁柱间榫卯节点及外檐柱斗栱具有良好的减震能力，在地震作用下两者共同作用减轻了上部结构的地震响应。外金柱斗栱层的动力放大系数 (β_3) 大于二层柱顶的动力放大系数 (β_2)，即这 4 种不同地震波的作用下斗栱层加速度响应大于二层柱顶加速度响应，表明斗栱隔震减震作用在这 4 种地震波的作用下并没有得到有效的发挥，主要是因为斗栱层的隔震作用取决于结构自振频率与地震波的频谱特性。屋盖层的放大系数 (β_4) 最大，说明屋盖存在一定的鞭梢效应。

9.4.3　位移响应

通过模型各层中放置的位移计，可以获得结构各层在地震作用下位移反应的时程曲线，了解整体结构的位移反应，探究结构的变形规律。图 9.14 为模型结构在不同地震作用下相对于台面的最大位移分布。由图可知，各层的最大位移随着层高的增加而增大，随着地震激励强度的增加同一层的位移反应逐渐增大。结构模型各层的位移最大响应基本呈倒三角分布，与模型结构 1 阶振型相似，呈剪切型。峰值加速度为 0.600g 时，模型结构在 Kobe 波的作用下，结构顶点的最大位移为 48.30mm，在兰州波的作用下最大位移为 57.11mm，在汶川波的作用下最大位移为 59.30mm。

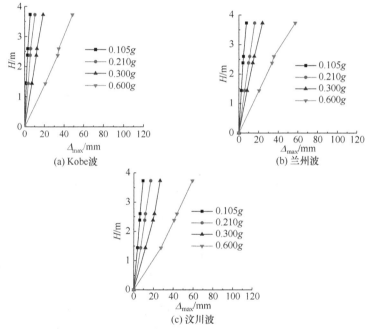

图 9.14　不同地震作用下模型最大位移分布

Δ_{max}-最大位移

表 9.6 是模型结构在不同地震波作用下的最大层间位移角。由表可知，大多情况下层间位移角在斗栱层最大，一层和二层的层间位移角比较接近，屋盖的层间位移角最小，说明斗栱层最为薄弱，这与破坏主要集中于斗栱层的试验现象一致。在峰值加速度为 0.600g 的汶川波作用下模型结构一层、二层及斗栱层的层间位移角分别达到了 1/51、1/56、1/33，接近《古建筑木结构维护与加固技术标准》(GB 50165—2020)[57]针对木构架的最大位移角限值(1/30)，但整体结构仍保持完好。此外，同济大学宋晓滨等[89]和西安建筑科技大学的 Xue 等[90]相关的研究中发现，强

震作用下传统楼阁式木结构塔和传统穿斗式木结构的最大层间位移角分别为 4/91 和 1/32，结构未发生倒塌，说明传统木结构具有良好的变形性能和抗倒塌能力。

表 9.6　不同地震波作用下最大层间位移角

地震波	a_{pg}/g	θ_{max}			
		一层柱顶	二层柱顶	斗栱	屋盖
Kobe 波	0.105	1/961	1/751	1/528	1/778
	0.210	1/417	1/405	1/293	1/689
	0.300	1/190	1/180	1/215	1/292
	0.600	1/58	1/62	1/57	1/150
兰州波	0.105	1/558	1/527	1/356	1/444
	0.210	1/234	1/219	1/143	1/274
	0.300	1/158	1/140	1/100	1/164
	0.600	1/70	1/101	1/52	1/98
汶川波	0.105	1/375	1/441	1/289	1/423
	0.210	1/203	1/226	1/188	1/233
	0.300	1/119	1/120	1/103	1/152
	0.600	1/51	1/56	1/33	1/88

注：θ_{max} 为最大层间位移角。

结构模型在地震激励峰值加速度为 0.105g 时，结构模型未发生明显破坏，结构基本处于弹性状态，模型木构架层的最大层间位移角为 1/375(汶川波)，超过《建筑抗震设计规范》中对钢筋混凝土构架弹性层间位移角限值的规定(1/550)。地震峰值加速度达到 0.600g 时，模型木构架层的最大层间位移角为 1/51(汶川波)，几乎达到了《建筑抗震设计规范》对钢筋混凝土结构和钢结构弹塑性层间位移角限值(1/50)，虽然榫卯节点出现拔榫现象，但节点却无明显的破坏，而且斗栱只有极少数构件发生破坏，表明榫卯和斗栱节点的延性较好，结构在地震荷载作用下具有良好的变形能力。斗栱层的最大层间位移角为 1/33，接近《古建筑木结构维护与加固技术标准》抗震变形验算中的位移角限值(1/30)，但此时结构并未发生完全破坏，仍具有一定的安全储备和恢复变形的能力。可见如何合理评定传统木结构的抗震性能及设定不同水准地震作用下的最大层间位移角限值还有待深入研究。

9.4.4　最大剪力分布规律

将模型的质量等效集中于一层柱顶、二层柱顶、斗栱和屋盖，根据相应位置的加速度数据，可近似得到模型各层剪力 $V_k(t_i)$[91]，表达式为

$$V_k(t_i) = \sum_{k}^{n} m_k a_k(t_i) \tag{9.3}$$

式中，下标 k 为层号；$a_k(t_i)$ 为第 k 层在第 t_i 时刻的绝对加速度；m_k 为第 k 层质量。

　　根据式(9.3)，取相应层绝对值最大的剪力为最大剪力。图 9.15 为模型结构在不同地震作用下的楼层剪力峰值分布图。由图中曲线可知，当峰值加速度小于 $0.600g$ 时，楼层剪力沿高度由上而下基本呈阶梯式增大。地震峰值加速度达到 $0.600g$ 时，除 Kobe 波外，在其他地震波作用下，二层楼层最大剪力相对于斗栱层突然变小，这主要是因为结构在地震作用下，剪力效应沿结构高度的分布情况和结构各层的惯性力(即层间质量和绝对加速度的乘积)分布有关。试验模型质量沿高度分布不均匀，在二层柱顶处集中了整体结构约 17%的质量，外金柱斗栱和顶层屋盖处的质量约占 30%，且斗栱层与二层柱顶竖向不连续，刚度相差较大。在峰值加速度为 $0.600g$ 的兰州波及汶川波作用下，加速度响应不同步，存在相位差，在同一时刻加速度方向相反，如图 9.16 所示。这表明结构的质量、刚度和输入结构地震波的频谱特性影响结构地震的剪力分布。

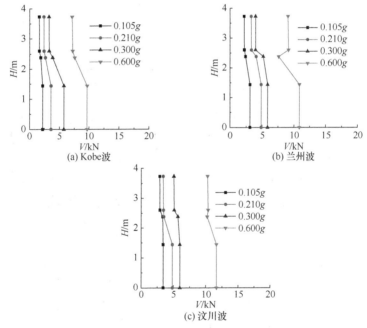

图 9.15　不同地震作用下模型楼层剪力峰值分布

V-剪力

9.4.5　结构耗能规律

　　多自由度结构的振动微分方程对质点的相对位移积分，得到多自由度结构的能量反应方程，如式(9.4)所示。

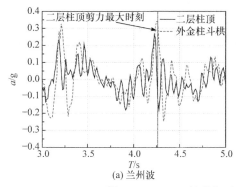
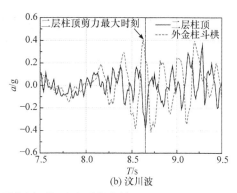

图 9.16　0.600g 峰值加速度地震作用下加速度时程曲线

a-加速度

$$\int_0^t \{\dot{x}\}^{\mathrm{T}}[M]\{\ddot{x}\}\mathrm{d}t + \int_0^t \{\dot{x}\}^{\mathrm{T}}[C]\{\dot{x}\}\mathrm{d}t + \int_0^t \{\dot{x}\}^{\mathrm{T}}\{F\}\mathrm{d}t = -\int_0^t \{\dot{x}\}^{\mathrm{T}}[M]\{\ddot{x}_{\mathrm{g}}\} \qquad (9.4)$$

式中，$[M]$ 为结构的质量矩阵；$[C]$ 为结构的阻尼矩阵；$\{F\}$ 为结构的恢复力列向量。$\{\ddot{x}\}$、$\{\dot{x}\}$、$\{\ddot{x}_{\mathrm{g}}\}$ 分别为质点的相对加速度、速度和地面加速度列向量。

式 (9.4) 中各项可以定义为如下几种形式：

结构的总输入能 E_{I} 为

$$E_{\mathrm{I}} = -\int_0^t \{\dot{x}\}^{\mathrm{T}}[M]\{\ddot{x}_{\mathrm{g}}\}\mathrm{d}t = -\sum_{i=1}^n \int_0^t m_i \ddot{x}_{\mathrm{g}}\dot{x}_i \mathrm{d}t \qquad (9.5)$$

结构动能 E_{K} 为

$$E_{\mathrm{K}} = \int_0^t \{\dot{x}\}^{\mathrm{T}}[M]\{\ddot{x}\}\mathrm{d}t = \frac{1}{2}\sum_{i=1}^n m_i \dot{x}^2 \qquad (9.6)$$

结构阻尼耗能 E_{ξ} 为

$$E_{\xi} = \int_0^t \{\dot{x}\}^{\mathrm{T}}[C]\{\dot{x}\}\mathrm{d}t = \sum_{i=1}^n \int_0^t c_i \dot{x}_i^2 \mathrm{d}t \qquad (9.7)$$

式中，c_i 为阻尼系数。

结构弹性变形能 E_{S} 和塑性变形能 E_{P} 之和为

$$E_{\mathrm{S}} + E_{\mathrm{P}} = \int_0^t \{\dot{x}\}^{\mathrm{T}}\{F\}\mathrm{d}t \qquad (9.8)$$

因此，多自由度结构的能量反应方程也可以用式 (9.9) 表示：

$$E_{\mathrm{K}} + E_{\xi} + (E_{\mathrm{S}} + E_{\mathrm{P}}) = E_{\mathrm{I}} \qquad (9.9)$$

结构的地震能量反应时程中，总输入能 (E_{I}) 和动能 (E_{K}) 可以分别通过式 (9.5) 和式 (9.6) 求得。由于结构阻尼机制的复杂性，很难精确地求得结构通过阻尼消耗的能量，经常采用黏滞阻尼模型去评估结构的阻尼耗能，如式(9.7)所示。此外，结构弹性变形能达到最大值时结构动能达到最小值，它们是两个交互达到峰值的变量，在地震结束时都趋近 0[92]，两者都只参与能量的转换而几乎不消耗能量。结构的总输入能、滞回耗能和阻尼耗能都是随时间推移逐渐累积的变量，在地震波结束时，通常达到最大值[93-94]，而且动能和弹性变形能相比其他消耗等能量很小，几乎可以忽略，因此结构的总输入能可近似认为全部由结构的阻尼和塑性变形耗散，则式(9.9)可以用式(9.10)代替。

$$E_\xi + E_P = E_I \tag{9.10}$$

将振动台模型简化为 4 质点模型，如图 9.17 所示，m_1、m_2、m_3 和 m_4 分别代表一层、二层、斗栱层及顶层屋盖。

将模型各部分消耗的能量绘制于图 9.18，从图中可以看出在小震作用下，阻尼消耗的能量占主导地位，最多消耗近 75%的能量。随着地震强度的增加，由于结构塑性变形消耗的能量逐渐增加，但是最终也只维持在 40%～45%之间，阻尼耗能仍然消耗绝大部分的能量。钢结构及钢筋混凝土结构中阻尼耗能分别仅占 15%～20%、20%～30%，说明在地震作用下阻尼耗能是传统木结构耗能的重要组成部分。

图 9.17　简化计算模型

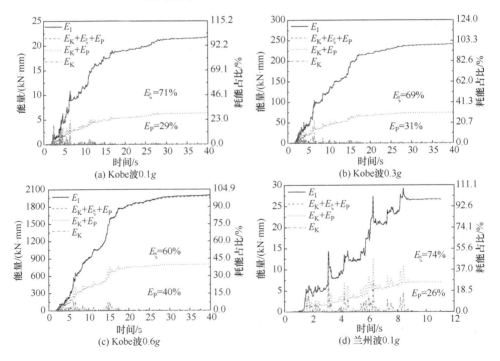

(a) Kobe波0.1g

(b) Kobe波0.3g

(c) Kobe波0.6g

(d) 兰州波0.1g

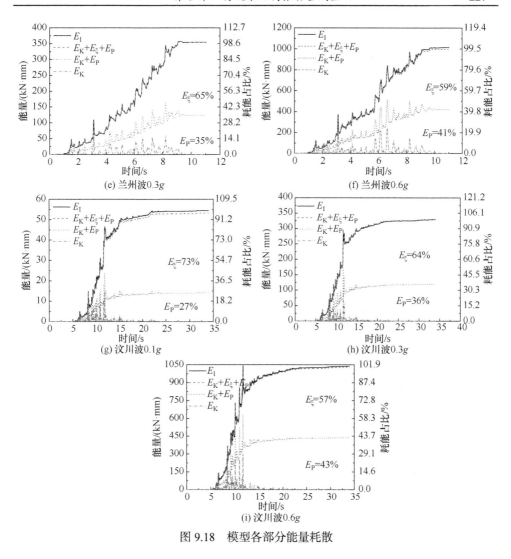

图 9.18 模型各部分能量耗散

9.5 填充墙对传统木结构抗震性能的影响

9.5.1 动力特性

1. 自振频率

利用传递函数可得到模型各测点加速度响应的幅频特性图，表 9.7 列出了各工况结束后模型的自振频率 f_0。

表 9.7　各工况后模型的自振频率　　　　　（单位：Hz）

方向	WN-Ⅰ-XY	WN-Ⅱ-XY	WN-Ⅲ-XY	WN-Ⅳ-XY	WN-Ⅴ-XY	WN-Ⅵ-XY	WN-Ⅶ-XY
X向	2.85	3.05	2.93	2.77	2.54	2.46	2.14
Y向	2.23	2.19	2.11	2.15	1.99	1.76	—

从表 9.7 可看出，模型 Y 向自振频率明显小于 X 向，说明木质隔墙有效增加了结构的刚度，随着峰值加速度的提高，模型两个方向的自振频率基本逐渐降低，主要是因为在反复地震作用下结构节点内部产生了不可恢复的挤压塑性变形和损伤累积。除此之外，模型在经历 0.053g 的地震作用后，其 X 向的自振频率比震前略高，主要原因可能是结构榫卯节点及木质隔墙在结构的轻微摆动下挤压密实，使其原有的空隙减小，提高了模型的整体抗侧刚度。

2. 阻尼比

模型阻尼比随输入激励的变化趋势如图 9.19 所示。从中可以看出，在小震作用下(0.053g～0.105g)，X 向阻尼比略高于 Y 向，主要是因为木质隔墙作为阻尼源，一定程度上增加了结构的阻尼比。但是，随着地震激励幅值的增加，X 向的阻尼比反而小于 Y 向，说明 Y 向结构损伤引起结构自身阻尼的增加远远大于 X 向木质填充墙的贡献。此后，在经历了地震峰值加速度为 0.600g 的地震作用后，X 向的阻尼比几乎与 Y 向相等，仅降低了 2%，且增幅速率明显增大。主要

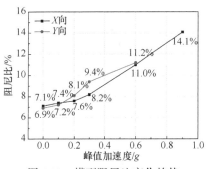

图 9.19　模型阻尼比变化趋势

是因为在大震作用下，X 向损伤开始变得明显并逐渐累积。

9.5.2　动力抗侧刚度

水平地震作用下结构会产生惯性力，此力即作用在结构上的地震荷载，等于质量与其绝对加速度的乘积，方向与绝对加速度的方向相反，结构中各层剪力等于该层以上各质点惯性力之和，再结合层间相对位移便可得到结构各层在水平地震作用下的荷载-位移滞回曲线[95]。图 9.20 给出了白噪声 WN-Ⅴ-XY 试验工况下得到的滞回曲线。从图中可以看出白噪声工况下的层间滞回曲线形状比较狭窄，基于这种形状特点，其等效抗侧刚度可以用线性回归法进行拟合[96]，其物理意义为将每层结构视为单自由度体系，将质量等效集中于端部的抗侧刚度[97-98]。虽然此刚度不是结构的真实刚度，但它可以在一定程度上反映结构的抗侧力。表 9.8 给出了各工况下结构的动力抗侧刚度。

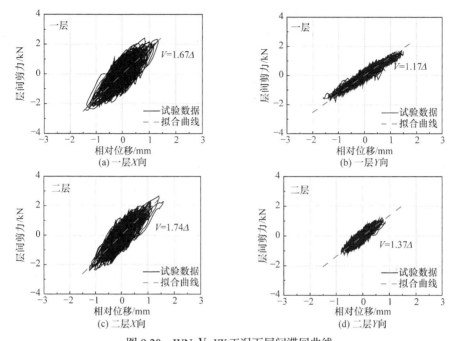

图 9.20 WN-V-XY 工况下层间滞回曲线

Δ-相对位移

表 9.8 各层结构的动力抗侧刚度 (单位：kN/mm)

工况	一层		二层		顶层斗栱		屋盖	
	X 向	Y 向	X 向	Y 向	X 向	Y 向	X 向	Y 向
WN-I-XY	2.31	1.60	2.70	1.69	1.42	1.35	3.47	3.45
WN-III-XY	2.20	1.53	2.32	1.62	1.23	1.27	3.24	3.28
WN-IV-XY	1.95	1.39	2.06	1.56	0.97	1.10	3.20	3.04
WN-V-XY	1.72	1.30	1.91	1.48	0.85	1.09	2.84	3.00
WN-VI-XY	1.67	1.17	1.87	1.37	0.70	1.00	2.46	2.78
WN-VII-XY	1.52	—	1.73	—	0.66	—	2.31	—

从表中可以看出，由于木质隔墙作为额外的附加刚度，最终使得结构一层、二层的刚度在 X 向明显大于 Y 向。随着地震峰值加速度的不断增加，各层两个方向的刚度都逐渐变小，说明结构的损伤在不断累积。在峰值加速度为 0～0.300g，一层、二层 X 向刚度分别下降了 26% 和 29%，显著高于 Y 向(19% 及 12%)。主要是因为木质隔墙经常作为结构抗震的第一道防线，在地震作用下，与约束的柱、枋不断发生挤压和摩擦，除了自身结构的损伤，在挤压严重的地方形成了明显的

间隙。对于斗栱层，因为无论是结构的布置还是尺寸的大小在两个方向都是相同的，所以在初始状态下两个方向的刚度几乎相等。但是 X 向刚度的增加相应放大了结构在斗栱层以下的响应，使得 X 向斗栱层的损伤也相应增加，直接导致斗栱层 X 向的刚度小于 Y 向。此外，由于传统木结构屋盖是一个大质量体系，不仅刚度大而且整体性较好，从始至终两个方向的刚度都比较接近。

9.5.3 加速度响应

图 9.21 给出了模型两个方向(X 向、Y 向)在峰值加速度为 600cm/s^2 的地震作用下二层楼面(一层柱顶)和外金柱斗栱的加速度反应时程曲线。

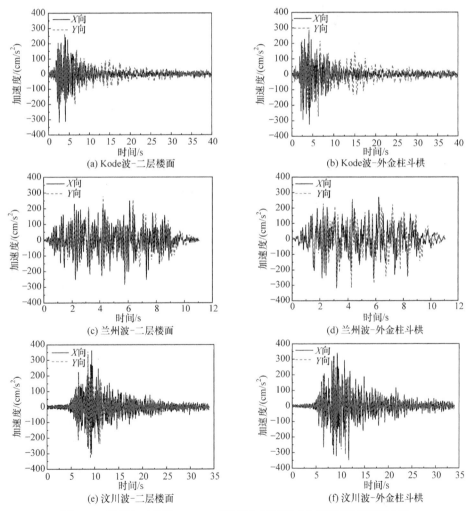

图 9.21 峰值加速度为 600cm/s^2 地震作用下测点加速度反应时程曲线

从图中可以看出，在地震作用下，各测点两个方向的加速度时程曲线基本相似，峰值点也几乎同时出现，没有相位差，只是 X 向的加速度明显大于 Y 向。为充分了解各工况下木质隔墙对模型各测点处加速度的影响，将模型两个方向在不同地震波、不同激励幅值作用下各测点的峰值加速度反应列于表 9.9。由表可以看出，在不同地震波的作用下，只要输入的激励相同，模型 X 向各结构层的加速度大多大于 Y 向。主要是因为木质隔墙限制了榫卯节点的转动，削弱了结构的减震能力。在 53cm/s² 汶川波作用下，X 向峰值加速度绝对值沿高度从下到上基本逐渐增加，表明此时榫卯节点及斗栱层的减震隔震的能力并未得到有效发挥。在其他工况下，由于半刚性榫卯节点的转动以及摩擦耗能，一层、二层的加速度明显小于台面加速度。但是，在试验的这几种工况作用下，斗栱的加速度都大于外金柱柱顶(二层)的加速度，说明斗栱层的隔震作用并没有得到发挥，斗栱层的隔震作用取决于地震波的频谱特性。

表 9.9　模型各层峰值加速度　　　　　　　　(单位：cm/s²)

地震波	激励峰值加速度	台面实测		一层		二层		顶层斗栱		屋盖	
		X 向	Y 向	X 向	Y 向	X 向	Y 向	X 向	Y 向	X 向	Y 向
Kobe 波	53	43.2	50.3	35.4	37.3	33.7	30.4	45.1	36.7	45.8	43.9
	105	154	103	95.7	62.2	92	53.8	102	63	104	75.2
	210	**	210	**	106	**	105	**	98.3	**	116
	300	297	315	166	161	149	141	163	141	187	160
	600	599	612	313	260	290	220	323	271	358	327
	930	1127	—	458	—	408	—	511	—	681	—
兰州波	53	**	48.4	**	52.6	**	37.8	**	48.4	**	56.3
	105	**	110	**	89.5	**	65.3	**	86.2	**	101
	210	212	225	129	126	123	105	157	146	172	181
	300	276	326	160	157	131	148	192	202	209	239
	600	575	597	283	285	275	264	319	315	388	378
	930	1066	—	439	—	421	—	484	—	451	—
汶川波	53	66	67.4	67.3	74.9	76.9	46.3	76.9	73.3	90.2	77.8
	105	141	138	140	130	115	710	137	124	148	125
	210	205	184	174	129	132	79	164	143	178	145
	300	301	259	224	150	167	105	201	154	213	176
	600	603	572	361	357	287	221	348	309	430	373
	930	806	—	461	—	335	—	447	—	537	—

注：— 表示未进行此工况下的试验；** 表示该工况的数据无效。

　　图 9.22 为模型结构动力放大系数包络图。从图中可以看出，不同地震波作用下，动力放大系数在两个方向表现出的规律基本一致。整体上，模型结构的动力放大系数在二层柱顶处最小。由于鞭梢效应，屋盖顶部的放大系数最大。随着地震激励强度的增加，模型结构各层的动力放大系数均表现出减小的趋势。尽管木质填充墙的影响在一定程度上增加了 X 向的动力放大系数，但是并没有改变传统木结构衰减地面震动的作用。

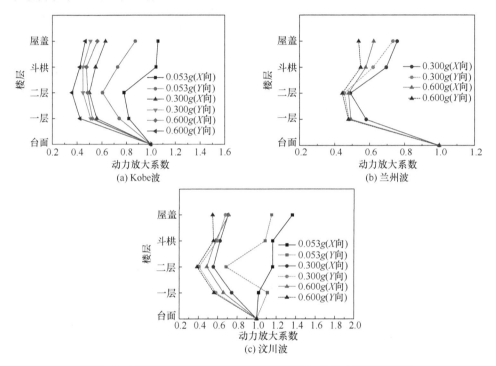

图 9.22　不同峰值加速度及方向下模型结构动力放大系数包络图

9.5.4　位移响应

　　图 9.23 给出了不同地震作用下模型相对于台面的最大位移分布曲线。从中可以明显看出，当地震激励较小时，各层最大位移基本呈线性关系，且随着地震强度的增加而增大。各层最大位移分布基本呈倒三角形，说明结构变形以剪切变形为主。除此之外，因为木质隔墙提高了模型 X 向的刚度，所以 X 向侧移明显小于 Y 向，但是在地震激励较小(0.053g)时这种现象不明显，两个方向各层的最大位移基本相等。

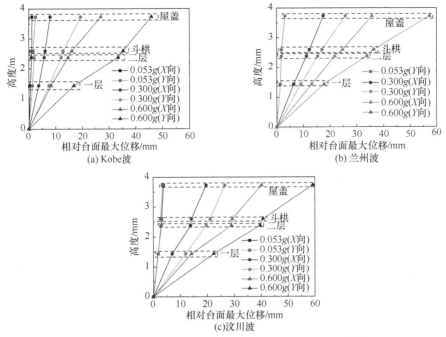

图 9.23 不同地震峰值加速度及方向下模型最大位移分布

水平地震作用下，结构各层之间会出现不同的侧移，其相对位移的大小反映了不同层的结构抗侧力，根据各层的相对位移时程曲线，可求出各个工况下各结构层相对位移的最大值，进而求得最大层间位移角，将所有数据列于表 9.10 中。从表中可以看出，在相同地震激励下，模型在两个方向的层间位移角及层间侧移的分布规律是相同的。结构随着输入地震峰值加速度的增加，每层的层间位移角都在增加。斗栱层位移角最大，明显高于一层、二层的位移角，主要是由于斗栱的抗侧刚度较小(表 9.8)，这也很好地解释了破坏主要集中于斗栱层的试验现象。屋盖的层间位移角最小。除此之外，木质隔墙增加了 X 向的抗侧刚度，导致一层、二层 X 向柱架的层间位移角明显低于 Y 向。但是斗栱的 X 向层间位移角却大于 Y 向，主要是因为木质隔墙在增大结构抗侧刚度的同时，也减小了柱架的减震作用，传递到斗栱层的加速度响应在 X 向明显高于 Y 向，所以 X 向受到的剪力更大。屋盖的层间位移角在两个方向基本保持一致，主要是因为质量集中于屋盖上，而且屋盖也采用了一些明显增加结构整体性的连接方式(钉连接，传统木结构的柱架中一般不会使用)，使得屋盖整体结构具有较大的刚度。

表 9.10　　不同地震波作用下结构各层最大层间位移角

地震波	激励峰值加速度/(cm/s²)	一层		二层		顶层斗栱		屋盖	
		X 向	Y 向	X 向	Y 向	X 向	Y 向	X 向	Y 向
汶川波	53	1/814	1/783	1/991	1/888	1/195	1/378	1/828	1/894
	105	1/437	1/375	1/617	1/442	1/102	1/289	1/433	1/421
	210	1/271	1/204	1/240	1/226	1/75	1/189	1/209	1/234
	300	1/204	1/120	1/144	1/120	1/50	1/103	1/119	1/152
	600	1/101	1/52	1/63	1/57	1/30	1/33	1/74	1/88
	930	1/60	—	1/39	—	1/18	—	1/49	—
兰州波	53	**	1/1045	**	1/1150	**	1/487	**	1/912
	105	**	1/558	**	1/527	**	1/356	**	1/444
	210	1/419	1/234	1/400	1/220	1/89	1/143	1/278	1/274
	300	1/284	1/158	1/213	1/141	1/58	1/100	1/148	1/164
	600	1/125	1/70	1/124	1/101	1/41	1/52	1/91	1/98
	930	1/83	—	1/61	—	1/19	—	1/72	—
Kobe 波	53	1/2311	1/1813	1/1794	1/1352	1/500	1/925	1/1138	1/1049
	105	1/1194	1/962	1/1259	1/752	1/385	1/529	1/863	1/778
	210	1/699	1/418	1/542	1/405	1/203	1/294	1/744	1/689
	300	1/436	1/190	1/345	1/181	1/110	1/134	1/303	1/292
	600	1/177	1/58	1/143	1/62	1/75	1/57	1/114	1/150
	930	1/102	—	1/82	—	1/24	—	1/100	—

9.5.5　结构的累积耗能

　　结构在地震作用下消耗的能量,可根据结构的层间剪力-层间位移滞回曲线求得。虽然在地震作用下,结构各层的地震剪力无法直接测出,但是根据地震作用效应及地震惯性荷载的定义,可按式(9.3)计算地震剪力。结合各层的位移记录,绘出了如图 9.24～图 9.26 所示的部分试验工况下部分楼层的滞回曲线。从图中可以看出,结构的滞回曲线随着地震峰值加速度的增加逐渐变得不规则,且不规则程度不断恶化,同时滞回环包络的面积也在不断增大,表明结构耗散的能量在不断增加。除此之外,结构模型两个方向的滞回曲线面积有明显差别,表明木构架中的木质隔墙对结构在地震作用下耗能能力的发挥有一定程度的影响。

　　根据滞回曲线可以由式(9.11)计算各层累积滞回耗能

$$E_{hk}(t_i) = \sum_{t=1}^{n} \frac{1}{2} \left[V_k(t_i) + V_k(t_{i-1}) \right] \left[x_k(t_i) - x_k(t_{i-1}) \right] \tag{9.11}$$

式中,$E_{hk}(t_i)$ 是 t_i 时刻第 k 层的累积滞回耗能;$V_k(t_i)$、$V_k(t_{i-1})$ 分别是 t_i 和 t_{i-1} 时刻的层间剪力;$x_k(t_i)$、$x_k(t_{i-1})$ 分别是 t_i 和 t_{i-1} 时刻的层间位移;n 为采样点数。

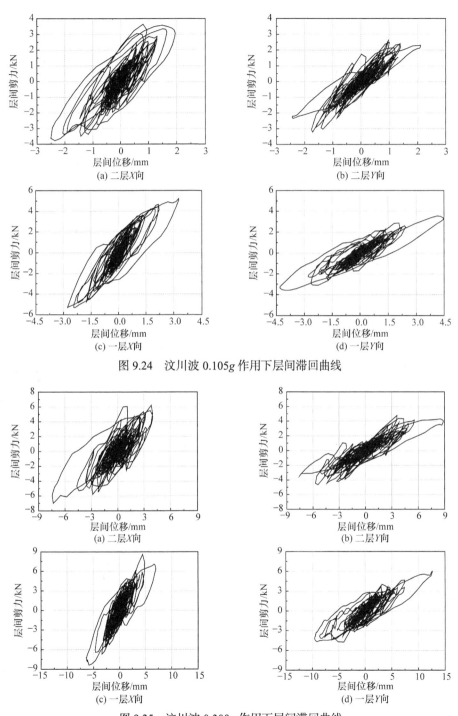

(a) 二层X向

(b) 二层Y向

(c) 一层X向

(d) 一层Y向

图 9.24   汶川波 0.105g 作用下层间滞回曲线

(a) 二层X向

(b) 二层Y向

(c) 一层X向

(d) 一层Y向

图 9.25   汶川波 0.300g 作用下层间滞回曲线

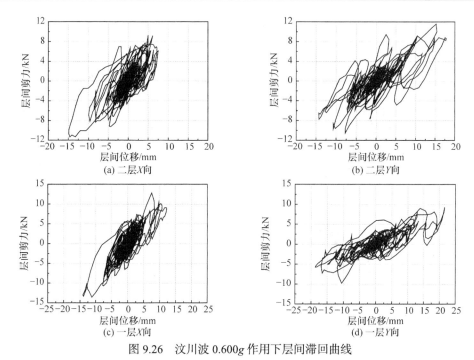

图 9.26　汶川波 0.600g 作用下层间滞回曲线

图 9.27 给出了汶川波部分工况作用下各层的耗能时程曲线。由该图可以看出，

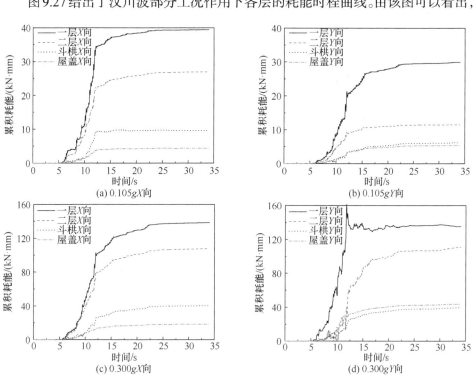

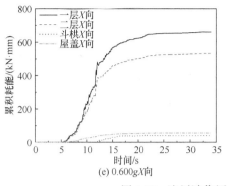
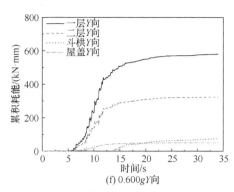

图 9.27　汶川波作用下结构各层的耗能时程曲线

传统木结构中除半刚性榫卯节点的转动及斗栱变形能耗散地震能量外，屋盖也能耗散能量，主要是因为屋盖的梁架体系也是由榫卯节点组成的。结构模型一层木构架累积耗能最大，二层次之，随后是斗栱和屋盖。比较其他工况下的耗能曲线也能得到类似规律。

　　为了比较各工况下木质隔墙对耗能的影响，表 9.11 给出了模型在不同地震波、不同激励强度下总滞回耗能变化趋势。从表中可以看出，X 向耗能大多小于 Y 向。主要是因为木质填充墙约束了木构架节点的转动，降低了榫卯节点的耗能。木质填充墙通过与约束柱、枋摩擦耗散的能量也由于结构侧移较小受到限制，未能得到充分发挥。峰值加速度达到 0.600g 时，在汶川波的作用下，X 向的耗能开始明显大于 Y 向，说明在大震的作用下，木质填充墙的耗能得到充分发挥。

表 9.11　结构总滞回耗能　　　　　　　　　(单位：kN · mm)

地震波	方向	峰值加速度				
		0.100g	0.200g	0.300g	0.600g	0.930g
Kobe 波	X	11	38	128	768	1323
	Y	18	82	248	1013	—
兰州波	X	36	98	194	732	1524
	Y	26	180	354	1013	—
汶川波	X	81	144	305	1283	2750
	Y	53	160	330	1029	—

9.5.6　结构耗能规律

　　图 9.28 给出了结构在不同方向阻尼耗能与输入能之比(E_g/E_l)随地震峰值加速度变化的规律，反映了结构阻尼耗能对结构反应的依赖性。由图可知，随着地震峰值加速度的增加，结构两个方向的阻尼耗能所占的比例均在逐渐减少。在地震峰值加速度达到 0.5g 之前，阻尼耗能消耗了结构输入的大部分能量，随着地震激励的增加，塑性变形能所占的比例超过了阻尼耗能，成为最主要的耗能方式。木

质隔墙增加了结构的内在阻尼，降低了阻尼耗能占比退化的速率，使 X 向阻尼耗能的占比明显大于 Y 向。地震输入的能量基本由阻尼耗能和塑性变形能两部分承担，则 Y 向的塑性变形能大于 X 向。塑性变形能决定结构损伤破坏的程度，从能量的角度揭示了木质隔墙在相同幅值地震作用下损伤较小的原因。

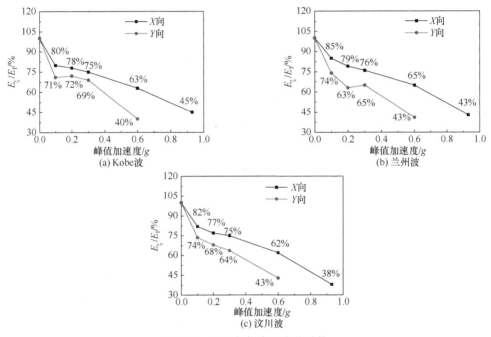

图 9.28　阻尼耗能占比变化趋势

9.6　本章小结

　　本章以西安钟楼为研究对象，对其缩尺结构模型进行了地震模拟振动台试验研究，并对比分析了木质填充墙对结构抗震性能的影响。试验发现，传统木结构无论是否存在木质填充墙均表现出良好的抗震能力，在强烈的地震作用下，模型结构只在榫卯节点处发生轻微的拔榫，斗栱发生滑移且部分斗发生劈裂破坏，而主体结构仍然完好，结构模型仍具有较好的恢复变形能力。木质填充墙显著改变了结构的动力特性，使得结构的自振频率明显增大。虽然木质填充墙作为结构的阻尼源，一定程度上增加了结构的阻尼比，但其在小震的作用下却小于结构损伤引起的阻尼比。木质填充墙作为抗侧力构件，增加了相应楼层刚度，减小了相关楼层的位移反应，却放大了结构的加速度响应，加剧了相邻结构层的损伤。除此之外，木质填充墙一定程度上增大了结构的阻尼耗能占比，减小了与结构损伤密切相关的塑性变形耗能占比，延缓了结构的损伤。

第10章　传统木结构有限元动力分析模型

随着科学技术的迅速发展，计算机模拟分析技术已经成为大多数结构研究的重要工具，也逐渐成为结构地震安全性能评估的重要手段。因此，将计算机模拟分析技术运用于传统木结构的研究，构建合理的有限元动力分析模型并应用于结构的抗震性能进行研究，是传统木结构保护的一项重要工作。传统木结构营造和材料性能比较复杂，构建实体单元模型分析整体结构会使得建模的工作量和计算量大大增加，计算效率也相对较低。近年来，基于杆系模型的宏观分析模型为上述问题提供了解决方法，其建模简单，计算量小，比较容易实现。模型中关键节点及构件的非线性行为决定了结构分析的准确性。恢复力特征曲线用于描述节点或者构件所受外力与其相应变形之间的函数关系，在实际计算过程中，恢复力特征曲线的刚度不断变化，能够相对真实地反映结构节点或者构件在受力过程中的行为，因此计算结果较为准确。

本章首先通过构造单元的方法实现了传统木结构关键节点及构件的恢复力特性。其次，以第 9 章振动台试验的缩尺模型为对象，采用有限元软件 ANSYS 建立基于关键节点及构件恢复力特性的传统木结构有限元模型。最后，对有限元模型进行动力弹塑性时程分析，将所得到的动力响应与相关振动台试验数据进行对比，以验证模型的有效性和合理性，为传统木结构抗震分析提供更为简便的分析方法。

10.1　关键节点的模拟与验证

10.1.1　柱脚节点的模拟与验证

1. 柱脚节点构造形式

柱础，即承柱的石柱础，它的重要作用是将柱承受的上部荷载有效地传递到台基和地基上，同时保证木柱免受雨水的侵蚀，防止柱根受潮腐朽。按照其构造形式，可将柱与柱础的主要连接方式分为以下三种形式[99]。

1) 套顶榫连接

柱础中心掏空形成透眼，将柱脚的套顶榫插入透眼，相当于将木柱根部紧紧套住(图 10.1)。套顶榫能承受一定的弯矩和水平推力，缺点是柱根及柱顶弯矩较大，是整个构架中的薄弱环节。从约束情况来看，可以视为固定端，进行有限元分析时，简化为固定支座。

(a) 套顶榫连接实拍

(b) 套顶榫模型

图 10.1　套顶榫连接

2) 管脚榫连接

柱脚管脚榫尺寸与套顶榫相比小很多，榫头插入柱石柱础顶面中心较小的卯槽(海眼)，如图 10.2 所示。在反复荷载作用下，木柱根部难以产生水平错动，木柱将沿柱脚边缘发生转动，在柱顶竖向荷载作用下产生恢复弯矩，具有半刚性特点。因此，进行有限元分析时，此种连接方式可以采用非线性弹簧代替，达到简化分析的目的。

(a) 管脚榫连接实拍

(b) 管脚榫模型

图 10.2　管脚榫连接

3) 柱平摆浮搁放置

柱根直接放置在石柱础上，除了依靠柱脚的转动提供恢复力，木柱与石柱础间的摩擦力也发挥了关键作用(图 10.3)。水平力(水平地震作用及风荷载等)小于石柱础所能提供的最大静摩擦力时，柱只发生转动，具有明显半刚性的特点。水平荷载大于石柱础所能提供的最大静摩擦力时，柱与石柱础之间产生相对滑移，但是转动仍然存在，处理此种连接时，可在柱底加上一个弹簧-滑动器单元。此单元在受到小于石柱础所能提供的最大静摩擦力 μmg(m 为结构的总质量)时，单元无滑动，只发生转动，单元的转动刚度为 k_R，平动刚度为 k_T 且刚度无限大。受到大于石柱础所能提供的最大静摩擦力 μmg 时，柱脚可任意滑动，单元的转动刚度仍然为 k_R，而平动刚度为 k_T 为 0。

(a) 柱平摆浮搁放置实拍　　　　　　　　(b) 柱平摆浮搁放置模型

图 10.3　柱平摆浮搁放置

2. 单元的选取

1) 柱脚半刚性连接

柱脚节点的半刚性可以采用非线性弹簧单元 COMBIN39 来模拟。该单元通过输入构件广义力-变形曲线(*F-D* 曲线)来定义非线性特性[100]，如图 10.4 所示。通过修改参数 KEYOPT(3)的数值可以将其转化为纵向拉压弹簧或具有转动刚度的弹簧。对于柱脚半刚性连接单元，可以通过简化的弯矩-转角关系曲线来定义 COMBIN39 的实常数。

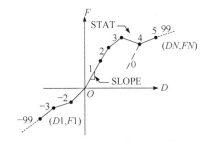

图 10.4　COMBIN39 单元几何特性[100]

2) 柱脚滑移连接

采用 COMBIN40 单元可以实现柱脚与石柱础之间的滑移连接特性，该单元为组合单元由轴向弹簧、阻尼器、间隙单元及滑动器等元件构成，其几何构成如图 10.5 所示。根据不同的 KEYOPT 可以设置或者移除质量、弹簧、滑块、阻尼器和间隙等功能。因为柱脚不涉及阻尼和间隙功能，所以在有限元模拟时，不开启该选项。柱底剪力小于临界滑动力时，柱脚不发生滑动，此时 COMBIN40 弹簧单元的水平刚度为 $K_1(\infty)+K_2(0)$。柱底剪力大于临界滑动力时，柱脚产生滑移，此时弹簧 K_1 退出工作，COMBIN40 弹簧单元的水平刚度变为 $K_2(0)$。

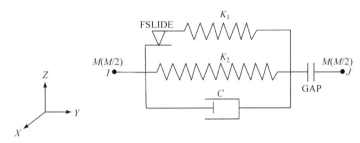

图 10.5　COMBIN40 单元几何构成[100]

M-质量；K_i-弹簧刚度；FSLIDE-临界滑动力；*C*-阻尼系数；GAP-间隙长度

　　柱平摆浮搁放置这种连接方式在地震作用下除了具有摇摆的特性，还具有滑移隔震减震的性能，因此可以采用 COMBIN39 和 COMBIN40 单元组合的方式来模拟柱脚与石柱础之间滑移摇摆的连接特性。由于两个单元并联，各自的性能互不影响。图 10.6 为 COMBIN39 和 COMBIN40 单元组合后得到简化的柱脚节点半刚性滑移模型。

　　3. 模拟验证

　　为了验证柱脚节点半刚性滑移模型的正确性，根据传统木结构柱脚节点受力性能试验的构件建立有限元模型[101-102]，其尺寸如图 10.7。

图 10.6　柱脚节点半刚性滑移模型　　　　图 10.7　柱脚节点尺寸详图(单位：mm)

　　根据试验模型建立柱脚节点梁-弹簧单元有限元模型如图 10.8 所示。试验模型木材采用东北红松，弹性模量为 8.856GPa，顺纹抗压强度为 34.76MPa。采用 BEAM188 单元模拟柱，为了在柱脚位置添加 COMBIN39 单元以模拟柱脚的半刚性连接，在与柱脚节点重合的位置再添加 1 个节点作为石柱础节点，并将该节点固结，只打开柱脚节点在转动方向(ROTY)的自由度，最后在石柱础节点及柱脚节点之间添加 COMBIN39 即可。根据 Tanahashi 和 Suzuki[103]的计算模型，可以得到如图 10.9 所示的弯矩-转角曲线,用于定义柱脚 COMBIN39 弹簧单元的实常数。设置 KEYOPT(1)=0，打开控制卸载路径选项，选择与加载路径相同的路径卸载，

用于定义该单元的滞回规则。根据试验加载方案进行加载，将模拟得到柱脚节点
力-位移滞回曲线与试验的滞回曲线绘制于图 10.10。从图可知，有限元模拟结果
的滞回曲线同样呈 S 形，且具有明显的捏缩效应，与试验结果基本吻合，说明该
单元及内置的卸载准则可以有效模拟柱脚滞回特性。

图 10.8　柱脚节点梁-弹簧单元有限元模型(截面显示图)

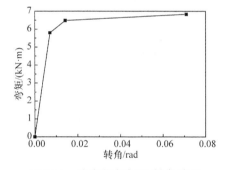

图 10.9　柱脚节点弯矩-转角关系

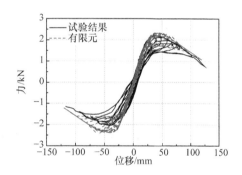

图 10.10　有限元与试验结果滞回曲线对比

10.1.2　榫卯节点的模拟与验证

榫卯连接是传统木结构中构件的主要连接方式，具有典型的半刚性特点，即在
发生变形的同时传递轴力、剪力、弯矩及扭矩。一般来说，榫卯节点弯矩作用产生
的变形远远大于轴力、剪力及扭矩等作用产生的变形，因此分析计算中可以只考虑
转动变形而忽略其他变形[104]。此时，榫卯节点的力学特性通常可以用弯矩-转角曲
线来描述[27]。在进行数值模拟时，柱与枋之间可以采用非线性转动弹簧连接[105-107]。

1. 单元的选取

虽然非线性弹簧单元(COMBIN39)能基本表达榫卯节点的力学性能，但其内
置的卸载标准却不能准确地反映榫卯节点的滞回特性。为了比较合理地体现榫卯
节点的滞回特性，将 3 个 COMBIN40 单元通过并联的方式组合在一起，如图 10.11
所示。第一个 COMBIN40 单元(单元 1)用于模拟榫卯节点受力特征的初始阶段，

加载开始阶段榫卯之间存在间隙，荷载越大榫卯之间挤压越密实，节点刚度随之增大，此单元不考虑间隙、质量和阻尼的影响(设置相应的实常数为0)。第2个和第3个COMBIN40单元(单元2和单元3)用来模拟榫卯节点受力特征的第二阶段，分别表达正反向加载的特性，此单元不考虑质量和阻尼的影响，模型刚度的变化通过间隙及弹簧滑块实现[108-109]。初始加载时，间隙的存在使单元2和单元3未参与工作，且单元1中K_1处的弯矩小于M_1，故节点刚度为K_1+K_2。随着荷载增加，K_1处弯矩等于M_1，K_1失效变为0，故节点刚度变为K_2。荷载继续增加，直至GAP$_1$或GAP$_2$闭合，单元2参与工作。K_3处弯矩小于M_2或K_5处弯矩小于M_3时，节点刚度为$K_2+K_3+K_4$或者$K_2+K_5+K_6$。荷载继续增大，K_3或K_5会退出工作，节点刚度为K_2+K_4或K_2+K_6。节点刚度变化曲线如图10.12所示。该组合单元能够体现榫卯节点的滞回特性和捏缩滑移特性，有限元简化模型输入参数与榫卯节点恢复力模型中各阶段刚度对应关系如表10.1所示。

表 10.1　有限元简化模型参数输入

组成单元	FSLIDE	$K_1(K_3、K_5)$	$K_2(K_4、K_6)$	GAP
单元1	$M_1 = nM_y$	$K_1 = k_1 - k_5$	$K_2 = k_5$	—
单元2(正向)	$M_2 = M_y - nM_y$	$K_3 = k_1 - k_2$	$K_4 = k_2 - k_5$	M_2/K_3
单元3(反向)	$M_3 = M_y - nM_y'$	$K_5 = k_1' - k_2'$	$K_6 = k_2' - k_5$	M_3/K_5

注：表中FSLIDE、GAP对应COMBIN40单元对应位置单元参数。

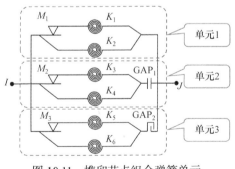

图 10.11　榫卯节点组合弹簧单元

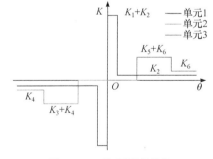

图 10.12　节点刚度变化

2. 模拟验证

为验证组合单元模拟榫卯节点滞回性能的合理性，对课题组单向直榫节点低周反复荷载试验进行模拟。试验构件尺寸如图10.13所示。试验所用的木材为落叶松，其材料的力学性能指标如表10.2所示。

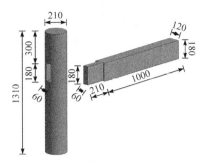

图 10.13　单向直榫节点尺寸(单位：mm)

表 10.2　落叶松材性力学性能

顺纹抗压强度/MPa	横纹抗压强度/MPa	顺纹抗拉强度/MPa	E_L/MPa	E_T/MPa	E_R/MPa	μ_{TL}	μ_{LR}	μ_{RT}
35	5.7	79	15500	930	675	0.5	0.52	0.48

　　根据试验模型建立单向直榫节点梁-弹簧组合单元有限元模型如图 10.14 所示，其中梁、柱均采用 BEAM188 单元模拟。为了实现与试验相同的边界条件，将柱两端的节点固结。在梁柱相交处分别定义柱及梁的端节点，二者互相重合，然后在这两个重合节点间定义组合单元，梁-弹簧组合单元的关键参数如表 10.3 所示，开启该单元绕 Z 轴(ROTZ)的自由度，同时耦合其余五个自由度。

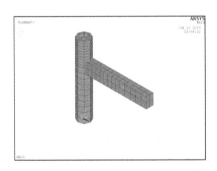

图 10.14　单向直榫节点梁-弹簧组合单元有限元模型(截面显示图)

表 10.3　梁-弹簧组合单元关键参数

K/[(kN · m)/rad]						M/(kN · m)			GAP/rad	
K_1	K_2	K_3	K_4	K_5	K_6	M_1	M_2	M_3	GAP_1	GAP_2
68.97	3.50	51.47	17.50	51.47	17.50	0.17	1.53	1.53	0.03	0.03

　　根据试验加载方案加载，有限元模拟所得榫卯节点的弯矩-转角滞回曲线及相关试验滞回曲线如图 10.15 所示，可以看出模拟所得的滞回曲线与试验基本吻

合，且有效表现出榫卯节点的捏缩滑移特性，验证了该组合单元模拟榫卯节点的有效性。

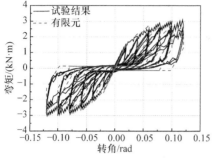

图 10.15 单向直榫节点弯矩-转角滞回曲线对比

为了进一步验证梁-弹簧组合单元的适用性，根据传统木结构的单跨木构架拟静力试验，建立相关的有限元模型。其试验构件的尺寸见图 10.16，有限元模型如图 10.17 所示。有限元模型中的梁、柱构件依然采用 BEAM188 单元，材料性能如表 10.2 所示。梁柱相交处的榫卯节点采用上述梁-弹簧组合单元，由于木构架榫卯节点与单向直榫节点尺寸相同，故单元参数仍然按表 10.3 取值。为了实现与试验相同的边界条件，木构架柱底采用铰接，只开启 ROTZ 方向的自由度，在柱顶的节点施加集中荷载。

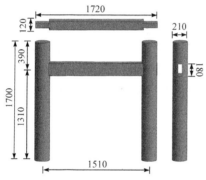

图 10.16 木构架尺寸(单位：mm)

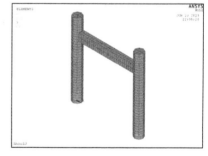

图 10.17 木构架梁-弹簧组合单元有限元模型(截面显示图)

根据试验加载方案进行加载，有限元计算得到木构架力-转角滞回曲线与试验所得曲线如图 10.18 所示。从图中可以看出有限元模型模拟的滞回曲线与试验吻合较好，再次验证了梁-弹簧组合单元模拟榫卯节点滞回性能的有效性。

10.1.3 斗栱节点的模拟与验证

在竖向荷载作用下，斗栱虽然具有一定的非线性特点[110-111]。但是在正常荷载作用(上层屋盖梁架系统的自重)下，斗栱基本表现为线弹性，只有当荷载增大到一定程度时，斗栱的部分组件开始出现塑性，刚度会明显降低，这种情况在既有结构中一般较难发生，因此其力学特性可以只用线性力-位移关系来描述，在进行数值模拟时可用线性竖向弹簧模拟。

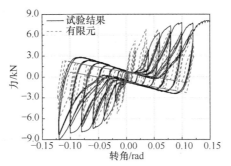

图 10.18　直榫节点木构架滞回曲线对比

水平荷载作用下，斗栱主要承受由上层屋盖梁架系统传递的水平剪力，其初始承载力主要依靠斗的转动提供，荷载超过一定数值时，部分构件开始出现塑性变形甚至滑移，此时刚度明显降低，具有非线性特点，因此进行数值模拟时可以用非线性弹簧模拟。

1. 单元的选取

斗栱在竖向荷载作用下的特性可以用 COMBIN14 单元模拟，该单元为弹簧-阻尼器单元，其单元几何模型构成如图 10.19 所示。通过 I、J 两个节点，一个弹簧刚度 K 和阻尼系数 C_V（C_{V1} 和 C_{V2}）定义此单元。通过设置单元选项，将阻尼特性从单元中抽离出来，从而将其设置为一维轴向弹簧来模拟斗栱在竖向荷载作用下的力学性能。在水平力的作用下，选择 COMBIN39 单元（图 10.4）来模拟斗栱的非线性特性。构造 COMBIN14 和 COMBIN39 组合单元，如图 10.20 所示，实现斗栱在竖向荷载和水平荷载共同作用下的滞回性能。

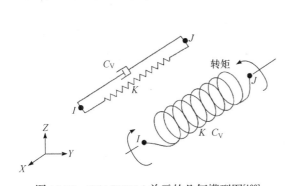

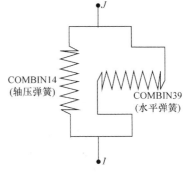

图 10.19　COMBIN14 单元的几何模型图[100]　　　　图 10.20　斗栱组合弹簧单元

2. 模拟验证

为了验证斗栱有限元模型的准确性，对隋龚等[37]研究的 2 朵斗栱协同工作的水平低周反复荷载试验(图 10.21)建立相应的有限元模型进行分析, 并与试验结果对比。斗栱所用木材为东北红松, 构件的基本尺寸及材料力学性能分别见表 10.4 及表 10.5。

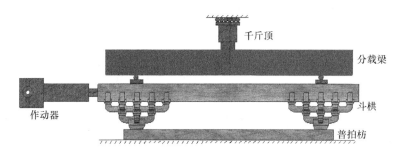

图 10.21　斗栱试验图

表 10.4　斗栱构件的基本尺寸

构件	参数	尺寸/mm
普拍枋	长	1600
	宽	120
	高	75
斗栱	高	400
	斗栱间距	1400
梁	长	1600
	宽	120
	高	180

表 10.5　红松材性力学性能

顺纹抗压强度/MPa	横纹抗剪强度/MPa	顺纹抗拉强度/MPa	E_L/MPa	E_T/MPa	E_R/MPa	μ_{TL}	μ_{LR}	μ_{RT}
34.76	7.53	73.18	10109	274	654	0.02	0.30	0.04

根据试验模型尺寸建立两朵斗栱梁-弹簧协同作用的有限元模型, 如图 10.22 所示, 其中斗栱底部的普拍枋及顶端的乳栿采用 BEAM188 单元模拟, 为了实现与试验相同的边界条件, 将普拍枋节点全部固结, 在乳栿的两个端节点施加集中荷载。在普拍枋以及乳栿的端节点添加 COMBIN39+COMBIN14 组合弹簧单元, 开启沿 X 轴及 Y 轴的自由度, 同时耦合除位移约束 UX 及 UY 以外的 4 个自由度。根据图 5.11(a)所示的简化水平力-位移曲线, 定义模拟水平受力斗栱的

COMBIN39 弹簧单元实常数，设置 KEYOPT(1)=1，选择沿平行于过原点线段的方向卸载，以满足斗栱的滞回性能。根据式(5.2)得到单朵斗栱的竖向刚度为 6.79kN/mm，用来定义模拟竖向受力斗栱的 COMBIN14 弹簧单元实常数，实现斗栱的竖向受压性能。

依据试验的加载方案进行加载，将有限元计算所得的力-位移滞回曲线及试验所得的结果绘制于图 10.23。可以看出，两者基本吻合，斗栱节点良好的力学特性和滞回性能都得到了充分体现，斗栱组合梁-弹簧单元的合理性得到了验证。

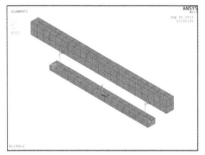
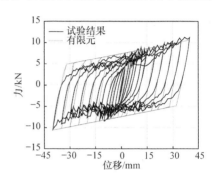

图 10.22 两朵斗栱梁-弹簧单元有限元模型   图 10.23 斗栱有限元与试验滞回曲线对比图
(截面显示图)

10.2 填充墙的模拟与验证

1. 受力性能分析

传统木结构有墙倒屋不塌的说法，主要是因为结构的承重主体为木柱和枋，墙体基本为自承重墙，不承受上部结构传递的竖向荷载。地震作用下，墙体与木构架协同变形，参与抵抗水平力，由于木构架本身水平刚度较低，墙体刚度较大，墙体将承担较大部分的地震作用，作为抗震的第一道防线。随着地震强度的增加，墙体将逐渐开裂、破损，甚至倒塌。除此之外，墙体能明显提高结构的水平刚度、抗扭刚度，有效防止柱根滑移及柱的过度倾斜。正如现代木构架结构和钢结构中不能完全忽略填充墙一样，传统木结构中填充墙对结构的抗震性能也必须考虑。如何对它进行有效模拟成为合理分析传统木结构的难点。

2. 模拟单元的选取

已有传统木结构考虑填充墙的有限元研究[112-113]中，墙体基本采用 SHELL181 单元模拟，墙体与柱之间采用线面接触，目标单元柱用 TARGE169 单元模拟，接触单元墙体用 CONTA172 单元模拟。虽然壳单元能很好地体现墙体的整体大刚度特性，而且采用接触单元也能更加准确地描述木构架和墙体之间的受力状态，但彼此之间的接触问题属于状态非线性问题，其无序性很容易导致收敛困难。为降低抗震性能有限元分析的计算代价，采用弹簧单元来模拟填充墙。传统木结构的内嵌填充墙位置和作用可以分为砌体填充墙和木质填充墙。

(1) 砌体填充墙。因为已有的研究缺少对于木构架约束砌体填充墙滞回特性的研究，所以本节仅考虑砌体填充墙的非线性特点。研究表明，砌体填充墙可以用非线性弹簧单元模拟，故将砌体填充墙构件简化为 COMBIN39 轴向弹簧单元[114-116]。

(2) 木质填充墙。考虑到木质填充墙的滞回特性，采用类似于榫卯节点组合弹簧单元的方法模拟木质填充墙，即将 3 个 COMBIN40 单元通过并联的方式组合(图 10.11)，间接对应其受力条件下的受拉、受压两个状态。

3. 模拟验证

1) 砌体填充墙

根据东南大学颜江华[66]关于带砌体填充墙木构架的水平低周反复荷载试验，对砌体填充墙单元进行验证，试验木构架的具体尺寸如图 10.24 所示。根据试验模型尺寸建立有限元模型(图 10.25)，梁、柱均采用 BEAM188 单元，所选材料为樟子松，顺纹弹性模量为 12680MPa，横纹弹性模量为 6640MPa。为了实现与试验相同的边界条件，柱底采用铰接，只开启 ROTZ 方向的自由度，在柱顶端节点施加集中荷载。梁柱相交处的榫卯节点采用 COMBIN40 组合单元，其相关参数见表 10.6。在其中一个梁柱相交处对应的节点及柱脚节点加入 COMBIN39 单元，根据图 10.26 的水平力-位移曲线定义此单元的实常数。

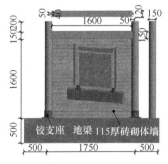

图 10.24　带砌体填充墙木构架尺寸
(单位：mm)

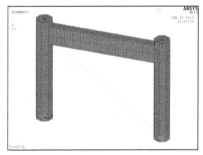

图 10.25　带砌体填充墙木构架梁-弹簧单元
有限元模型(截面显示图)

表 10.6　榫卯节点组合单元关键参数

| $K/[(kN \cdot m)/rad]$ | | | | | | $M/(kN \cdot m)$ | | | GAP/rad | |
K_1	K_2	K_3	K_4	K_5	K_6	M_1	M_2	M_3	GAP_1	GAP_2
11.50	0.58	8.58	2.92	8.58	2.92	0.03	0.51	0.51	0.016	0.016

根据试验加载方案进行加载，有限元计算得到带砌体填充墙木构架水平力-位移关系与试验所得骨架曲线如图 10.27 所示。通过对比发现，有限元模拟所得的曲线和试验曲线的总体变化趋势、荷载最大值及曲线斜率等基本吻合，从而验证了选用 COMBIN39 模拟填充墙的力学性能具有一定的合理性。

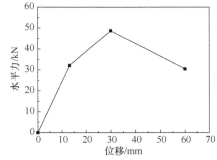

图 10.26　砌体填充墙水平力-位移关系

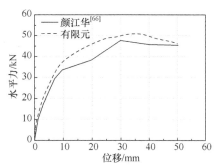

图 10.27　砌体填充墙木构架骨架曲线对比

2) 木质填充墙

为验证 COMBIN40 组合单元模拟木质填充墙滞回性能的合理性，对木质填充墙低周反复荷载试验进行模拟。试验构件的具体尺寸如图 10.28 所示。

根据试验模型建立木质填充墙梁-弹簧单元有限元模型如图 10.29 所示，其中梁、柱构件采用 BEAM188 单元模拟，其材料的属性如表 8.5 所示。为了实现与试验相同的边界条件，将梁柱相交的节点设为铰接，忽略节点的弯矩贡献，只考虑木构架对木填充墙的约束作用。在两个斜对称的梁柱节点处加入 COMBIN40 组合单元，组合单元的关键参数如表 10.7 所示。

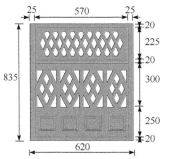

图 10.28　木质填充墙尺寸(单位：mm)

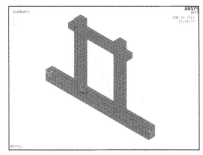

图 10.29　约束木质填充墙梁-弹簧单元
有限元模型(截面显示图)

K/[(kN · m)/rad]						M/(kN · m)			GAP/rad	
K_1	K_2	K_3	K_4	K_5	K_6	M_1	M_2	M_3	GAP$_1$	GAP$_2$
0.937	0.208	0.698	0.237	0.698	0.237	0.13	1.17	1.17	5.88	0.03

　　根据试验加载方案进行加载，有限元模拟得到的木质填充墙力-位移滞回曲线与试验滞回曲线如图 10.30 所示。通过对比可知有限元模拟所得的结果基本与试验结果相符合，因此 COMBIN40 组合单元能够较合理地模拟木质填充墙的滞回性能。

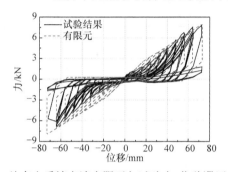

图 10.30　约束木质填充墙有限元与试验力-位移滞回曲线对比

10.3　其他构件的简化模拟

1. 柱和枋模拟单元的选取

　　木材本身的力学性能良好，已有研究表明，在荷载作用下节点容易发生破坏导致结构破坏，而梁、柱等主要构件还处在弹性阶段[117]。鉴于这种情况，采用 BEAM188 单元模拟传统木结构中的柱、枋及檩条等构件的力学行为是方便合理的。一般情况下，此单元适应于线性、大转动及大应变等问题，是三维线性二节点单元，如图 10.31 所示，每个节点有 6～7 个自由度，包含平动、转动和翘曲，

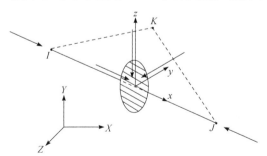

图 10.31　BEAM188 单元几何[100]

I、J-节点；K-方向节点；x、y、z-单元坐标方向

自由度数目由 KEYOPT 命令定义，通过定义相关参数(SECTYPE 和 SECDATA)可变换横截面大小。

2. 楼板模拟单元的选取

楼板是古建木结构中分割垂直方向空间的木装修，可以承受一定的荷载。楼板由楞木[图 10.32(a)]、天花[图 10.32(b)]及其上铺钉的木板组成，木板沿进深方向条形铺设，板与板之间用企口榫(裁口榫、龙凤榫、银锭榫)拼接，如图 10.33 所示。

(a) 楞木

(b) 天花

图 10.32　承托楼板的枋木

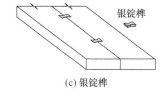

(a) 裁口榫　　　　　　　　　(b) 龙凤榫　　　　　　　　　(c) 银锭榫

图 10.33　木板企口榫连接[99]

楼板在其平面内具有一定的刚度，而且上部经常会承担一定的荷载，因此可以把楼板看成整块板。采用 SHELL181 单元简化模拟楼板。该单元为 4 节点有限应变壳单元，每个节点有 6 个自由度(图 10.34)，通常用于模拟薄壳至中等厚度壳体的线性分析及大转动、应变的非线性分析。可通过惯性矩的方法求壳单元的等效厚度。

$$E_B I = E_J I_J / 4 + E_B I_B \qquad (10.1)$$

$$h = \sqrt[3]{12 I / b} \qquad (10.2)$$

式中，I、I_J、I_B 分别为截面总惯性矩、楞木(或天花)对截面形心惯性矩及木板对形心惯性矩；E_B、E_J 分别为木板和楞木(天花)的弹性模量；h、b 分别为楼板的等效高度和计算宽度。

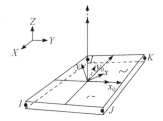

图 10.34　SHELL181 单元几何[100]

x_0-未用 ESYS 定义的单元坐标系 x 轴；
X-ESYS 定义的单元坐标系 x 轴

3. 屋盖模拟单元的选取

屋面维护层和梁架系统组成了传统木结构的屋盖，它体形硕大、构造复杂并且集中了木结构的绝大部分自重。檩条以上的椽、望板与泥瓦层统称为屋面(图 10.35)，望板和椽上下两层正交布置，在横向上可认为是刚性的，即可认为是一个大的刚性整体；屋面维护层由于梁架举折而呈较厚的平滑曲面，屋盖纵向刚度也很大[118-121]。同样可以采用 SHELL181 单元模拟屋面层。壳只用来模拟木基层(椽和望板)构成的板状结构，其单元的厚度按椽的厚度取值，而屋顶的大质量(泥瓦层附加质量)通过在单元实常数中设置附加质量来添加。

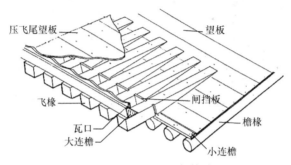

图 10.35　屋面层局部构造

梁架体系一般以承重柱的柱头或者斗栱作为支座，在柱头(斗栱)上放梁、梁上放短柱(蜀柱或者童柱)、短柱上放短梁，层层相抬缩进举高，构成向上收缩的三角形举架，典型殿堂式建筑歇山屋顶梁架结构如图 10.36 所示。为了有效模拟屋盖的大刚度作用，将屋面与短柱之间的节点考虑为刚节点，将立于横梁之上的柱脚节点及连接枋榫卯节点设定为铰接。

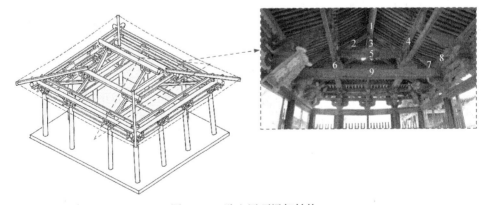

图 10.36　歇山屋顶梁架结构

1-脊槫；2-叉手；3-蜀柱；4-上平槫；5-平梁；6-驼峰；7-托脚；8-中平槫；9-四椽栿

10.4　传统木结构动力分析

10.4.1　有限元模型的建立

为了进一步验证建立传统木结构有限元模型所采用关键节点及构件单元的正确性，根据 10.3 节原则选取或者构造相应的模拟单元，并根据简化力学模型确定相关的参数，最终建立振动台试验有限元模型。

1. 柱、枋单元选取及参数确定

柱、枋单元采用 BEAM188 单元。木材为正交各向异性材料，根据木材的材性试验，表 8.5 已经给出了试验测得的樟子松材性参数，由于缺少部分必要的木材材性试验数据，根据东南大学陈春超[25]和《木结构设计原理》[122]的建议，得到木材材性指标之间的比例关系，如表 10.8 所示。

表 10.8　材性指标之间的比例关系

x	$E_{\text{t,L}}$	E_R	E_T	G_{LR}	G_{LT}	G_{RT}
$x/E_{\text{c,L}}$	1	0.1	0.05	0.075	0.06	0.018
y	$f_{\text{t,L}}$	$f_{\text{c,R}}(f_{\text{c,T}})$	$f_{\text{t,R}}(f_{\text{t,T}})$	$\tau_{\text{LR}}(\tau_{\text{LT}})$		τ_{RT}
$y/f_{\text{c,L}}$	2~3	1/10~1/3	1/20~1/3	1/7~1/3		1/2~1

注：① $E_{\text{c,L}}$、$E_{\text{t,L}}$ 分别为木材纵向抗压、抗拉弹性模量。

② E_R、E_T 分别为木材径向、弦向弹性模量。

③ G_{LR}、G_{LT}、G_{RT} 分别为木材径切面、弦切面、横切面上的剪切模量。

④ $f_{\text{c,L}}$、$f_{\text{c,R}}$、$f_{\text{c,T}}$ 分别为木材纵向、径向、弦向抗压强度。

⑤ $f_{\text{t,L}}$、$f_{\text{t,R}}$、$f_{\text{t,T}}$ 分别为木材纵向、径向、弦向抗拉强度。

⑥ τ_{LR}、τ_{LT} 为木材顺纹抗剪强度。

⑦ τ_{RT} 为木材横纹切断强度。

2. 柱脚节点单元选取及参数确定

因为柱脚采用了管脚榫而且木质隔墙进一步限制了柱脚的侧移，但对柱绕基础的转动没有约束，所以柱脚只看作是半刚性连接。选用 COMBIN39 弹簧单元来模拟柱脚的转动特性。根据日本学者 Tanahashi 和 Suzuki[103]的建议，钟楼模型柱脚弯矩-转角关系如图 10.37 所示，可以用于定义

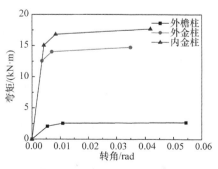

图 10.37　钟楼模型柱脚弯矩-转角关系

COMBIN39 弹簧单元的实常数。

3. 榫卯节点单元选取及参数确定

采用非线性弹簧单元 COMBIN40 组合的形式模拟榫卯节点半刚性和捏缩滑移特性。西安钟楼榫卯节点种类较多,如穿插枋(连接外金柱与外檐柱)的透榫、承椽枋(位于外金柱之间)的半透榫及额枋(位于外金柱柱头之间)的燕尾榫等(图 10.38)。不同榫卯节点性能之间存在明显差异,根据钟楼模型榫卯节点尺寸及樟子松材料参数,借助榫卯节点简化力学模型可以得到钟楼全部榫卯节点的弯矩-转角关系,如图 10.39 所示,可以用来定义 COMBIN40 弹簧单元的实常数。

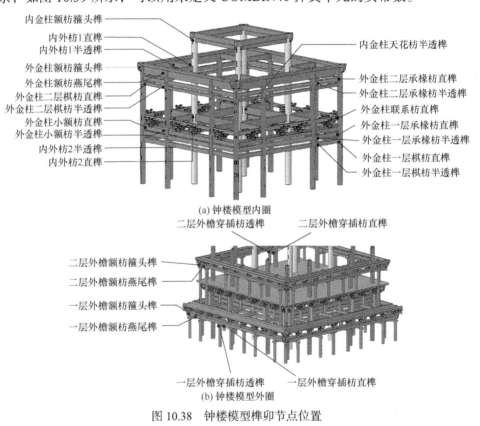

图 10.38　钟楼模型榫卯节点位置

4. 斗栱单元选取及参数确定

采用 COMBIN14 单元和 COMBIN39 单元并联的方式模拟斗栱在竖向荷载和水平荷载共同作用下的非线性特性。根据斗栱具体尺寸、位置,结合斗栱节点的竖向刚度计算公式和力-位移简化力学模型,最终确定斗栱相关的力学参数,如表 10.9 和图 10.40 所示,可以用于定义 COMBIN14 和 COMBIN39 单元的实常数。

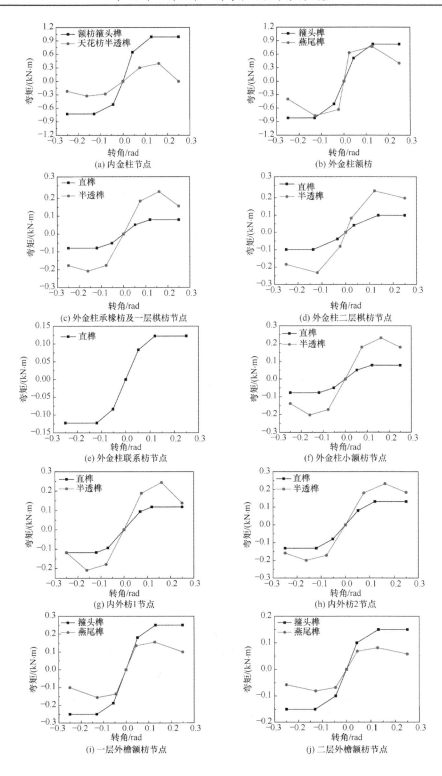

(a) 内金柱节点

(b) 外金柱额枋

(c) 外金柱承椽枋及一层棋枋节点

(d) 外金柱二层棋枋节点

(e) 外金柱联系枋节点

(f) 外金柱小额枋节点

(g) 内外枋1节点

(h) 内外枋2节点

(i) 一层外檐额枋节点

(j) 二层外檐额枋节点

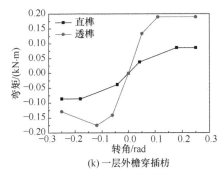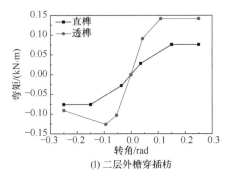

(k) 一层外檐穿插枋 　　(l) 二层外檐穿插枋

图 10.39　钟楼模型榫卯节点弯矩-转角关系

表 10.9　斗栱竖向刚度

斗栱位置	竖向刚度/(kN/m)
一层外檐柱顶	10.02
二层外檐柱顶	14.67
外金柱顶	10.02

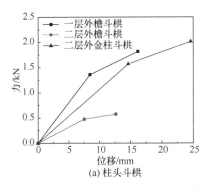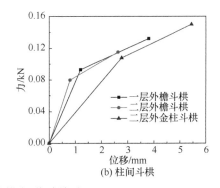

(a) 柱头斗栱　　(b) 柱间斗栱

图 10.40　钟楼模型斗栱力-位移关系

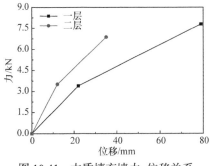

图 10.41　木质填充墙力-位移关系

5. 墙体单元选取及参数确定

木质填充墙具有类似于榫卯节点的滞回特性，因此同样采用 COMBIN40 单元组合的方式来实现木质填充墙的刚度贡献及捏缩滑移特性。根据木质填充墙的力-位移简化力学模型确定一层和二层木质填充墙体的简化曲线，如图 10.41 所示，可以用于定义 COMBIN40 弹簧单元的实常数。

6. 其他构件

楼板和屋盖均采用 SHELL181 单元进行模拟，并赋值相应的密度模拟木结构模型的屋面和楼面荷载，如表 10.10 所示。

表 10.10　等效密度　　　　　　　　　　（单位：kg/m³）

指标	一层外檐屋面	二层楼面	二层外檐屋面	顶层屋面
密度	15840	11523	21120	9846

10.4.2　模型模态分析

根据上述的简化原则，建立如图 10.42 所示的西安钟楼振动台试验模型简化有限元模型。

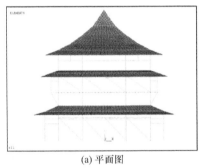

　　　　　(a) 平面图　　　　　　　　　　　　　　　　(b) 三维图

图 10.42　西安钟楼振动台试验模型简化有限元模型

模态分析是动力时程分析的前提和基础，采用 Block Lanczos 法对模型结构进行模态分析，提取结构前 6 阶振型。表 10.11 给出了各阶振型的固有频率，结合表 9.7 可知有限元模型自振频率为 2.778Hz，略低于试验结果(2.850Hz)，相对误差约为 2.5%，在可接受范围内。通过模态分析初步验证所建有限元模型的有效性。

表 10.11　结构前 6 阶振型固有频率

指标	振型					
	1 阶	2 阶	3 阶	4 阶	5 阶	6 阶
频率/Hz	2.778	2.778	3.023	9.158	9.158	9.170

图 10.43 给出了结构模型的前 6 阶振型，从图中可以看出，前 2 阶振型为两个平面内的平动，第 3 阶振型为整体结构的扭转，第 4～5 阶振型为结构的弯曲变形，这些振型与试验模型在振动台试验过程中的主要变形基本一致。说明所建立

的有限元模型具有一定的合理性和准确性，可以用这种有限元计算模型代替试验模型对整体结构进行地震作用下的动力分析。

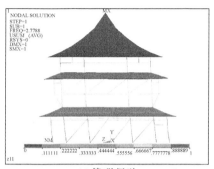

(a) 第1阶振型

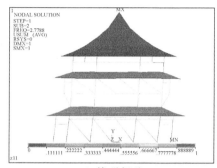

(b) 第2阶振型

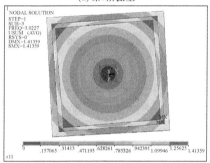

(c) 第3阶振型

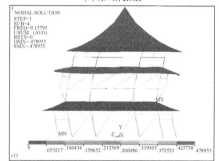

(d) 第4阶振型

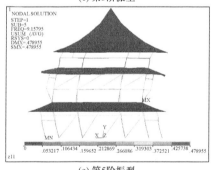

(e) 第5阶振型

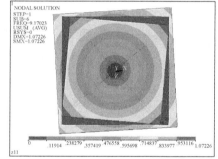

(f) 第6阶振型

图 10.43　模型前 6 阶振型图

10.4.3　加载求解

1. 求解方法

FULL 法、缩减法和模态叠加法是 ANSYS 瞬态动力分析的三种方法。其中，FULL 法采用完整的系统矩阵计算瞬态响应，包括各类非线性特性，可以采用自动时间步长和 HHT 法求解，在三种分析方法中功能最强。本小节采用 FULL 法中的 HHT 法进行分析,且有限元模型的荷载都以壳单元的附加质量表示,因此初始条件即自身的重力荷载,可以用非零初始加速度(重力加速度)的方法实现。在施加初始荷载条件之前关闭时间积分效应,然后在指定小的时间隔内施加重力加速度进行模拟。施加地震波动力荷载时打开时间积分效应以便动力分析顺利进行。

2. 结构阻尼的选取

本节采用 Rayleigh 阻尼,它是工程中常采用的正交阻尼模型,即将结构的阻尼矩阵转换为等效的质量矩阵和刚度矩阵的线性叠加,其表达式为

$$[C] = \alpha[M] + \beta[K] \tag{10.3}$$

若假设不同振型的阻尼比均相等,可得

$$\alpha = 2\xi \frac{\omega_i \omega_j}{\omega_i + \omega_j} \tag{10.4}$$

$$\beta = \frac{2\xi}{\omega_i + \omega_j} \tag{10.5}$$

式中,[C]为阻尼矩阵;[M]为质量矩阵;[K]为刚度矩阵;α、β 分别为质量和刚度比例系数;ξ 是结构的振型阻尼比;ω_i、ω_j 分别为第 i 阶、第 j 阶振型频率,在实际确定阻尼时取 $i=1$,$j=2$。为了模拟结果的准确性,ω_i、ω_j 及 ξ 采用白噪声扫频计算所得数值,具体计算参照表 9.7 和图 9.19。

3. 加载激励

对于结构的动力响应分析,ANSYS 中对应的地震波激励输入方法有加速度法、位移法、大质量法、大刚度法和相对运动法,其中前四种方法较易实现,如图 10.44 所示。加速度法和大质量法激励以加速度形式输入,位移法和大刚度法激励以位移形式输入。除了加速度法只能用于一致激励,其他方法均适用于一致激励和非一致激励。在以往的有限元模拟分析中,经常采用加速度法,但是这种方法并不能得到结构的绝对响应,只能得到相对响应,这对于评价结构经历的真实地震荷载是不利的,因此本模型采用大质量法激励。

为了与振动台试验结果对比,选用与试验相同的地震波(汶川波、Kobe 波及兰州波)。由于不完善度不可避免,试验时输入的名义加速度与台面获取的加速度有一定差异,为了能够更精确地得到结构的真实动力响应,本节以各工况下的台面加速度作为输入激励对西安钟楼有限元模型进行动力时程分析。

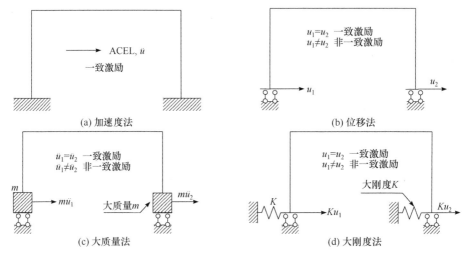

图 10.44　支座位移激励时实现方法

$\ddot{u}$ -加速度；u_i-激励条件下的加速度

10.4.4　水平地震响应分析

因为地震波单向输入，且结构对称，所以在相同标高处水平方向的加速度也基本相等，为了简化分析，选取结构模型的二层楼面、外金柱柱顶和外金柱斗栱顶点为特征点(图 10.45)，并分析有限元模型计算的动力响应与试验所得数据。

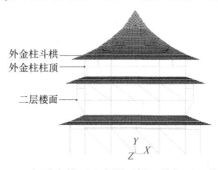

图 10.45　振动台模型和有限元模型数据对比特征点

1．加速度反应计算结果分析

图 10.46～图 10.48 给出了各特征点在个别工况下有限元计算得到的绝对加速度时程曲线与试验值的对比。从图中可以看出，二者的加速度时程曲线形状基本吻合，而且峰值点也基本重合，说明所建立的有限元模型具有一定合理性。有些曲线不完全重合甚至相差很大，可能因为试验模型在个别大震作用下，部分木质填充墙发生了倾斜倒塌，而在有限元模型中，代表木质填充墙的组合单元一直发挥作用。

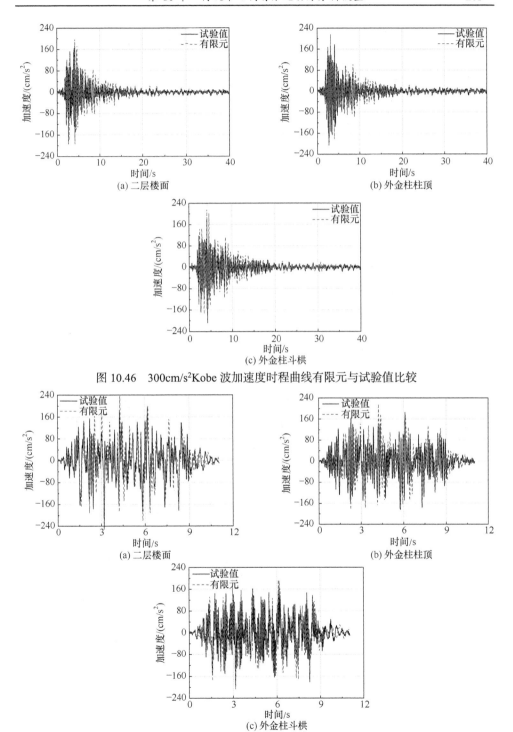

(a) 二层楼面　　　　　　　　　　　　　(b) 外金柱柱顶

(c) 外金柱斗栱

图 10.46　300cm/s²Kobe 波加速度时程曲线有限元与试验值比较

(a) 二层楼面　　　　　　　　　　　　　(b) 外金柱柱顶

(c) 外金柱斗栱

图 10.47　300cm/s² 兰州波加速度时程曲线有限元与试验值比较

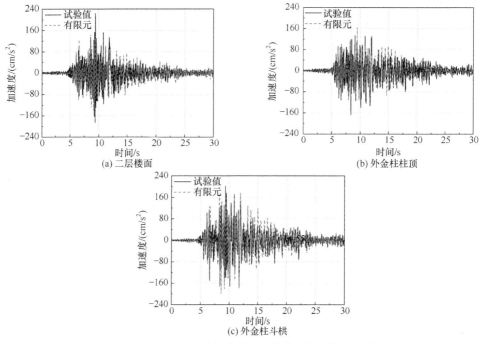

图 10.48　300cm/s² 汶川波加速度时程曲线有限元与试验值比较

　　表 10.12 汇总了有限元模型各特征点在各工况下峰值加速度的有限元计算结果和试验值的对比情况。从表中可以看出，地震激励峰值加速度较小时，有限元计算加速度与试验值相差较小，随着地震峰值加速度的增加，二者间的误差也逐渐增大，且有限元计算加速度大于试验值。试验模型承受逐渐累加的地震作用，每次地震作用都会对结构造成一定程度的损伤，产生塑性变形，并且引起构件间摩擦的增大，相应增加了结构的耗能能力，而有限元模型并不能考虑加载次数的影响，导致模拟所得的加速度偏大。

表 10.12　各特征点峰值加速度有限元计算结果和试验值对比

地震波	激励峰值加速度 /(cm/s²)	二层楼面			外金柱柱顶			外金柱斗栱		
		试验值 /(cm/s²)	有限元计算峰值加速度 /(cm/s²)	误差 /%	试验值 /(cm/s²)	有限元计算峰值加速度 /(cm/s²)	误差 /%	试验值 /(cm/s²)	有限元计算峰值加速度 /(cm/s²)	误差 /%
Kobe 波	105	90	81	−10.0	95	99	3.8	100	108	8.0
	300	189	221	16.9	178	201	13.1	180	203	12.8
	600	325	341	4.9	266	300	13.0	285	306	7.4
	930	458	508	10.9	408	485	19.1	446	511	14.6

续表

地震波	激励峰值加速度/(cm/s²)	二层楼面			外金柱柱顶			外金柱斗栱		
		试验值/(cm/s²)	有限元计算峰值加速度/(cm/s²)	误差/%	试验值/(cm/s²)	有限元计算峰值加速度/(cm/s²)	误差/%	试验值/(cm/s²)	有限元计算峰值加速度/(cm/s²)	误差/%
兰州波	105	70	63	−10.0	71	62	−12.8	73	74	1.4
	300	157	182	15.9	142	162	13.8	208	217	4.3
	600	267	324	21.3	235	300	27.7	326	351	7.7
	930	440	523	18.9	374	422	12.8	403	475	17.9
汶川波	105	138	104	−24.6	113	116	3.1	140	138	−1.4
	300	277	244	−11.9	221	263	18.9	272	299	9.9
	600	412	462	12.1	352	386	9.5	404	441	9.2
	930	737	822	11.5	479	606	26.5	617	703	13.9

2. 相对位移反应计算结果分析

图 10.49～图 10.51 给出了各特征点在个别工况下有限元计算所得的相对位移时程曲线与试验值的对比。从图中可以看出，两者的相对位移时程曲线无论是在峰值还是变化趋势方面都非常接近，再次说明所建有限元模型的合理性。

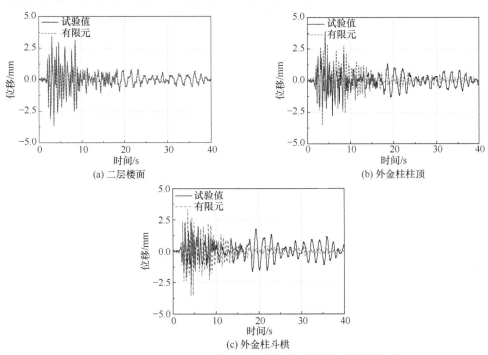

(a) 二层楼面

(b) 外金柱柱顶

(c) 外金柱斗栱

图 10.49　300cm/s²Kobe 波位移时程曲线有限元与试验值比较

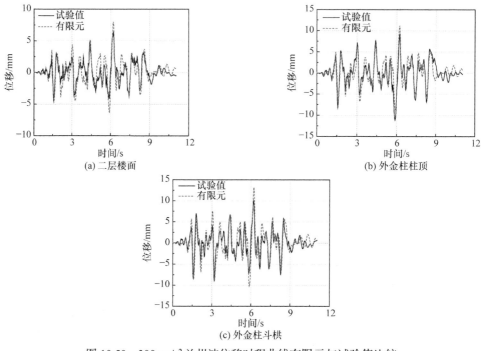

图 10.50　300cm/s² 兰州波位移时程曲线有限元与试验值比较

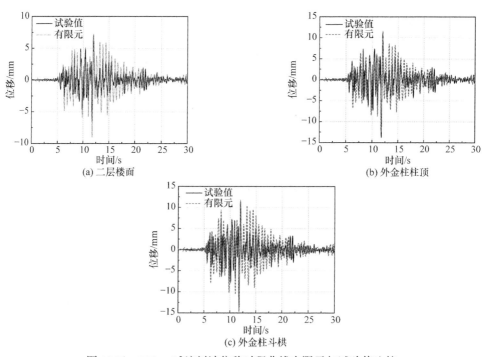

图 10.51　300cm/s² 汶川波位移时程曲线有限元与试验值比较

表 10.13 列出了模型各特征点在各工况下相对峰值位移的有限元计算结果和试验结果的对比情况。从中可以发现，二层楼面和外金柱柱顶对比结果的吻合度最高，外金柱斗栱的模拟结果最差。一层和二层木质填充墙使刚度得到了很大的提高，损伤较小，而且斗栱层的刚度相对较小，可能受到更多高阶振型的影响。

表 10.13 各特征点相对峰值位移有限元计算位移和试验值对比

地震波	激励峰值加速度/(cm/s²)	二层楼面			外金柱柱顶			外金柱斗栱		
		试验值/mm	有限元计算位移/mm	误差/%	试验值/mm	有限元计算位移/mm	误差/%	试验值/mm	有限元计算位移/mm	误差/%
Kobe 波	105	1.4	1.9	35.7	1.9	2.8	47.4	2.0	2.3	15.0
	300	3.7	4.3	16.2	5.8	6.6	13.8	5.4	6.2	14.8
	600	8.3	8.0	-3.6	14.7	15.4	4.8	16.1	13.5	-16.1
	930	15.2	17.8	17.1	26.1	31.5	20.7	23.5	25.3	7.7
兰州波	105	1.2	1.4	16.7	1.7	2.0	17.6	2.7	2.5	-7.4
	300	6.4	8.0	25.0	11.2	11.0	-1.8	10.1	13.2	31.0
	600	13.1	13.5	3.0	21.8	25.5	17.0	14.8	20.5	38.5
	930	19.2	26.8	39.6	34.9	32.3	-7.4	22.6	28.2	24.8
汶川波	105	3.3	3.7	12.1	5.2	5.3	1.9	5.5	6.3	14.5
	300	7.0	7.9	12.9	13.8	11.1	-19.6	13.5	13.3	-1.5
	600	14.1	15.1	7.1	29.0	26.1	-10.0	18.6	19.2	-3.2
	930	23.9	26.5	10.9	43.7	48.4	10.8	25.7	29.6	15.2

10.5 传统木结构抗震性能参数分析

传统木结构在地震荷载作用(尤其是大震作用)下有良好的抗震性能，但其结构复杂，何种构造对其抗震能力有显著影响需要具体研究。实际木结构建筑取材不同导致构件尺寸及构件连接方式相差很大，一个振动台试验无法包含这么多性质构造不同、几何尺寸各异的结构类型。振动台试验虽能较真实地反映结构的动力性能，但因其费用及时间成本都较高，大多学者更倾向于利用计算机程序进行数值模拟研究，计算机程序可以模拟更多工况，并可以任意改变结构参数。因此，为了更详细地研究不同参数对传统木结构抗震性能的影响，本节采用 10.4 节提出的有限元计算模型(经振动台试验结果验证)，基于 ANSYS 软件进行数值模拟研究，分析各参数对其抗震性能的影响，找出结构抗震性能随各参数变化的规律，以期为传统木结构建筑的加固与保护提供理论参考。由于参数影响较多，本节只考虑屋盖质量及其附属结构对传统木结构动力性能的影响。此参数分析为单因素分析，一次只考虑其中一个参数的变化。

10.5.1　屋盖质量

传统木结构屋盖的大质量使下部结构榫卯节点接触更加紧密，增加了结构的整体性。屋面随时代发展有着较大的差别，导致屋盖质量不同。本节根据已有研究中的屋盖做法，对传统木结构屋盖质量进行参数分析。

本节振动台试验模型屋盖质量是根据西安钟楼实际构造缩尺计算所得，其屋面质量从上到下由瓦重、护板灰、苫背、灰浆、望板和椽组成，合计水平投影面积自重为 4.096kN/m²[123]。哈尔滨工程大学的李伟[124]认为古建筑木结构的屋面自重由琉璃瓦、挂瓦层、檩条和椽组成，合计水平投影面积自重为 0.98kN/m²。除此之外，西安建筑科技大学张鹏程等[125]进行殿堂式木结构古建筑振动台试验时采用 250mm 厚混凝土模拟屋顶自重，这种方法在较多的传统建筑试验研究中被采用，其面积自重为 14kN/m²。

根据上面提到的三种屋面自重在已有的有限元模型的基础上进行建模，屋面质量通过后两种质量与原始模型质量之比与表 9.3 中各层质量相乘而得。两种屋盖质量参数下的模型配重分布如表 10.14 所示。

表 10.14　模型配重分布

质量参数/(kN/m²)	模型位置	配重质量/kg	模型位置	配重质量/kg
0.98	一层外檐	380.2	屋顶	460.8
	二层外檐	253.5		
14.00	一层外檐	5417.3	屋顶	6566.4
	二层外檐	3611.5		

1. 模态分析

对以上两种模型进行模态分析，得到结构前 6 阶的自振频率和自振周期并与原始模型对比，如图 10.52 和表 10.15 所示。

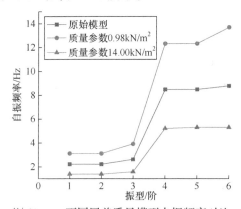

图 10.52　不同屋盖质量模型自振频率对比

表 10.15　不同屋盖质量参数有限元模型自振频率及自振周期

质量参数(kN/m²)	模态	振型					
		1 阶	2 阶	3 阶	4 阶	5 阶	6 阶
0.98	自振频率/Hz	3.1070	3.1070	3.9162	12.3422	12.3422	13.7053
	自振周期/s	0.3219	0.3219	0.2553	0.0810	0.0810	0.0730
14.00	自振频率/Hz	1.3764	1.3764	1.5786	5.2048	5.2940	5.2940
	自振周期/s	0.7265	0.7265	0.6335	0.1921	0.1889	0.1889

分析可知，屋面质量减小后前几阶模态没有发生变化，而质量增大后 2 阶扭转变形比 2 阶平动要提前，说明传统木结构屋盖大质量不能过大，质量过大会使扭转振型提前，结构易于破坏。随着屋盖质量的增加自振频率明显降低，质量参数为 0.98kN/m² 的模型 1～2 阶平动自振频率相比原始模型提高 40.5%，质量参数为 14.00 kN/m² 的模型 1～2 阶平动自振频率相比原始模型降低 37.8%。

2. 位移反应

对以上两种质量参数的模型进行动力时程分析，工况采用 600cm/s²Kobe 波、600cm/s² 兰州波和 600cm/s² 汶川波，得到的模型相对位移对比如表 10.16 所示。

表 10.16　不同工况下不同质量参数模型相对位移对比　　　　（单位：mm）

工况	二层楼面			外金柱柱顶			外金柱斗栱		
	质量参数/(kN/m²)			质量参数/(kN/m²)			质量参数/(kN/m²)		
	0.98	1.00	14.00	0.98	1.00	14.00	0.98	1.00	14.00
600cm/s²Kobe 波	13.2	25.6	30.6	17.4	40.9	41.2	19.0	45.2	46.8
600cm/s² 兰州波	15.2	20.1	25.5	18.9	26.8	27.5	21.4	30.1	37.8
600cm/s² 汶川波	12.5	20.9	27.5	21.3	30.5	33.1	22.5	35.0	39.9

由表 10.16 可知，屋盖质量的增加使结构位移增大，从不同位置的相对位移变化来看，影响较大的是二层楼面位置。从质量参数为 0.98kN/m² 的模型到原始模型相对位移增加较明显，而从原始模型到质量参数为 14.00kN/m² 的模型相对位移增加较少，可能是由于屋盖大质量作用下斗栱各栱件之间相互挤紧，增强了耗能减震的作用。

10.5.2　外檐部分

传统木结构中外檐柱为支撑屋檐最外圈的一列柱。在以往的传统木结构有限元分析中，较多学者会忽略外檐部分构件的作用直接建模，但在实际结构中外檐柱不仅承受了上部屋檐的重量，还通过穿插枋与内柱相连。本小节在已有模型基础上建立无外檐部分的有限元模型与原始模型进行对比分析。

1. 模态分析

根据西安钟楼原始模型建立无外檐部分模型，外檐部分由外檐柱、上部外檐及其他与外檐柱相连的构件组成，无外檐部分西安钟楼有限元模型如图10.53所示。

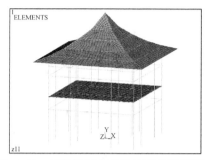

图 10.53 无外檐部分西安钟楼有限元模型

对此模型进行模态分析，得到如表 10.17 和图 10.54 所示的自振频率和自振周期。

表 10.17 无外檐部分模型自振频率及自振周期

模态	振型					
	1 阶	2 阶	3 阶	4 阶	5 阶	6 阶
自振频率/Hz	1.3891	1.3891	1.4910	9.3583	9.3583	11.3870
自振周期/s	0.7199	0.7199	0.6707	0.1069	0.1069	0.0878

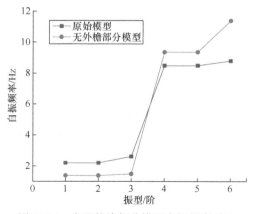

图 10.54 有无外檐部分模型自振频率对比

由表 10.17 和图 10.54 可知，去掉外檐部分后，结构的低阶自振型频率降低了

40%左右，第 4～5 阶振型提高了约 10.3%。说明在去掉外檐柱后结构更容易发生1 阶平动及转动，降低了结构的抗震能力。

　　图 10.55 列出了无外檐部分西安钟楼模型的前 6 阶模态。由图可知不考虑外檐部分模型振型基本与原始模型一致。

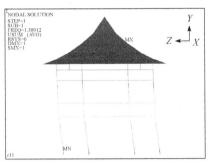

(a) 1阶Z向平动

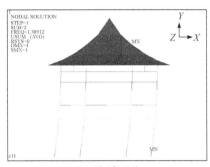

(b) 1阶X向平动

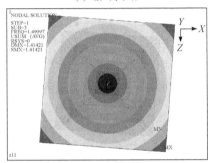

(c) 1阶Y向扭转

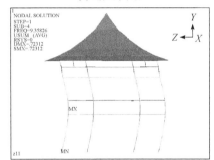

(d) 2阶Z向平动

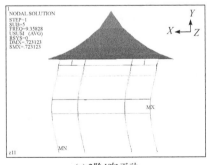

(e) 2阶X向平动

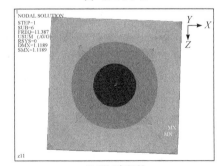

(f) 2阶Y向扭转

图 10.55　无外檐部分模型前 6 阶模态图

2. 动力位移反应

　　对已建立的无外檐部分模型进行动力时程分析，采用 600cm/s²Kobe 波、600cm/s² 兰州波和 600cm/s² 汶川波三个工况进行分析，得到如表 10.18 所示的模型位移及相对位移对比。

表 10.18　有无外檐部分模型位移及相对位移对比

工况	激励峰值加速度/(cm/s²)	二层楼面			外金柱柱顶			外金柱斗栱		
		无外檐位移/mm	原型位移/mm	相对位移比	无外檐位移/mm	原型位移/mm	相对位移比	无外檐位移/mm	原型位移/mm	相对位移比
Kobe 波		30.7	25.6	1.2	49.1	40.9	1.2	58.8	45.2	1.3
兰州波	600	28.2	20.1	1.4	33.1	26.8	1.2	41.0	30.1	1.4
汶川波		30.4	20.9	1.5	37.1	30.5	1.2	45.2	35.0	1.3

注：相对位移比为无外檐位移/原型位移。

由表 10.18 可知，去除外檐部分后结构位移增大，无外檐部分与原始结构的相对位移比约为 1.3。说明外檐部分对传统木结构具有一定的约束作用，消耗一定的地震能量，是不可忽视的结构构造。

10.6　本　章　小　结

本章根据传统木结构力学性能，基于各关键节点或构件的恢复力特性，借助于有限元软件 ANSYS，建立了传统木结构有限元模型，并与振动台试验结果进行对比分析，主要得到以下结论：

(1) 传统木结构的柱脚节点滞回曲线明显的捏缩效应可以通过 COMBIN39 单元实现；通过 3 个 COMBIN40 单元的组合可以实现榫卯节点及木质填充墙滞回曲线捏缩滑移特性；采用 COMBIN14+COMBIN39 的组合单元可以模拟斗栱在真实荷载情况下的滞回性能。

(2) 基于各关键部件的恢复力模型和等效弹簧单元，建立了传统木结构空间有限元模型，并对其进行了模态分析及动力时程分析，结合振动台试验结果进行了详细的对比分析，结果表明计算所得的自振频率仅比试验低了 2.5%，各工况下各位置的加速度时程曲线及相对位移时程曲线与试验实测曲线吻合较好，峰值出现的时间点及大小也基本相同，误差都在工程允许的范围之内。通过数值模拟与试验结果的对比，对各关键部件的恢复力模型及建模方法的正确性进行了验证，得到了传统木结构建模和分析方法。

(3) 屋盖质量的增加使结构的自振频率降低，随着质量参数的提高，1 阶自振频率依次降低 40.5% 和 37.8%。屋盖质量不能过大，否则会使 2 阶扭转振型提前于 2 阶平动振型，导致结构易于破坏。结构位移响应也会随着屋盖质量的增加而增加。去除外檐部分使结构的低阶自振频率降低了约 40%，高阶自振频率提高了约 10.3%。结构位移因去除外檐部分而提高，说明外檐部分提高了结构的自振频率，且对结构起到一定的约束作用。

参 考 文 献

[1] 潘文, 薛建阳, 白羽, 等. 土木结构民居抗震性能及加固设计方法[M]. 北京: 科学出版社, 2017.

[2] 熊海贝, 王洁, 吴玲, 等. 穿斗式木结构抗侧力性能试验研究[J]. 建筑结构学报, 2018, 39(10): 122-129.

[3] 赵鸿铁, 薛建阳, 隋龑, 等. 中国古建筑结构及其抗震: 试验、理论及加固方法[M]. 北京: 科学出版社, 2012.

[4] 乔迅翔. 宋代建筑台基营造技术[J]. 古建园林技术, 2007, 25(1): 3-7.

[5] 田永复. 中国古建筑知识手册[M]. 北京: 中国建筑工业出版社, 2013.

[6] 姚佩歆. 木结构古建筑特殊构件雀替、生起和侧脚的受力分析[D]. 西安: 西安建筑科技大学, 2011.

[7] 马炳坚. 中国古建筑木作营造技术[M]. 2版. 北京: 科学出版社, 2003.

[8] 吴玉敏. 从唐到宋中国殿堂型建筑铺作的发展[J]. 古建园林技术, 1997, 15(1): 19-25.

[9] 张风亮. 中国木结构古建筑屋盖梁架体系力学性能研究[D]. 西安: 西安建筑科技大学, 2011.

[10] 赵鸿铁, 张锡成, 薛建阳, 等. 中国木结构古建筑的概念设计思想[J]. 西安建筑科技大学学报(自然科学版), 2011, 43(4): 457-463.

[11] 潘毅, 王超, 季晨龙, 等. 汶川地震中木结构古建筑的震害调查与分析[J]. 建筑科学, 2012, 28(7): 103-106.

[12] 周乾, 闫维明, 杨小森, 等. 汶川地震导致的古建筑震害[J]. 文物保护与考古科学, 2010, 22(1): 37-45.

[13] 谢启芳, 赵鸿铁, 薛建阳, 等. 汶川地震中木结构建筑震害分析与思考[J]. 西安建筑科技大学学报(自然科学版), 2008, 40(5): 658-661.

[14] 潘毅, 唐丽娜, 王慧琴, 等. 芦山7.0级地震古建筑震害调查分析[J]. 地震工程与工程振动, 2014, 34(1): 140-146.

[15] 李诫. 营造法式[M]. 上海: 商务印书馆, 1950.

[16] International Organization for Standard. Timber structure - Joints made with mechanical fasteners - Quasi-static reversed cyclic test method: ISO 16670: 2003[S]. https://www.iso.org/standard/31041.html

[17] 徐明刚. 中国古建筑木结构榫卯节点抗震性能研究[D]. 南京: 东南大学, 2011.

[18] 高永林. 基于木材摩擦机理和嵌压特性的传统木结构典型榫卯节点试验研究及理论分析[D]. 昆明: 昆明理工大学, 2017.

[19] OGAWA K, SASAKI Y, YAMASAKI M. Theoretical modeling and experimental study of Japanese "Watari-ago" joints[J]. Journal of Wood Science, 2015, 61(5): 481-491.

[20] CHANG W S, HSU M F, KOMATSU K. Rotational performance of traditional Nuki joints with gap I: Theory and verification[J]. Journal of Wood Science, 2006, 52(1): 58-62.

[21] CHANG W S, HAU M F. Rotational performance of traditional Nuki joints with gap II: The behavior of butted Nuki joint and its comparison with continuous Nuki joint[J]. Journal of Wood Science, 2007, 53(5): 401-407.

[22] 王超. 木结构古建筑榫卯节点力学模型与抗震加固研究[D]. 成都: 西南交通大学, 2012.

[23] 包轶楠. 古建木结构榫卯节点的力学性能研究[D]. 南京: 东南大学, 2014.

[24] 淳庆, 吕伟, 王建国, 等. 江浙地区抬梁和穿斗木构体系典型榫卯节点受力性能[J]. 东南大学学报(自然科学版), 2015, 45(1): 151-158.

[25] 陈春超. 古建筑木结构整体力学性能分析和安全性评价[D]. 南京: 东南大学, 2016.

[26] 高永林, 陶忠, 叶燎原, 等. 传统木结构典型榫卯节点基于摩擦机理特性的低周反复加载试验研究[J]. 建筑结构学报, 2015, 36(10): 139-145.

[27] 潘毅, 王超, 唐丽娜, 等. 古建筑木结构直榫节点力学模型的研究[J]. 工程力学, 2015(2): 82-89.

[28] 薛建阳, 夏海伦, 李义柱, 等. 不同松动程度下古建筑透榫节点抗震性能试验研究[J]. 西安建筑科技大学学报(自然科学版), 2017, 49(4): 463-469, 477.

[29] 梁思成. 清工部《工程做法则例》图解[M]. 北京: 清华大学出版社, 2006.

[30] XIE Q F, ZHANG L P, ZHOU W J, et al. Cyclical behavior of timber mortise-tenon joints strengthened with shape memory alloy: Experiments and moment-rotation model[J]. International Journal of Architectural Heritage, 2019, 13(8): 1209-1222.

[31] 杨淼. 传统木结构榫卯节点静力和动力模型研究[D]. 昆明: 昆明理工大学, 2016.

[32] 隋龑. 中国古代木构耗能减震机理与动力特性分析[D]. 西安: 西安建筑科技大学, 2009.

[33] 袁建力, 陈韦, 王珏, 等. 应县木塔斗栱模型试验研究[J]. 建筑结构学报, 2011, 32(7): 66-72.

[34] 向伟. 叉柱造式斗栱节点抗震和力学性能及其退化规律研究[D]. 西安: 西安建筑科技大学, 2015.

[35] 高大峰, 赵鸿铁, 薛建阳, 等. 中国古代大作木结构斗栱竖向承载力的试验研究[J]. 世界地震工程, 2003, 19(3): 56-61.

[36] 董晓阳. 不同歪闪程度下木结构古建筑斗栱节点的抗震性能分析[D]. 西安: 西安建筑科技大学, 2015.

[37] 隋龑, 赵鸿铁, 薛建阳, 等. 古建木构科栱侧向刚度的试验研究[J]. 世界地震工程, 2009, 25(1): 145-147.

[38] FUJITA K, SAKAMOTO I, OHASHI Y, et al. Static and dynamic loading tests of bracket complexes used in traditional timber structures in Japan [C]. Auckland: The 12th World Conference on Earthquake Engineering, 2000.

[39] FUJITA K, KIMURA M, OHASHI Y, et al. Hysteresis model and stiffness evaluation of bracket complexes used in traditional timber structures based on static lateral loading tests[J]. Journal of Structural and Construction Engineering, 2001 (543): 121-127.

[40] KITAMOR A, JUNG K, HASSEL I, et al. Mechanical analysis of lateral loading behavior on Japanese traditional frame structure depending on the vertical load [C]. Riva del Garda: The 11th World Conference on Timber Engineering, 2010.

[41] 陈志勇. 应县木塔典型节点及结构受力性能研究[D].哈尔滨: 哈尔滨工业大学, 2011.

[42] 清华大学建筑系. 建筑史论文集[M]. 北京: 清华大学出版社, 2002.

[43] 李铁英. 应县木塔现状结构残损要点及机理分析[D]. 太原: 太原理工大学, 2004.

[44] 谢启芳, 向伟, 杜彬, 等. 古建筑木结构叉柱造式斗栱节点抗震性能试验研究[J]. 土木工程学报, 2015(8): 19-28.

[45] 杨茀康, 李家宝. 结构力学[M]. 北京: 高等教育出版社, 2011.

[46] 成大先.机械设计手册[M]. 北京: 化学工业出版社, 2008.

[47] 陈志勇, 陆文忠, 祝恩淳, 等. 应县木塔斗栱竖向受力性能精细化有限元模拟[J]. 科学技术与工程, 2012, 12(4): 819-824.

[48] 邓大利, 陆伟东, 居兴鹏. 木结构榫卯节点耗能加固有限元分析[J]. 结构工程师, 2011, 27(4): 62-66.

[49] 周蓉. 中国古建筑木结构构架力学性能与抗震研究[D]. 西安: 长安大学, 2010.

[50] 吕璇. 古建筑木结构斗栱节点力学性能研究[D]. 北京: 北京交通大学, 2010.

[51] KISHI N, CHEN W F, GOTO Y, et al. Effective length factor of columns in flexibly jointed and braced frames[J]. Journal of Constructional Steel Research, 1998, 47: 93-118.

[52] ONO T, KAMEYAMA Y, ENG D, et al. Experiments on seismic safety of traditional timber temples part1: Results of

horizontal loading test[C]. Portlan: The 9th World Conference on Timber Engineering, 2006.

[53] CHEN W F, ATSUTA T. Theory of Beam-columns, Volume 1: In-Plane Behavior and Design[M]. New York: Ross Publishing, 2008.

[54] CHEN W F. Stability Design of Steel Frames[M]. Shanghai: World Publishing Company, 1999.

[55] KING W S, Yen J Y R, Yen Y A N. Joint characteristics of traditional Chinese wooden frames[J]. Engineering Structures, 1996, 18: 635-644.

[56] XIE Q F, ZHANG L P, WANG L, et al. Lateral performance of traditional Chinese timber frames: Experiments and analytical model[J]. Engineering Structures, 2019, 186: 446-455.

[57] 中华人民共和国住房和城乡建设部. GB 50165—2020. 古建筑木结构维护与加固技术标准[S]. 北京: 中国建筑工业出版社, 2020.

[58] 谢启芳, 杜彬, 张风亮, 等. 古建筑木结构燕尾榫节点弯矩-转角关系理论分析[J]. 工程力学, 2014, 31(12): 140-146.

[59] 谢启芳, 郑培君, 向伟, 等. 残损古建筑木结构单向直榫榫卯节点抗震性能试验研究[J]. 建筑结构学报, 2014, 35(11): 143-150.

[60] 李铁英, 魏剑伟, 张善元, 等. 木结构双参数地震损坏准则及应县木塔地震反应评价[J]. 建筑结构学报, 2004, 25(2): 91-98.

[61] 中华人民共和国住房和城乡建设部. 建筑砂浆基本力学性能试验方法标准: JGJ/T 70—2009[S]. 北京: 中国建筑工业出版社, 2009.

[62] 中国国家标准化管理委员会. 砌墙砖试验方法: GB/T 2542—2012[S]. 北京: 中国建筑工业出版社, 2012.

[63] KRAWINKLER H, PARISI F, IBARRA L, et al. Development of A Testing Protocol for Wood Frame Structures[M]. Richmond: CURE, 2001.

[64] 中华人民共和国住房和城乡建设部. 建筑抗震试验方法规程: JGJ 101—2015[S]. 北京: 中国建筑工业出版社, 2015.

[65] XIE Q F, WANG L, ZHENG P J, et al. Rotational behavior of degraded traditional mortise-tenon joints: Experimental tests and hysteretic model[J]. International Journal of Architectural Heritage, 2018, 12(1): 125-136.

[66] 颜江华. 带填充墙木框架抗震性能及加固方法研究[D]. 南京: 东南大学, 2015.

[67] 许清风, 刘琼, 张富文, 等. 砖填充墙榫卯节点木框架抗震性能试验研究[J]. 建筑结构, 2015, 45(6): 50-53.

[68] SUCUGLU H, MCNVEN H D. Seismic shear capacity of reinforced masonry piers[J]. Journal of Structural Engineering, 1991, 117(7): 2166-2185.

[69] 关国雄, 夏敬谦. 钢筋混凝土框架砖填充墙结构抗震性能的研究[J]. 地震工程与工程振动, 1996(1): 87-99.

[70] 中华人民共和国住房和城乡建设部. 砌体结构设计规范: GB 50003—2011[S]. 北京: 中国建筑工业出版社, 2011.

[71] CHIOU T C, HWANG S J. Tests on cyclic behavior of reinforced concrete frames with brick infill[J]. Earthquake Engineering & Structural Dynamics, 2015, 44(12): 1939-1958.

[72] 陈奕信. 含砖墙 RC 建筑结构之耐震诊断[D]. 台南: 台湾成功大学, 2003.

[73] 叶俊宏. 砖造历史建筑物砖墙力学特性与耐震评估[D]. 台南: 台湾成功大学, 2003.

[74] 陈清泉. 红砖与砖墙力学特性之试验研究[D]. 台北: 台湾大学, 1984.

[75] 黄国彰. 有边界柱梁之砖墙耐震试验与等值墙版分析[D]. 台南: 台湾成功大学, 1995.

[76] 施楚贤. 砌体结构理论与设计[M]. 北京: 中国建筑工业出版社, 1992.

[77] 郝际平, 刘斌, 邵大余, 等. 生土填充墙钢框架结构抗剪性能分析[J]. 西安建筑科技大学学报(自然科学版),

2013, 45(5): 609-614.

[78] 张竹青, 阿肯江·托呼提, 杨永生, 等. 木框架土坯组合墙体抗震性能试验研究与分析[J]. 实验室研究与探索, 2017, 36(11): 15-19, 23.

[79] 徐明刚, 邱洪兴. 中国古代木结构建筑榫卯节点抗震试验研究[J]. 建筑结构学报, 2010(S2): 345-349.

[80] 俞茂宏. 西安古城墙和钟鼓楼: 历史、艺术和科学[M]. 2版. 西安: 西安交通大学出版社, 2011.

[81] 彭勇刚, 廖红建, 钱春宇, 等. 古建筑木材料损伤强度特性研究[J]. 地震工程与工程振动, 2014, 34(S1): 652-656.

[82] 木结构设计手册编辑委员会. 木结构设计手册[M]. 3版. 北京: 中国建筑工业出版社, 2005.

[83] 中国国家标准化管理委员会. 木材物理力学性质试验方法: GB 1927—1943-91[S]. 北京: 中国标准出版社, 1991.

[84] 周颖, 吕西林. 建筑结构振动台模型试验方法与技术[M]. 北京: 科学出版社, 2012.

[85] 中华人民共和国住房和城乡建设部. 建筑抗震设计规范: GB 50011—2010[S]. 北京: 中国建筑工业出版社, 2010.

[86] 陆伟东. 基于MATLAB的地震模拟振动台试验的数据处理[J]. 南京工业大学学报(自科版), 2011, 33(6): 1-4.

[87] R. 克拉夫, J. 彭津. 结构动力学[M]. 2版. 王光远等, 译. 北京: 高等教育出版社, 2007.

[88] 高永林, 陶忠, 叶燎原, 等. 带有黏弹性阻尼器穿斗木结构振动台试验研究[J]. 振动与冲击, 2017, 36(1): 240-247.

[89] 宋晓滨, 吴亚杰, 罗烈, 等. 传统楼阁式木结构塔振动台试验研究[J]. 建筑结构学报, 2017, 31(2): 10-19.

[90] XUE J Y, XU D . Shake table tests on the traditional column-and-tie timber structures[J]. Engineering Structures, 2018, 175:847-860.

[91] ZHANG X C, XUE J Y, ZHAO H T, et al. Experimental study on Chinese ancient timber-frame building by shaking table test[J]. Structural Engineering & Mechanics, 2011, 40(4): 46-47.

[92] 陈适. 基于地震能量输入历程的RC框架损伤研究[D]. 长沙: 湖南大学, 2013.

[93] BENAVENT-CLIMENT A, MORILLAS L, ESCOLANO-MARGARIT D. Seismic performance and damage evaluation of a reinforced concrete frame with hysteretic dampers through shake-table tests [J]. Earthquake Engineering & Structural Dynamics, 2014, 43(15): 2399-2417.

[94] SHEN J, AKBAS B. Seismic energy demand in steel moment frames[J]. Journal of Earthquake Engineering, 1999, 3(4): 519-559.

[95] 张锡成. 地震作用下木结构古建筑的动力分析[D]. 西安: 西安建筑科技大学, 2013.

[96] WU Y J, SONG X B, GU X L, et al. Dynamic performance of a multi-story traditional timber pagoda [J]. Engineering Structures, 2018, 159: 277-285.

[97] IWAN W D. Estimating inelastic response spectra from elastic spectra [J]. Earthquake Engineering & Structural Dynamics, 1980, 8(4): 375-388.

[98] LIN Y, MIRANDA E. Noniterative equivalent linear method for evaluation of existing structures [J]. Journal of Structural Engineering, 2008, 134(11): 1685-1695.

[99] 白丽娟, 王景福. 清代官式建筑构造[M]. 北京: 北京工业大学出版社, 2000.

[100] 王新敏, 李义强, 许宏伟. ANSYS结构分析单元与应用[M]. 北京: 人民交通出版社, 2015.

[101] 贺俊筱, 王娟, 杨庆山. 古建筑木结构柱脚节点受力性能试验研究[J]. 建筑结构学报, 2017, 38(8): 141-149.

[102] 贺俊筱, 王娟, 杨庆山. 摇摆状态下古建筑木结构木柱受力性能分析及试验研究[J]. 工程力学, 2017, 34(11): 50-58.

[103] TANAHASHI H, SUZUKI Y. Elasto-plastic Pasternak model simulation of static and dynamic loading tests of traditional wooden frames [C]. Trento: The 11th World Conference on Timber Engineering, 2010.

[104] 冯耀华. 基于变形和能量的木结构古建筑易损性分析[D]. 西安: 西安建筑科技大学, 2017.

[105] 任忠文. 中国古建木结构的整体抗震性能研究[D].天津: 天津大学, 2012.

[106] 周乾, 闫维明, 周锡元, 等. 中国古建筑动力特性及地震反应[J]. 北京工业大学学报, 2010, 36(1): 13-17.

[107] 陈平, 姚谦峰, 赵冬. 西安钟楼抗震能力分析[J]. 西安建筑科技大学学报, 1998, 30(3): 277-279,283.

[108] LACOURT P A, CRISAFULLI F J, MIRASSO, et al. Finite element modelling of hysteresis, degradation and failure of dowel type timber joints [J]. Engineering Structures, 2016, 123: 89-96.

[109] BLASETTI A S, HOFFMAN R M, DINEHART D W. Simplified hysteretic finite-element model for wood and viscoelastic polymer connections for the dynamic analysis of shear walls [J]. Journal of Structural Engineering, 2008, 134(1): 77-86.

[110] 周晓洁, 陈培奇, 崔金涛. 基于等效弹簧单元的砌体填充墙框架结构有限元分析[J]. 世界地震工程, 2015, 31(3): 23-32.

[111] 高润东, 蒋利学, 王春江, 等. 基于等效斜压杆理论的 RC 框架填充墙承载力计算方法研究[J]. 结构工程师, 2015, 31(5): 37-41.

[112] 周乾, 闫维明, 关宏志, 等. 古建嵌固墙体对木构架抗震性能的影响分析: 以太和殿为例[J]. 四川大学学报 (工程科学版), 2014, 46(1): 81-86.

[113] 袁建力. 墙体参与工作的木构架古建筑抗震分析方法[J]. 建筑结构学报, 2018, 39(9): 45-52.

[114] 李书进, 铃木祥之. 足尺木结构房屋振动台试验及数值模拟研究[J]. 土木工程学报, 2010, 43(12): 69-77.

[115] 朱震宇, 李向民, 蒋利学, 等. 框填结构等效斜压杆的模型改进及其数值模拟[J]. 力学季刊, 2015, 36(1): 156-163.

[116] UVA G, PORCO F, FIORE A. Appraisal of masonry infill walls effect in the seismic response of RC framed buildings: A case study [J]. Engineering Structures, 2012, 34: 514-526.

[117] 罗勇. 古建木结构建筑榫卯及构架力学性能与抗震研究[D]. 西安: 西安建筑科技大学, 2006.

[118] 李鹏飞. 多层殿堂式木结构古建筑尚友阁的结构及抗震性能研究[D]. 西安: 西安建筑科技大学, 2012.

[119] 张风亮. 中国古建筑木结构加固及其性能研究[D].西安: 西安建筑科技大学, 2013.

[120] 姚侃, 赵鸿铁, 薛建阳, 等. 古建筑木构架的整体稳定性分析[J]. 世界地震工程, 2008, 24(1): 73-76.

[121] 吴玉敏, 张景堂, 陈祖坪. 殿堂型建筑木构架体系的构造方法与抗震机理[J]. 古建园林技术. 1996, (4): 32-36.

[122] 潘竞龙, 祝恩淳. 木结构设计原理[M]. 北京: 中国建筑工业出版社, 2009.

[123] 孟昭博, 吴敏哲, 胡卫兵, 等. 考虑土-结构相互作用的西安钟楼地震反应分析[J]. 世界地震工程, 2008, 24(4): 125-129.

[124] 李伟. 仿古建筑木屋盖结构加固设计与抗震分析[D]. 哈尔滨: 哈尔滨工程大学, 2011.

[125] 张鹏程, 赵鸿铁, 薛建阳, 等. 中国古代大木作结构振动台试验研究[J]. 世界地震工程, 2002, 18(4): 35-41.